COMO SALVAR A AMAZÔNIA

DOM PHILLIPS
E COLABORADORES

Como salvar a Amazônia

Uma busca mortal por respostas

Tradução
Berilo Vargas
Denise Bottmann
Pedro Maia Soares

Companhia das Letras

Copyright © 2025 by espólio literário de Dom Phillips
Publicado originalmente no Reino Unido por Ithaka, um selo da Bonnier Books UK Limited

*Grafia atualizada segundo o Acordo Ortográfico da Língua Portuguesa de 1990,
que entrou em vigor no Brasil em 2009.*

O capítulo 5 e o posfácio foram escritos originalmente em português.

Título original
How to Save the Amazon: A Journalist's Deadly Quest for Answers

Capa
Alceu Chiesorin Nunes

Foto de capa
Gary Calton

Mapas
Sonia Vaz

Preparação
Maria Emilia Bender

Revisão
Clara Diament
Carmen T. S. Costa

Dados Internacionais de Catalogação na Publicação (CIP)
(Câmara Brasileira do Livro, SP, Brasil)

Phillips, Dominic Mark, 1964-2022
Como salvar a Amazônia : Uma busca mortal por respostas /
Dominic Mark Phillips ; tradução Berilo Vargas, Denise Bottmann e Pedro Maia Soares. — 1ª ed. — São Paulo : Companhia
das Letras, 2025.

Título original: How to Save the Amazon : A Journalist's Deadly Quest for Answers
ISBN 978-85-359-4053-4

1. Amazônia – Aspectos ambientais 2. Amazônia – Aspectos sociais 3. Amazônia – Condições econômicas 4. Amazônia –
Condições sociais 5. Degradação ambiental – Amazônia I. Título.

25-251135	CDD-304.209811

Índice para catálogo sistemático:
1. Amazônia : Meio ambiente : Preservação : Ecologia 304.209811
Cibele Maria Dias – Bibliotecária – CRB-8/9427

Todos os direitos desta edição reservados à
EDITORA SCHWARCZ S.A.
Rua Bandeira Paulista, 702, cj. 32
04532-002 — São Paulo — SP
Telefone: (11) 3707-3500
www.companhiadasletras.com.br
www.blogdacompanhia.com.br
facebook.com/companhiadasletras
instagram.com/companhiadasletras
x.com/cialetras

Sumário

Prefácio: Uma sangrenta mudança de plano — Rebecca Carter, David Davies, Andrew Fishman, Tom Hennigan e Jonathan Watts 9

Introdução: Floresta adentro — Dom Phillips 31

1. Estabelecer a lei: Questão de liderança política — *Dom Phillips* 57

2. Caos pecuário: Responsabilidade empresarial — *Dom Phillips* 94

3. Devolvendo o eco à economia: Modelos de agrofloresta — *Dom Phillips* 134

4. Parem o desenvolvimento destrutivo: Por uma urbanização controlada — *Dom Phillips* 171

5. Um cemitério de árvores: A infraestrutura como catástrofe — *Eliane Brum e Dom Phillips* 187

6. Rebrotar e se proteger: Os defensores indígenas — *Tom Phillips e Dom Phillips* 214

7. O preço do futuro: Turismo e pagamentos por serviços ambientais — *Stuart Grudgings e Dom Phillips* 237

8. Sacudindo a árvore do dinheiro global: Financiamento internacional — *Andrew Fishman e Dom Phillips* 259

9. Natureza pela qual vale a pena lutar: Biofarmácia e bioeconomia — *Jon Lee Anderson e Dom Phillips* 297

10. Uma relação transformadora: Educar e repensar — *Jonathan Watts e Dom Phillips* 318

Posfácio — Ouça a floresta: Uma inspiração indígena — *Beto Marubo e Helena Palmquist* 353

Agradecimentos 367
Créditos das imagens 381

*Dedicado a todos que lutam para
proteger a Floresta Tropical*

Prefácio

Uma sangrenta mudança de plano

Rebecca Carter, David Davies, Andrew Fishman, Tom Hennigan e Jonathan Watts

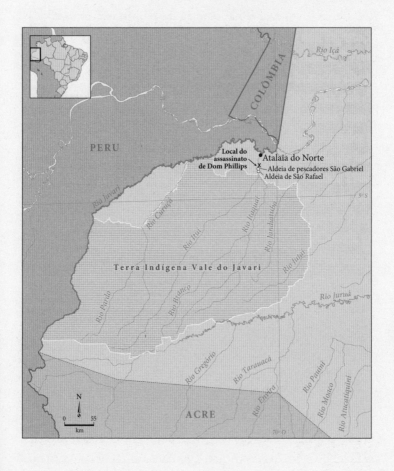

"Amazônia, sua linda", exclamou Dom Phillips nas redes sociais, numa postagem gloriosamente eufórica, tragicamente derradeira, em 30 de maio de 2022. A demonstração de alegria legendava um vídeo de celular que mostrava uma estonteante beira de rio na floresta tropical, gravado de dentro de uma lancha que, veloz, o levava ao vale do Javari — imensa e primitiva região selvagem, uma das últimas remanescentes na Terra.

Ele ia investigar uma história de criminosos ambientais, a ameaça que representavam para os povos indígenas que viviam isolados, e as possíveis soluções que ativistas locais estavam examinando para resolver um conflito acirrado — e cada vez mais violento — nessa região de fronteira entre Brasil, Peru e Colômbia. Seria a base do livro em que vinha trabalhando havia alguns anos: *Como salvar a Amazônia: Perguntem a quem sabe.*

Dom sabia, de uma expedição anterior, em 2018, que a viagem seria exaustiva e desconfortável, talvez arriscada, mas para ele aquilo era tanto paixão quanto ocupação. Britânico de nascimento, adotara o Brasil como sua terra e a Amazônia como sua causa. Suas últimas palavras vindas a público transmitem a alegria de um jornalista fazendo um trabalho que adorava num lugar que amava.

Naquela noite, ele estabeleceu uma base em Atalaia do Norte, uma decadente cidade de fronteira, com calçadas de concreto deterioradas e uma avenida caindo aos pedaços à beira do rio. Na praça principal, ex-prefeitos celebraram a principal atividade dos moradores, a pesca, erguendo imagens de gigantescas feras aquáticas capturadas nos rios da região, o pirarucu, o tucunaré e o pirarara, que havia muito tinham perdido o brilho e agora mais pareciam gárgulas. Imagens de peixes também se faziam presentes no hotel de Dom, o Castro Alves, pintadas em murais de arte naïf nas paredes vibrantes cor de mostarda, e usadas para identificar os quartos do primeiro andar, substituindo números. Os do térreo recebiam nomes de povos indígenas — Marugo, Kanamari, Matis — que vivem no vizinho vale do Javari, onde há 26 grupos étnicos, dezesseis dos quais quase sem contato com o mundo exterior.

Pesca e cultura indígena sintetizam dois pontos de vista conflitantes na região. Quem não é de lá quer pescar para ter renda e lucro, ao passo que quem vive ali tenta garantir uma atividade pesqueira sustentável para sua comunidade. É a linha de frente das transformações, exatamente onde Dom precisava estar por causa do livro, exatamente onde esperava conhecer pessoas com ideias otimistas sobre como conciliar as muitas prioridades e motivações conflitantes para salvar a Amazônia. Ele havia decidido que seu livro não se concentraria apenas numa catástrofe ambiental, mas também nas pessoas que se esforçavam ao máximo para evitá-la.

Bruno Pereira, com quem Dom se encontrou dois dias depois, em 1º de junho, era a principal delas. Descrito por amigos como uma força da natureza, ele era cofundador de um grupo de guardiães indígenas da floresta que patrulhavam as fronteiras do vale do Javari e colhiam provas de crimes usando drones, armadilhas fotográficas e rastreadores GPS. Conhecia intimamente o território e as pessoas, falava e cantava em línguas locais e tinha fama de ser destemido diante das muitas ameaças de morte que recebia.

Quatro anos antes, o corpulento e brilhante indigenista havia liderado a primeira expedição de Dom ao vale do Javari. Depois disso, ele se tornou um mentor e uma fonte de inspiração para Dom, que não teria sonhado em escrever sobre tema tão ambicioso sem o incentivo do amigo.

Bruno o convidara para voltar ao Javari porque uma situação já complicada vinha se agravando. A Amazônia estava sendo tomada por narcotraficantes. O crime organizado estava se transferindo para a região, usando o vale do Javari, supostamente fechado para pessoas de fora, como rota para o contrabando de drogas e armas. A invasão dessas quadrilhas armadas era uma ameaça para os povos indígenas na floresta, e Jair Bolsonaro, que tomara posse em janeiro de 2019, não fazia nada. Na verdade, pior do que não fazer nada, ele incentivava as invasões de mineiros ilegais, grileiros e madeireiros, aumentando os riscos para aqueles que defendiam a floresta. Em reação à vitória do candidato de extrema direita, Bruno tirara uma licença como servidor público na Fundação Nacional dos Povos Indígenas (Funai) para somar forças com uma associação local de povos indígenas. Juntos, eles tinham estabelecido a Equipe de Vigilância da União dos Povos do Vale do Javari (EVU).

Não era preciso argumentar muito para convencer Dom a voltar ao Javari, embora ele soubesse dos riscos e tivesse conversado a respeito com sua esposa, a brasileira Alessandra Sampaio, a Alê: "Dom sabia das ameaças contra a vida de Bruno. Mas me disse: 'Bruno vem enfrentando ameaças há dez anos. Está ciente da situação. Está atento'. Mas sabíamos que não era totalmente seguro".

No entanto, a tensão era pior do que ele imaginara. Na noite anterior à sua partida de barco em companhia de Bruno, pelo rio Itaquaí, Dom entrevistou dois homens da EVU que lhe contaram que a situação tinha piorado muito. O veterano Cristóvão Negreiros Pissango, o Tataco, lhe disse que os riscos haviam aumentado desde a última visita de Dom, quatro anos antes. No mês anterior, Amarildo, um pescador ilegal, disparara contra ele, Tataco, e Bruno. Mais ou menos um ano antes, o veterano tinha levado um soco no rosto desferido por outro pescador na praça da cidade. Vários anos antes, quando ele trabalhava na Funai, um de seus colegas, Maxciel Pereira dos Santos, havia sido assassinado. "Isto aqui é guerra. Tem muita gente morrendo", ele disse, e se ofereceu para integrar a expedição no dia seguinte, a fim de garantir uma proteção extra.

Dom ficou ainda mais inquieto quando conversou com Orlando Possuelo, cofundador da EVU, que lhe contou ter recebido ameaças de morte, diante da família, e lhe avisou que Bruno estava sendo visado. Possuelo também ofereceu segurança extra para a viagem, oferta que Bruno rejeitou, não levando a sério o perigo. E ainda brincou com Orlando: "Você assustou o Dom". O indianista levaria Dom, sem mais ninguém.

Bruno se acostumara a viver num estado de ameaça quase constante. Costumava viajar pelo rio com apenas mais uma ou duas pessoas. Além disso, jornalistas estrangeiros andavam pela Amazônia havia décadas, sem grandes incidentes — embora o Javari fosse, reconhecidamente, um dos lugares mais remotos.

O indianista jamais poderia ter previsto os acontecimentos extraordinariamente terríveis que viriam em seguida.

A última foto que se conhece de Dom é fonte tanto de consolo como de horror para os que o conheceram e amaram. Foi tirada por Bruno às 7h03 do dia 5 de junho de 2022, na aldeia de pescadores de São Gabriel no rio Itaquaí, perto da entrada do vale do Javari. Dom está de camisa amarelo-escura, sentado num barco, ouvindo atentamente um homem que abraça uma criança, de uma das cerca de dez famílias dessa pequena e pobre comunidade.

É uma foto consoladora porque confirma que até os últimos minutos de sua vida Dom estava fazendo aquilo que lhe dava satisfação. Ali está ele, todo ouvidos, capturado no momento, tentando entender um conflito complexo e importante perguntando a quem melhor conhecia a situação. No dia anterior, havia entrevistado os protetores indígenas da floresta. Agora conversava com os invasores, os ribeirinhos que entraram no Javari para pescar e caçar clandestinamente. Numa área de considerável conflito, Dom vivia de modo calmo e corajoso, de acordo com seus ideais jornalísticos, ouvindo os dois lados da história.

No entanto, isso é também o que torna essa imagem tão assustadora. A verdade é que gostaríamos que essa entrevista jamais tivesse ocorrido, que Dom e Bruno estivessem em qualquer lugar menos ali, naquele trecho do rio, naquele momento específico, pois hoje sabemos que em questão de uma hora ambos estariam mortos. A polícia diz que eles foram traídos pelo homem da foto, Jânio Freitas, da aldeia de São Rafael. Assim que a entrevista terminou, ele teria se comunicado por rádio com a próxima aldeia, algumas curvas rio abaixo, para avisar que Bruno estava indo para lá.

Aguardando numa emboscada estavam os pescadores Jefferson da Silva Lima e Amarildo da Costa de Oliveira, conhecido na região como Pelado. Amarildo era o homem que havia atirado em Bruno um mês antes, como Tataco relatara a Dom. Guardava um rancor de outros tempos contra o indianista, a quem responsabilizava pelo confisco de uma remessa de pesca ilegal, e por treinar as patrulhas indígenas que tanto dificultavam sua vida. Tinha jurado matá-lo e agora a oportunidade surgira.

Dois meses antes, diz a polícia, ele havia comprado um novo motor de lancha de sessenta cavalos, financiado por um bandido endinheirado da região conhecido como Colômbia, que na verdade era do Peru. Isso significava que ele tinha um dos barcos mais velozes do rio, 50% mais potente do que o de Bruno. Quando a perseguição começou, Dom e ele não tinham como escapar. O único consolo, segundo colegas de Bruno, é que o motor da embarcação deles era tão barulhento que eles provavelmente só perceberam que estavam sendo perseguidos no último instante, o que os poupou de minutos de pavor.

Em depoimento à polícia, Amarildo e Jefferson disseram ter atirado em Bruno. Homem enorme, ele tomou três tiros nas costas, mas não sucumbiu de imediato. Também armado, disparou descontroladamente até desabar sobre os controles do barco. A embarcação derrapou para a beira do rio e arremeteu contra a vegetação rasteira, enroscando-se em galhos e cipós até parar bruscamente. Amarildo então avançou, acabando primeiro com Bruno e depois com Dom, que antes de levar um tiro fatal no peito levantou as mãos implorando para ser poupado.

Como tantos jornalistas, Dom foi morto porque um criminoso precisava calar uma testemunha. Mas como foi que ele acabou arriscando a vida no vale do Javari? E o que o levou a decidir escrever um livro tão desafiador e, no fim das contas, tão perigoso?

Quase nada nos primeiros cinquenta anos de sua vida sugeria que ele poderia ter uma morte assim, num lugar como aquele, em decorrência de uma história como essa. Uma década antes, Dom trabalhava como frila para uma agência de notícias da indústria de petróleo e gás. Dez anos antes disso, levava uma vida segura, despreocupada e prazerosa como um dos principais jornalistas de música da Grã-Bretanha. Quando criança, achava que os caubóis eram os mocinhos e os índios, os inimigos. Por que se dispôs a arriscar a vida a fim de conscientizar as pessoas sobre as propostas dos povos indígenas e dos guardiães da floresta para solucionar os problemas da Amazônia?

Dominic Mark Phillips nasceu em 23 de julho de 1964, em Collingwood Road, Bebington, uma cidade arborizada no Wirral, a península em forma de dedo do outro lado do rio Mersey em Liverpool, noroeste da Inglaterra. Mais tarde, seu sotaque faria com que alguns o chamassem de *scouser* — o apelido dado aos moradores de Liverpool —, mas Dom sempre os corrigia, lembrando que era um "jeca" dos arredores de Liverpool. Não que nutrisse orgulho especial por suas origens de classe média suburbana, mas fazia questão de ser claro e exato.

Tinha ascendência irlandesa por parte de pai e galesa por parte de mãe. Irlanda e País de Gales eram redutos dos povos originários escorraçados para as franjas geográficas mais de mil anos antes, em decorrência das sucessivas invasões de anglo-saxões e normandos. E, assim como os povos indígenas de outros países colonizados, eram tratados historicamente como cidadãos de segunda classe pelos colonos e seus descendentes.

O avô paterno de Dom, carpinteiro, morava numa casa geminada de dois cômodos no andar de cima e dois no andar de baixo no bairro operário de Rock Ferry, Birkenhead. As oportunidades de educação do pós-guerra proporcionaram uma mobilidade social maior para a geração seguinte. Seu filho Bernard, pai de Dom, ganhou uma bolsa de estudos no Saint Anselm College, escola católica dirigida pela Congregação dos Irmãos Cristãos; tornou-se contador e, mais tarde, professor da Politécnica de Liverpool. A mãe de Dom, Gillian, formou-se professora depois de criar os três filhos do casal: Dom e os irmãos mais novos, os gêmeos Sian e Gareth.

Como o pai, Dom foi aprovado no exame de admissão e ganhou uma bolsa no Saint Anselm. Gostava de assistir futebol e torcia pelo time local, o Everton, mas odiava rúgbi e atletismo, sobretudo devido à asma crônica que o levou a ser hospitalizado várias vezes durante a infância.

Seu desempenho escolar teve altos e baixos. Sua maior influência na escola foi uma jovem professora de inglês, Jean Parker — uma das poucas mulheres no estabelecimento —, que lhe recomendou livros e músicas fora do currículo regular. Em outras disciplinas, a atenção de Dom às vezes se dispersava e ele era punido com cinto pelos padres. Seu boletim final, ainda nos arquivos da escola, mostra que ele passou na prova de língua inglesa em 1979, um ano antes de se formar, e concluiu as outras sete disciplinas no ano seguinte. Ao concluir o ensino secundário, em 1982, obteve quatro notas D e abaixo disso, o que não era bom o bastante para a vaga na universidade que ele queria. Mas nessa época suas prioridades eram outras.

De certa maneira, a música tinha tomado conta da vida de Dom. No início da adolescência, ele havia começado a gastar em discos todo o dinheiro da mesada e da entrega de jornais. Houve uma fase punk, quando ouvia The Clash, The Stranglers, The Slits e Elvis Costello, seguida por uma fase New Wave. Ao chegar da escola, tirava o blazer azul-claro e vestia roupas modernas ao estilo dos anos 1980, com um longo casaco de lã comprado em brechó e um chapéu trilby, e partia para o pub local, o Rose and Crown, até ser expulso por consumir álcool sendo menor de idade.

Nos fins de semana, ele viajava horas para ir a shows em clubes de Liverpool, e até mesmo na mais distante Wrexham. Formou uma banda de garagem, SPK, na qual tocava baixo elétrico. Às vezes improvisava com seu irmão Gareth, que ficava na bateria. Os vizinhos não se impressionavam muito com seus covers de The Doors e Velvet Underground, tampouco com suas composições próprias, mas a banda atingiu um nível suficiente para tocar na discoteca da escola, num clube em Birkenhead e até mesmo no Brady's em Liverpool, onde U2, Depeche Mode e Duran Duran começaram suas carreiras.

Um desastre familiar baratinou totalmente os planos de Dom. Quando ele tinha dezenove anos, o pai sofreu um ataque cardíaco e entrou em coma. Privado de oxigênio por mais de dez minutos, seu cérebro ficou irrecuperável. Bernard passou o resto da vida — mais de dez anos — num hospital no País de Gales, condição que repercutiu em sua dedicada mulher, Gillian. "Mamãe vendeu nossa casa e se mudou para lá, para visitá-lo. A vida dela se resumiu a isso", disse Sian. "Foi um tempo muito difícil. Uma história realmente trágica."

Dom se desestabilizou. Depois de breves e infelizes passagens como estudante de literatura na Universidade de Hull e na Politécnica de Middlesex, abandonou os estudos e resolveu viajar. Andou pelo Mediterrâneo, bancando-se como artista de rua; morou alguns anos na Dinamarca antes de voltar para o Reino Unido e mergulhar novamente na cena musical. Vivia sobretudo em imóveis ocupados e publicava artigos sobre música como freelance onde fosse possível. Sabia que queria ser escritor.

Em Liverpool, Dom lançou o fanzine de música *The Subterranean* — assim batizado em homenagem ao romance de Jack Kerouac — junto com um amigo servidor público que providencialmente tinha acesso a uma gráfica. Em 1988, ele lançou outro fanzine, *New City Press*, em Bristol, e começou um programa semanal de rádio, sob o pseudônimo de DJ Banjo, com o outro fundador do fanzine, John Mitchell, também conhecido como DJ Yogi. Entre os muitos empreendimentos dessa fase, constavam reportagens aprofundadas sobre o Barton Hill Youth Club, onde artistas grafiteiros como Banksy se aprimoravam, e a curadoria conjunta de um álbum beneficente, *The Hard Sell*, que incluía a primeira canção solo de Tricky, do Massive Attack. Em 1991, Dom enfim teve uma oportunidade ao ser nomeado gerente de produção de uma pequena revista chamada *Mixmag*, que logo se tornaria a bíblia de uma nova geração de frequentadores de festas rave de acid house movidas a ecstasy. Dom se mudou para Londres e dirigia todos os dias pela M4 até a redação da *Mixmag* em Slough.

O momento não poderia ter sido mais apropriado. As raves de acid house explodiram no planeta como uma cena de música lucrativa. Os anos 1990 foram a década dos DJs, e Dom conhecia todos eles, pois seu trabalho o levava a clubes icônicos em Londres, como o Ministry of Sound, até a franquias menores, quase sempre mais animadas, no norte da Inglaterra, onde ele julgava estarem os melhores. Entrevistas com Björk e os DJs Sasha, Pete Tong, Jeremy Healy, Dave Seaman, Nicky Holloway e Fatboy Slim aumentaram significativamente o número de leitores.

A revista esteve à frente da agitada montanha-russa da *dance music*, inspirando uma nação de jovens a se juntar para se divertir. De início, não se tratava apenas de batidas por segundo e transes psicodélicos: em seu cerne havia uma subcultura que prometia — pelo menos nessa primeira fase — uma mudança pacífica, inter-racial, revolucionária, e um desafio à comercialização da música.

Nos anos seguintes, a cena abandonou essas raízes idealistas, entrando numa era de energia e atitude impulsionadas por substâncias químicas. Para DJs e proprietários de clubes, foram tempos inebriantes. Como mais tarde escreveria Dom: "O lance era ostentar. Sacar um maço de notas de vinte libras para comprar champanhe no bar. Comprar de cara 3,5 gramas de cocaína. Usar roupas de grife. Naquela camada superior da cena, o negócio era exagerar".

Estilo era tudo. "Nada se compara a um novo corte de cabelo", insistia Dom, que vivia de acordo com esse mantra, sempre com o visual imaculadamente aparado e seguindo os ditames da última moda. Agora um dos mais influentes jornalistas musicais do país, ele era tão apaixonado por cultura e tão seguidor das modas que os amigos o apelidaram de "Sr. Descolado". Era a aspiração máxima de muitos britânicos de sua geração, mas ele passou a querer ainda mais.

Em 1997, Dom era o editor-chefe da *Mixmag*, que vendia mais de 100 mil exemplares por mês. Ele quebrou uma série de tabus jornalísticos dos velhos tempos, estampando um comprimido de ecstasy na capa de uma edição, uma vaca num campo na capa de outra, e depois a polícia perseguindo manifestantes em

Trafalgar Square. As reportagens eram igualmente ousadas e emocionantes. Você deixaria alguém tão fora do padrão entrar no seu clube? Como é dirigir drogado? O mundo das gangues está invadindo o mundo dos clubes? Ele acompanhava DJs em clubes na Europa, na América do Norte, na América do Sul, na Ásia, onde eles podiam ganhar 140 mil libras por noite. As reportagens eram diretas e escritas em primeira pessoa.

O resultado disso era um aumento constante de vendas, e em 1997 a revista foi comprada pela Emap, uma editora agressiva, em rápido crescimento. Dom não durou nem um ano. O idealismo inicial tinha sido comprado, como todo o resto. Aquela vida corporativa não era para ele, que não deixou de notar que muitos dos colaboradores negros pararam de ir à redação.

Desiludido, lamentava que o otimismo e a empolgação inicial da cena *clubber* tivessem sido substituídos por fumaças e espelhos. "Foram os anos de ouro da vida desregrada e festiva, e do dinheiro fácil. Nada parava a acid house. E então tudo deu muito errado", ele escreveria mais tarde. "Dançar freneticamente em casas noturnas, como sabe qualquer um que tenha feito isso nos anos 1990, é uma experiência tão intensa quanto fútil, tão emocional quanto efêmera." Sob a superfície brilhante, ele observou, "havia um lado mais sombrio, um mundo de ganância, de egos inflados, de autoindulgência alimentada por cocaína que acabou saindo do controle e deixando um rastro de DJs esgotados, promoters desempregados e lembranças agridoces".

A ressaca coincidiu com um período de problemas pessoais. Seu pai e sua mãe morreram com um mês de intervalo em 2000. O casamento com a primeira mulher, Nuala, começou a desmoronar e terminou anos depois num divórcio amargo e oneroso. Mas, em vez de se concentrar em suas desgraças, Dom resolveu narrar num livro a ascensão e queda da vida noturna desses clubes. Conseguiu um bom adiantamento de uma editora, mas não o suficiente para financiar um estilo de vida londrino. Ele estava inquieto, precisava se afastar de relacionamentos esfacelados, queria redescobrir a alegria. Em sua cabeça, só havia um lugar para recomeçar a vida.

A *Mixmag* tinha levado Dom a praticamente qualquer clube decente que o país tivesse a oferecer. Também o levou a vários lugares do mundo — Nova York, Paris, Cingapura. Entre todos esses destinos, foi com o Brasil que ele sentiu afinidade. Tinha feito amigos e voltava sempre que podia juntar dinheiro ou garantir um trabalho como escritor. As contas fechavam: o adiantamento do editor cobriria quase todas as despesas para viver em São Paulo e escrever o livro, que já tinha um título: *Superstar DJS Here We Go! The Rise and Fall of the Superstar DJ* [DJs Superstars, lá vamos nós! Ascensão e queda dos DJs Superstars]. E pé no estribo. Era 2007. Nunca mais voltou.

Uma vez publicado o livro, Dom estava livre para mergulhar na diversidade cultural e religiosa da sua pátria adotiva. Esforçou-se para aprender o português e passou a escrever com regularidade. Quando se mudou de São Paulo para o Rio de Janeiro, sentiu que queria fincar raízes. Em 2 de fevereiro de 2013, celebrou a festa de Iemanjá no candomblé com uma súplica aos espíritos para que lhe encontrassem uma "boa namorada".

Vinte dias depois, numa festa no bairro boêmio de Santa Teresa no Rio, ele conheceu uma mulher inteligente, gentil e bonita. Chamava-se Alessandra Sampaio e era de Salvador. Conversaram muito sobre arte, música e a cidade fabulosa que ambos agora consideravam um lar. "Olhei para ele e pensei, esse cara é muito interessante", ela disse. Alê tinha estudado em Londres, mas era tímida demais para falar inglês, por isso os dois conversaram em português, que Dom dominara rapidamente. No fim da noite, cada um foi para o seu lado, mas a conexão espiritual entre eles estava estabelecida.

Para surpresa e alegria dos dois, no dia seguinte eles esbarraram um no outro na praia, em Ipanema. Uma semana depois, começaram a sair, e a partir de então suas vidas se entrelaçaram. Foram morar juntos no ano seguinte e casaram dois anos depois. A recepção em 5 de dezembro de 2015 em Santa Teresa foi alegre e barulhenta, comemorada por amigos de diferentes fases da vida de Dom — *clubbers* britânicos, artistas brasileiros, correspondentes estrangeiros e a nova família de Dom no Brasil. A dança só parou depois do sol nascer.

Naquela altura, Dom ainda se firmava como jornalista, colaborando com várias publicações, como a *Folha de S.Paulo*, *The Times* de Londres, o *Financial Times*, *FourFourTwo* (fanzine de futebol) e Platts (agência de notícias com foco em energia e indústria). "Ele trabalhava para uma revista de petróleo e gás. Não estava gostando", conta Alê.

Então ele passou a fazer outros trabalhos, com viés mais ambiental, para o *Washington Post* e para o *Guardian*. "Ele disse que não era jornalista formado porque nunca havia feito universidade, mas estava decidido a se tornar correspondente estrangeiro. Era inspirador. Ele trabalhava duro. Às vezes tinha que escrever e reescrever até quatro vezes para satisfazer os editores. Estava sempre aprendendo e aprimorando suas habilidades de jornalista", lembra Alê.

Dom aprendia rápido, era generoso com seu tempo e passou a integrar o grupo informal de correspondentes estrangeiros, sendo muito respeitado e querido. Seu raio de ação cada vez maior acabou levando-o à Amazônia, a Bruno e aos povos indígenas do vale do Javari. Depois disso, nenhum outro assunto lhe pareceu mais interessante e atraente.

Sua preocupação com a região aumentou no fim daquele ano, 2018, quando o candidato de extrema direita Jair Bolsonaro venceu a eleição presidencial com a promessa de suspender as demarcações de terras indígenas, enfraquecer grupos ambientais e incentivar a extração de recursos naturais na Amazônia.

Dom compartilhou seus temores numa mensagem de WhatsApp depois do primeiro turno da eleição: "Este período é muito sombrio e preocupante e as coisas só vão piorar", escreveu. "Minha impressão é que também vai ficar mais perigoso para jornalistas." Sua maior preocupação era com os defensores de lugares como o vale do Javari. Dom tinha certeza de que uma vitória de Bolsonaro no segundo turno daria aos criminosos sinal verde para intensificar seus assaltos. "Se ele ganhar, como será viver aqui? É como uma carta branca para atacar qualquer um que não concorde com os seguidores dele", alertou.

Bolsonaro se mostrou tão ruim para a floresta quanto se previa. Cortou as verbas das agências de proteção, nomeou afilhados políticos para destruí-las, atacou verbalmente ONGs ambientais e abriu caminho para garimpeiros e madeireiros ilegais, e para grileiros. No vale do Javari, o escritório da Funai foi confiado ao evangélico e ex-missionário Marcelo Xavier da Silva, alinhado à bancada ruralista e ao agronegócio. O governo tinha, para todos os efeitos, mudado de lado: em vez de proteger a floresta tropical, passara a ser uma ameaça.

Foi nesse contexto que Dom resolveu escrever *Como salvar a Amazônia*. Tinha dois grandes projetos em andamento naquela época: o plano do livro e da adoção de uma criança com Alê. Ele havia conseguido um contrato de publicação com a Bonnier Books, prometendo

> um livro de viagem ambiental, fortemente pesquisado, militante, com o objetivo de divertir, informar e, mais importante, mobilizar os leitores. Quero que as pessoas pensem de outra forma sobre a maior floresta tropical do mundo e como contribuir para protegê--la, quero levá-las para conhecer povos indígenas e da floresta, em-

preendedores sociais e de negócios, ambientalistas, cientistas, economistas, antropólogos e fazendeiros que conhecem intimamente a Amazônia e a entendem, e têm soluções inovadoras para os milhões de pessoas que vivem lá.

Apesar da situação financeira incerta em que o casal se encontrava, Dom tirou um ano sabático de seus frilas para se dedicar a esse assunto extremamente desafiador. Logo torrou o dinheiro do adiantamento em viagens à Amazônia brasileira e à Costa Rica, onde pretendia analisar soluções alternativas. Uma bolsa da Fundação Alicia Patterson lhe deu algum respiro, mas a pandemia da covid impediu-o de avançar, deixando-o com pouco tempo e sem dinheiro. Para economizar, ele e Alê abriram mão do apartamento no Rio de Janeiro e se mudaram para um lugar mais barato em Salvador. Mas nem isso foi suficiente. Dom teve que pedir um empréstimo à família na Inglaterra para fazer mais uma ou duas viagens de campo e sobreviver enquanto terminava o livro.

Nada disso aconteceu. A última conversa de Alê com o marido foi em 2 de junho, quando ele estava em Atalaia do Norte. Dom lhe contou que tinha encontrado Bruno, haviam dividido um táxi com uma família indígena e entrevistara o filho de Sydney Possuelo, o mais famoso especialista em povos indígenas do Brasil. Poucas horas depois, ele gravou uma mensagem de áudio, passando todos os seus contatos e a programação para a viagem fluvial até a borda do vale do Javari. Prometeu ligar quando estivesse de volta à área com sinal de celular no domingo, dia 5, ou na segunda-feira, 6, o mais tardar. Alê lembra que ele se despediu dizendo: "Amo você. Estou com saudade".

Na segunda-feira, Alê recebeu uma ligação de um amigo de seu marido dizendo que ele estava desaparecido. Ele e Bruno não tinham voltado para Atalaia do Norte no dia anterior, como esperado. Possuelo e a União dos Povos Indígenas do Vale do Javari

(Unijava) tinham vasculhado em vão as margens do rio. Ela imediatamente tentou falar com Dom, deixando mensagens, mas no fundo do coração temia que "fosse tarde demais, ele já estava em outra dimensão".

Logo depois a notícia se difundiu. Um grupo no WhatsApp de amigos de Dom, jornalistas, pôs-se a importunar todos os editores, influencers e celebridades de que se lembraram para incentivar o governo brasileiro a intensificar as buscas. Pela experiência deles com pessoas desaparecidas — não só no Brasil, mas no mundo inteiro —, as autoridades fariam o mínimo possível, a não ser que houvesse uma reação pública.

O Twitter começou a fervilhar com milhares de apelos para que o governo mobilizasse mais gente para encontrar os homens. Houve tuítes de apoio do ex-presidente Luiz Inácio Lula da Silva, do jogador Richarlison e do ator hollywoodiano Mark Ruffalo. Caetano Veloso manifestava preocupação em seus shows, e o designer Cristiano Siqueira criou retratos marcantes em preto e branco dos dois homens contra um fundo vermelho com a pergunta: "Onde estão Dom Phillips e Bruno Pereira?". Essa imagem logo se espalhou por toda parte, aparecendo em muros das cidades do Brasil, brilhando em caminhões de publicidade em Los Angeles e sendo projetada em edifícios em Londres.

O desaparecimento foi manchete em boa parte do mundo, discutido no Parlamento britânico e mencionado no Congresso americano. Jair Bolsonaro teve que responder. Levou dias para se referir ao caso dos dois homens, que segundo ele haviam embarcado numa "aventura" desaconselhável, dando a entender que de alguma forma eram culpados.

Enquanto isso, no vale do Javari, a equipe de vigilância indígena continuava as buscas, e seus esforços incansáveis trouxeram à tona provas fundamentais, incluindo a descoberta comovente do crachá de Dom emitido pelo Sindicato Nacional dos Jornalistas. Os piores temores de Alê e de Beatriz Matos, a mulher de Bruno, se confirmaram em 15 de junho, quando os corpos foram encontrados. Amarildo, seu irmão Oseney e Jefferson foram acusados de homicídio e ocultação de cadáver. Colômbia, suspeito de ser o mandante, foi preso por fraude documental e interrogado sobre a origem do dinheiro para financiar as quadrilhas de pesca ilegal que saqueiam o território indígena do Javari. Dois políticos locais foram submetidos a investigação por possíveis ligações com os supostos crimes de Colômbia.

A repercussão foi enorme. Tristeza e raiva se espraiaram pelo vale do Javari e pelo mundo. Os Kanamari prantearam um ano inteiro. Em conformidade com seus costumes de luto, rasparam o cabelo, proibiram determinados tipos de cultivo e derramaram canções e lágrimas em memória dos mortos. A Univaja substituiu seu logo por uma fita preta até o primeiro aniversário da morte, e depois ergueu duas gigantescas cruzes de madeira na floresta à beira do rio Itaquaí, diante do lugar onde os dois homens foram mortos. O cenário lembrava a última postagem de Dom, "Amazônia, sua linda".

Imagens de Dom e Bruno, aparentemente unidos numa fraternidade eterna, também enfeitariam carros alegóricos no Carnaval do Rio de Janeiro, serviriam de tema de uma instalação na Bienal de São Paulo, inspirariam pelo menos quatro documentários e se tornariam ícones da proteção ambiental e da liberdade de imprensa. Os dois ingressaram nas fileiras de mártires da Floresta Amazônica, ao lado de heróis ambientalistas assassinados, como Chico Mendes, seringueiro e líder sindical morto por um fazendeiro em 1988 em Xapuri, Acre, por tentar preservar a Floresta Amazônica e os direitos dos seus povos; Dorothy Stang, freira americana assassinada em Anapu, no Pará, em 2005, por ajudar pequenos proprietários a garantir direitos à terra a despeito das ameaças de latifundiários, e centenas de ativistas indígenas e defensores da floresta cujas mortes quase não são noticiadas ou investigadas.

Enquanto a justiça se arrastava, cerimônias em memória de Dom e Bruno foram realizadas no Rio, em São Paulo e em Londres. Para muitos amigos, tudo aquilo parecia surreal. Era difícil aceitar aquele horror. Apesar disso, era importante também reconhecer que a morte de defensores da terra e de repórteres ambientais era ocorrência comum tanto no Brasil como no resto do mundo. A imensa repercussão do caso se devia sobretudo porque uma das vítimas era um jornalista branco e estrangeiro.

A ideia para a criação colaborativa deste livro resultou daqueles momentos difíceis. Encontrar um jeito de terminar a obra de Dom era, de início, uma maneira de seus íntimos — a família, os amigos, os colegas — lidarem com a dor. O projeto nos possibilitava compartilhar a tristeza, honrar Dom e olhar para a frente. Ao fazê-lo, vivenciamos a solidariedade em seu verdadeiro sentido. Agora tínhamos um objetivo. Nada de bom poderia surgir de um assassinato tão horrendo, mas pelo menos podíamos impedir que os assassinos calassem a história que Dom vinha tentando contar.

Como salvar a Amazônia tornou-se um vórtice de mobilização. Como os murais de Bruno e Dom que apareceram Brasil afora, os carros alegóricos no Carnaval carioca ostentando suas imagens, as camisetas com seus rostos ou os bottons com a mensagem "Amazônia, sua linda", era um jeito de manter vivos seu trabalho e suas memórias.

Alê, para quem Dom deixou sua herança literária em testamento, nomeou o pequeno comitê editorial que preparou este prefácio. Nós escolhemos os colaboradores para cada capítulo. Dezenas de jornalistas conceituados se ofereceram para revisar e editar. A família de Dom contribuiu ativamente para a divulgação do livro e ajudou a arrecadar fundos. Centenas de amigos e simpatizantes doaram para as campanhas de arrecadação de fundos destinados a financiar viagens de reportagem, tradutores e checagem de fatos. Milhares de pessoas divulgaram as informações pelas redes sociais.

Quando Dom morreu, o livro não tinha chegado nem à metade. Depois de escrever a minuciosa proposta enviada à Bonnier, ele havia rascunhado a introdução, os primeiros três capítulos e meio, e deixara anotações, transcrições e planos — com algumas partes bem mais detalhadas do que outras — para os seis restantes. Continuar a partir de onde ele terminou digitalmente foi mais ou menos fácil, pois havia backup dos arquivos. Seguir em frente em termos de história se mostrou bem mais difícil, pois Dom era um jornalista da velha guarda, que anotava tudo à mão, e decifrar suas garatujas foi mais complicado do que quebrar a criptografia de seu computador.

Os colaboradores foram instruídos a seguir os planos de Dom o mais próximo possível, refazer alguns de seus passos, entrevistar pessoas com quem ele havia conversado e tentar encontrar e avaliar as soluções que ele buscava. Pedimos que fizessem de cada capítulo um diálogo com Dom, por meio de suas anotações e conversas. Em alguns casos, isso foi relativamente simples. O capítulo sobre a Costa Rica, por exemplo, estava bem adiantado, e Stuart Grudgings, encarregado de escrevê-lo, mora naquele país e já estava familiarizado com as ideias de Dom. Em alguns trechos, Dom ainda estava engatinhando, por isso os colaboradores sobre finanças internacionais, biotecnologia, cultura, mídia e redes sociais contavam com menos informações para servir de base, e foram aconselhados a travar um diálogo interno com o que conheciam de Dom e a se concentrar — como ele o fez o tempo todo — na busca de soluções. Nesse sentido, esses capítulos são uma tentativa de desvendar um enigma e procurar pistas para tentar rastrear aquilo que Dom procurava. Como ele, nenhum de nós tinha qualquer ilusão de que nossa escrita salvaria a Amazônia, mas sem dúvida poderíamos seguir seu exemplo perguntando às pessoas que talvez soubessem o que fazer.

Procuramos nos manter o mais perto possível do espírito e das intenções de Dom. Mas houve alguns desvios, pois precisamos nos adaptar. A situação no Brasil havia mudado, em parte devido à vitória de Lula nas eleições presidenciais de 2022, quando foi adotada uma política mais proativa de defesa da Floresta Amazônica. E também porque, gostássemos ou não, a morte de Dom e de Bruno agora fazia parte da história. Imaginamos que ele talvez quisesse atualizar seu material (em sua proposta ele mencionou a eleição e que teria que levar em conta o resultado), e que, mesmo se não se sentisse confortável com a ideia de jornalistas escrevendo sobre jornalistas, ele provavelmente abriria uma exceção nesse caso extremo.

Não resta a menor dúvida de que estas páginas estão manchadas de sangue. Os assassinos abriram neste livro uma ferida profunda, grande demais para ser curada com uma infusão de solidariedade. Esperamos que o que se perde na clareza de uma única voz seja compensado pela diversidade de perspectivas e estilos. Os escritores podem ter opiniões diferentes, mas estão empenhados em garantir que o trabalho de Dom seja concluído e sobreviva por muito tempo depois da sua morte. Este livro ainda é o livro dele. De Dom, de Bruno e da Amazônia.

Julho de 2024

Introdução

Floresta adentro

Vale do Javari, Amazonas

Dom Phillips

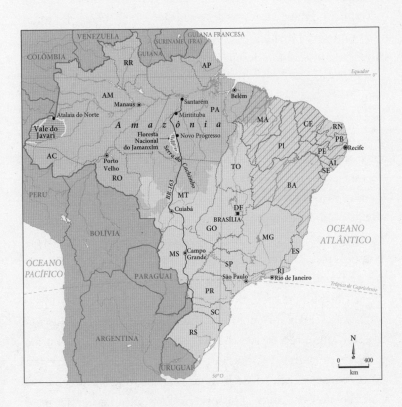

"A PRECIOSA AMAZÔNIA ESTÁ À BEIRA DA DESTRUIÇÃO FUNCIONAL E, COM ELA, NÓS TAMBÉM."

"Cobra!"

O grito veio quase do fim da fila de onze homens, posicionada ao longo de um estreito caminho aberto a golpes de facão na Floresta Amazônica. Estremeci. Eu tinha passado perto do perigo à espreita, invisível, na densa vegetação rasteira. Cobras venenosas constituem uma das ameaças mais letais nessa parte do mundo. Os povos indígenas as temem, e elas representam um perigo ainda maior para um desajeitado jornalista de meia-idade como eu, que tropeçava em raízes nas quais os locais pisavam de leve com suas botas de borracha, e escorregava no chão lamacento por onde eles caminhavam com firmeza.

Takvan Korugo — um homem sério e imponente, com um senso de humor mordaz — não se abalou. Conhecia bem aquelas florestas, como a gente da cidade conhece ruas. Cobras, para ele, eram um risco do ofício, um perigo diário. Pôs no ombro o porrete de madeira polida que o povo Korubo usa para caçar e lutar, e voltou às pressas até onde estava o réptil, como quem desce pelo jardim para consertar o portão. "Cuidado", gritou Bruno Pereira — o funcionário da Funai que chefiava a expedição.

Houve um silêncio breve, carregado de tensão. Três fortes pancadas. Seatvo, um menino korubo de seus treze anos, apareceu com um largo sorriso, balançando na ponta de uma vara o corpo de uma grossa jararaca de um metro e meio. "Se uma dessas te morder, já era", disse Josimar Marubo, outro indígena que viajava conosco. Contou a história macabra de uma mulher picada no peito por uma jararaca mais ou menos daquele tamanho. Nem mesmo o soro que Pereira levava conseguiu salvá-la.

A cobra era um lembrete incômodo dos perigos da região selvagem em que estávamos: o vale do Javari, um território indígena vasto, inacessível, de rios sinuosos e mata densa nas bordas ocidentais da Amazônia brasileira. Além das vespas gigantes, dos jacarés, das sucuris, das onças e dos peixes elétricos a respeito dos quais tínhamos sido alertados em tom de piada, havia cobras por toda parte. Os homens mataram uma pequena jararaca quando nos sentamos à beira de um igarapé para almoçar, jogando de lado seu corpo flácido e então voltando a comer biscoitos. Depois deram cabo de outra, também pequena, enquanto limpavam o mato para levantar acampamento.

Eu não pensava em salvar a Amazônia quando parti para o vale do Javari em 2018. Pensava mesmo era em como ela estava sendo destruída. Morava no Brasil havia mais de dez anos e me sentia cada vez mais atraído por histórias sobre a Amazônia — uma vasta bacia hidrográfica, duas vezes maior do que a Índia, que cerca o rio Amazonas e abrange extensas áreas de Brasil, Peru, Bolívia, Equador, Colômbia, Venezuela, Guiana e Suriname. Até cinquenta anos atrás, quase tudo ali era floresta tropical, mas isso estava mudando numa velocidade assustadora.

Minha primeira visita tinha sido em 2004, num feriado na escaldante cidade de Belém, com seu mercado repleto de peixes de rio de aparência insólita. Tomei um barco para a ilha de Marajó, na foz do Amazonas, onde policiais andavam montados em búfalos, mil tons de verde resplandeciam na muralha de árvores, urubus beliscavam a carcaça de uma vaca numa estrada de terra e o pôr do sol era uma explosão cinematográfica de rosa, azul-turquesa e laranja. Não era a minha primeira viagem ao Brasil, mas foi essa que finalmente me fisgou. Três anos depois estava de mudança para São Paulo.

A viagem ao Javari se devia a uma reportagem para o jornal britânico *The Guardian*. O fotógrafo Gary Calton e eu nos juntamos a uma expedição chefiada por Bruno Pereira, atendendo a um convite da União dos Povos Indígenas do Vale do Javari (Univaja), que queria divulgar os perigos enfrentados pela reserva. Pereira buscava sinais de um grupo indígena voluntariamente isolado, a fim de lhe garantir proteção.

Designado Terra Indígena protegida em 2001, o vale do Javari abriga cerca de 6 mil residentes indígenas de sete povos, que o compartilham com pelo menos dezesseis grupos indígenas voluntariamente isolados, uma concentração maior do que em qualquer outra parte do planeta. Em 2018, a terra habitada pelos isolados estava mais ameaçada do que nas últimas décadas — pela contaminação de poluentes pesados, barcas ilegais de garimpagem de ouro que penetravam em seus rios a leste, quadrilhas armadas de pesca comercial vagueando furtivamente, criadores de gado exercendo pressão em suas bordas meridionais. Ultrapassamos um dos barcos de madeira dessas quadrilhas de pesca, que rebocava canoas perto da entrada da reserva. Um homem sem camisa em pé no telhado nos seguiu com o olhar quando passamos, o rosto contraído numa expressão de suspeita ao ver o uniforme verde da Funai que Pereira e sua equipe usavam, assim como Gary e eu.

O corpulento Bruno Pereira, sério e dedicado funcionário público de barba e óculos, acordava sempre às três e meia da madrugada no acampamento para planejar o trajeto do dia. Dormia sem rede de proteção contra mosquitos, apesar de ter contraído malária várias vezes. Certa dia, no café da manhã, enquanto, de short e chinelos, comia despreocupadamente miolo de macaco com uma colher, opinou sobre a política do governo em relação ao 1,7 milhão de indígenas do Brasil. Havia trabalhado anos na região e era especialista naqueles grupos que viviam voluntariamente isolados. Antes de partirmos, ele contou que alguns Marubo que viviam no vilarejo de São Joaquim, no vale do Javari, estavam muito nervosos com as rápidas visitas de isolados nus, de cabelos compridos. O plano consistia em buscar indícios e pistas de que eles pudessem ter se mudado para perto de São Joaquim.

Há mais ou menos uma centena de povos isolados no Brasil. "Isolados" não é uma descrição totalmente adequada, porque tudo indica que muitos fugiram da escravização e do assassinato décadas atrás, razão pela qual há uma preferência por "voluntariamente isolados". Muitos desses povos sabem que há forasteiros por lá, mas preferem viver fora do alcance da tecnologia moderna e da sociedade brasileira. Muitos são caçadores-coletores nômades, ou seminômades, mas que também cultivam pequenas plantações em clareiras na floresta, e são altamente vulneráveis mesmo a doenças simples como a gripe. Monitorá-los envolve fazer sobrevoos, coletar informações de inteligência e realizar missões exaustivas e muitas vezes perigosas, como essa, quando a Funai procura sinais dessas comunidades, mas evita o contato, política adotada desde 1987.

"Não é sobre nós", disse Bruno. "Os indígenas é que são os heróis."

Ele era o único funcionário da Funai na expedição. Marcir Ferreira, pescador e mateiro que também trabalhava como barqueiro para o prefeito de Atalaia do Norte, cidade perto do limite noroeste do Javari, tinha sido contratado para a viagem. Bem como Daniel Mayoruna, um indígena do povo Mayoruna da reserva, com vasta experiência em expedições como a nossa. Havia ainda dois homens do povo Marubo, Alcino e Josimar, que já tinham participado de expedições semelhantes.

Os Marubo são o povo mais numeroso do Javari. Contatados pela primeira vez um século atrás, são tidos como os diplomatas do vale, servindo com frequência de interlocutores com autoridades brasileiras e estrangeiras. Vivem em malocas, cabanas comunitárias de construção elaborada, com teto alto coberto de palha. Josimar morava no minúsculo vilarejo de São Joaquim, onde os isolados tinham sido vistos em várias ocasiões nos últimos anos furtando bananas, machados e facões, ou mesmo deixando de presente uma cutia recém-abatida.

Pereira tinha convidado também quatro Korubo em sua primeira expedição: Takvan (o hábil matador de cobras), seu filho adotivo Xikxuvo Vakwë, Lëyu e o filho Seatvo. Há cerca de cem Korubo, e eles são homens belicosos conhecidos como caceteiros devido aos porretes de madeira que carregam. Além de os defenderem de cobras, esses porretes também são usados contra aqueles que são vistos como ameaça.

O primeiro grupo de Korubo foi contatado em 1996. Acredita-se que esse povo matou um funcionário da Funai um ano depois. Um segundo grupo se envolveu em 2014 num sangrento contato com os Matis, outro povo do vale, que deixou mortos dos dois lados antes que Pereira e a Funai interviessem para negociar um acordo difícil. Xikxuvo Vakwë foi adotado por Takvan naquela época. Ele conta que o pai foi envenenado pelo próprio irmão, que cobiçava a cunhada. O grupo foi atingido por uma crise epidemiológica. "Não havia muita comida", disse Xikxuvo. "Havia muito era febre, dor de cabeça."

Paramos numa aldeia Korubo no trajeto rio acima, onde Pereira trocou comentários irônicos e maliciosos com um jovem que falava bem o português. Os Korubo da aldeia se sentaram em troncos sob um telhado de palha enquanto crianças e macaquinhos de estimação brincavam na poeira. Estavam nuas, pintadas com a tinta vermelha da semente do urucum, ou de short ou de camiseta de futebol, com seus cortes de cabelo estilo tigela, raspados na nuca. Os homens nos contaram que quatro pescadores de uma das quadrilhas de pesca haviam feito disparos por cima da cabeça das crianças naquela manhã. As invasões desses bandos estavam aumentando, o que os deixava muito preocupados. Suas cabanas, feitas de treliças esticadas em torno de vigas de madeira e cobertas com folhas de palmeira, eram menores e menos elaboradas do que as malocas dos Marubo. Os Korubo acordavam antes do dia raiar, tagarelando alto, e eram tão bons em imitar vozes de pássaros e macacos que os animais respondiam. Prendiam a cabeça do pênis com uma corda atada à cintura. De noite, Takvan e Lëyu costumavam se livrar dos uniformes e equipamentos da Funai para relaxar, nus, em volta da fogueira. Dos dois povos indígenas, os Korubo eram os que ficavam mais à vontade nas árvores. "Eles andam na floresta mais do que nós", disse Josimar Marubo, homem tranquilo, competente, de sorriso fácil.

Cada etapa da jornada apresentava seus obstáculos, nenhum dos quais parecia preocupar os homens. Quando a nossa viagem de barco subindo o rio Sapóta a partir da aldeia de Josimar, São Joaquim, foi bloqueada por uma gigantesca árvore que tombara, os homens passaram noventa minutos cortando-a a machadadas. Então, quando o tronco estava quase cedendo, eles pularam juntos em cima dele, e deram gargalhadas quando ele finalmente se partiu e os jogou dentro da água. Pularam nas águas do rio para empurrar os barcos por entre os galhos, sem se incomodar com os jacarés que de vez em quando se lançavam de margens íngremes e lamacentas nas profundezas turvas do rio. Logo os homens perceberam sinais do grupo isolado que estavam procurando — talos de planta dobrados em ângulo de 45 graus, chamados "quebradas", que aquelas pessoas tinham deixado para marcar o caminho. Pereira os examinou atentamente para confirmar que eram propositais, e não causados pela queda de um galho ou por mordida de anta.

"Isso é gente", ele disse. "Tem um mês."

Alcino Marubo — um homem sério, prestativo, que queria mais envolvimento na proteção da sua reserva — tirou fotos com a câmera de Pereira enquanto registrava coordenadas em seu GPS. Encontraram mais talos dobrados ali perto, mas esses tinham um ano. Alguns haviam sido quebrados com facão, outros com a mão. Ninguém mais caçava ali, confirmando que isolados tinham usado aquele caminho. "Isto é informação boa", disse Bruno. "Tivemos sorte."

Andamos dias na selva escura e densa. O chão era macio, úmido, escorregadio, com uma lama que agarrava, ou com água salobra pelo joelho. Era como caminhar numa pilha de compostagem. Eu me agarrava a árvores e galhos no esforço para subir encostas íngremes e lisas, evitando aquelas com longos espinhos ou protuberâncias afiadas, pontiagudas, e só não esbarrei numa casa de marimbondos porque Takvan me alertou. Ele parou a certa altura e farejou à sua volta. Uma onça tinha acabado de passar, ele disse em seu português deficiente. Era como se eu corresse às cegas por uma floresta unidimensional, em preto e branco, enquanto ele andava por um universo colorido repleto de informações fluindo em cascata.

A equipe atravessou rios terrosos lamacentos, equilibrando-se em troncos viscosos que tinham caído na transversal, usando varas estabilizadoras cortadas das árvores. Essas travessias acabavam com meus nervos. Depois de quase desabar de alguns troncos e cair meio de costas num rio, me acovardei em cima de um tronco terrivelmente alto e resolvi deslizar lentamente sobre ele, de costas. Isso foi extremamente divertido para os meninos Korubo, que rolavam de rir enquanto eu a duras penas arrastava meu traseiro por cima de um nó no tronco, de alguns cogumelos de um laranja brilhante e aparência hostil, e de um fungo preto da largura da palma da mão. Daí em diante, engoli o meu orgulho e deixei que alguém carregasse minha mochila nessas traiçoeiras pontes naturais, as quais, para minha frustração, Gary também atravessava com facilidade.

Onde eu me atrapalhava, deslizava e caía, os indígenas andavam com passo firme. Eram os ninjas dessa floresta. Manipulando facões afiadíssimos, como chefs com facas de cozinha, abriam caminho pelo mato denso e emaranhado. Caçavam, esfolavam, desmembravam e assavam macacos, preguiças, tartarugas, até um peru selvagem de nome mutum, e um porco selvagem conhecido como queixada. Pescavam piranhas em rios infestados de jacarés e montavam acampamento em menos de uma hora, limpando o mato rasteiro e cortando mudas para fazer as estruturas de madeira sobre as quais as lonas são esticadas e sob as quais as redes são penduradas, muitas vezes na chuva torrencial.

E conheciam os segredos da floresta. Onde eu enxergava lama e árvores, eles encontravam castanhas e frutas, como cacau. Certa manhã, os dois meninos Korubo vieram correndo em nossa direção, rindo e gritando, espancando uma colmeia para espantar seus moradores antes de compartilhar o favo cor de ferrugem, gotejando mel doce, bruto — uma deliciosa ingestão de glicose mais eficaz do que as barras de cereais que Gary e eu tínhamos esquecido num quarto de hotel. A centenas de quilômetros da cidade mais próxima, a dias de caminhada da aldeia mais perto, aquilo para mim era a Amazônia selvagem, indômita, do mito, dos programas de natureza da tevê e dos filmes. Para o povo indígena do vale do Javari, era simplesmente seu lar.

Para eles, essa floresta era tanto fonte de alimento e de sustento como objeto de respeito e reverência. A natureza não era um cartão-postal para ficar contemplando. Era uma fazenda e uma despensa. Estava entrelaçada à vida deles, como as trepadeiras que se enrolavam em nossos pés quando tropeçávamos. Estávamos literalmente vivendo da terra, suplementando o arroz, o café e os lanches que os homens traziam com qualquer coisa que pudessem caçar. Gary e eu éramos visceralmente dependentes dos indígenas e das presas que eles caçavam todos os dias, servidas com arroz, sal e um delicioso molho de pimenta que alguém trouxera. Havia macaco barrigudo recém-abatido, chamuscado no fogo para remover o pelo e depois assado, expondo sua carne deliciosamente carbonizada e gordurosa qual uma pancetta. O churrasco de queixada tinha sabor de porco assado. Piranhas eram cozidas em espetos. Os Korubo comiam tudo — a carne, as vísceras, os miolos — e pegavam no sono logo depois do jantar.

As refeições em volta da fogueira e uma noite de sono ou um descanso pós-caminhada na rede eram momentos de alívio. Às vezes a floresta era tão fechada e claustrofóbica que, depois de dias andando, era um consolo ver o rio — e o horizonte. Ela também nos oferecia momentos de extraordinária beleza. Quando deparamos com uma rara árvore de mogno que se erguia majestosa sobre um trecho ensolarado de selva mais aberta, os homens comemoraram. A presença daquela árvore significava que a terra era boa, explicou Pereira.

"Isso é lindo", disse Marcir Ferreira, um raro comentário sentimental da parte desse homem bruto da fronteira. Generoso, perseverante, ele insistia em compartilhar seu talco depois de cada longo dia, para aliviar pés doloridos.

Essa parte do vale do Javari nem sempre foi floresta densa e despovoada. Antes de se tornar reserva oficialmente protegida em 2001, a área era habitada por ribeirinhos não indígenas que trabalhavam como madeireiros e seringueiros para patrões distantes. "Muitos madeireiros vieram para esta área, mataram indígenas isolados e levaram um monte das nossas riquezas", disse Aldeney da Silva, que morava na aldeia Marubo de Rio Novo, nossa base durante a expedição. Ele se lembrava da vida nos anos 1970 e dos conflitos entre grupos. "Havia guerra entre eles, por causa dos não indígenas, dos seringueiros e dos madeireiros."

Marcir Ferreira mudou-se para o Javari quando criança, com o pai, um "soldado da borracha", que viera do Ceará para extrair borracha durante a Segunda Guerra Mundial. "Era muito cheio", disse Ferreira. "Muita gente vivia da extração da borracha e da madeira." Quando ele tinha quatro anos, a família foi atacada por indígenas isolados que incendiaram sua casa. Ferreira foi atingido por uma flecha que atravessou o couro no topo da cabeça. Sua prima, ainda moça, foi ferida na nádega, no ombro e na mão. "A gente se escondeu atrás de uma bananeira", ele disse. Anos depois, ele descobriu que sua sobrinha de seis meses tinha morrido depois de receber uma flechada no pescoço.

Os Korubo têm uma opinião diferente sobre sua reputação de guerreiros. Eles estavam defendendo sua terra, dizem. "Vivíamos na floresta. Não havia brancos. Quando os brancos chegaram, nós atacamos eles a porrete", explicou um homem que conheci na aldeia Korubo de Vuku Maë. Relatos de contato com os Korubo remontam aos anos 1920, e consta que quarenta deles teriam sido mortos por um grupo peruano acompanhado de indígenas Ticuna em 1928. Ao longo dos anos 1970, dos anos 1980 e dos anos 1990, os Korubo se envolveram em conflitos com colonos não indígenas, funcionários da Funai e empregados da Petrobras que estavam prospectando petróleo na reserva. Consta que mataram onze brancos. Ninguém sabe quantos Korubo morreram, mas provavelmente muito mais. Um número desconhecido deles morreu num ataque de seringueiros indígenas em 1979. Dois anos depois, o líder daqueles seringueiros distribuiu farinha de mandioca envenenada a uma comunidade Korubo.

Esses eventos são típicos da história sangrenta da Amazônia, e conhecê-los é essencial para a compreensão do seu presente e do seu futuro. Dar comida envenenada de presente era apenas uma das muitas técnicas para matar comunidades indígenas. Durante o ciclo da borracha na Amazônia, no fim do século XIX e começo do século XX, a Peruvian Amazon Company, registrada em Londres, foi denunciada por escravizar, torturar e assassinar dezenas de milhares de indígenas em seus seringais. Consta que nos anos 1940 uma empresa brasileira de borracha castigava trabalhadores indígenas que não alcançavam as metas de produção primeiro cortando-lhes uma orelha, depois a outra, e por fim executando-os.

Numa reportagem investigativa de Norman Lewis publicada em 1969 na revista do *Sunday Times*, no Reino Unido, e intitulada simplesmente "Genocídio", Neves da Costa Vale, da Polícia Federal brasileira, contou ao jornalista que "centenas de índios estavam sendo escravizados nos dois lados da fronteira" com o Peru. A reportagem girava em torno de um extenso relato do promotor brasileiro Jader de Figueiredo sobre 134 funcionários públicos do Serviço de Proteção aos Índios. Comunidades indígenas haviam sido exterminadas depois de receberem comida envenenada e roupas impregnadas com o vírus da varíola. Algumas foram mortas a tiros de metralhadora. Mulheres foram raptadas para servirem como esposas. As torturas eram tão horrendas quanto comuns. "Todas as tribos foram praticamente exterminadas, não *apesar* dos esforços do Serviço de Proteção aos Índios, mas com a sua *conivência* — muitas vezes sua cooperação entusiástica", escreveu Lewis (grifos dele). O serviço foi dissolvido e substituído pela Funai.

O Exército brasileiro nunca admitiu publicamente as atrocidades cometidas quando esteve no poder — e a Lei de Anistia de 1979 impedia que qualquer um, da esquerda ou da direita, que tivesse cometido crimes durante aquele período fosse processado. O Relatório Figueiredo desapareceu misteriosamente, só reaparecendo em 2013, quando a então presidente Dilma Rousseff estabeleceu a Comissão Nacional da Verdade para investigar crimes e abusos contra os direitos humanos sob a ditadura militar e governos anteriores. Ela mesma integrara um grupo guerrilheiro marxista que pegou em armas para se opor à ditadura, e foi brutalmente torturada na prisão.

"Os povos indígenas sofreram graves violações de seus direitos humanos no período de 1946 a 1988", concluiu a Comissão. "Não são esporádicas nem acidentais essas violações: elas são sistêmicas, na medida em que resultam diretamente de políticas estruturais de Estado." Foi revelado que pelo menos 8350 indígenas tinham morrido, fosse por ação direta de agentes do governo ou por sua omissão. As ações diretas — assassinatos e massacres — se concentraram na ditadura militar, de 1964 a 1985; as omissões eram mais comuns antes disso. Em apenas uma das atrocidades mencionadas, 33 indígenas foram mortos quando um helicóptero despejou sobre eles um pó mortal. Sua aldeia ficava perto de uma estrada que o Exército estava construindo. Só houve um sobrevivente.

No período que antecedeu a eleição de Bolsonaro em 2019, um ano depois da minha viagem ao vale do Javari, as invasões de reservas florestais, o desmatamento e os incêndios, já em alta na presidência de Dilma Rousseff, explodiram de vez. Madeireiros, garimpeiros e grileiros se sentiram estimulados pela retórica bolsonarista. Sei disso porque eles próprios me disseram — primeiro numa viagem a Rondônia para fazer uma reportagem entre os dois turnos da eleição em 2018, depois para uma matéria sobre garimpos ilegais no interior da selva na Terra Indígena Yanomami em 2019. Eram homens de cidades rudimentares de fronteira onde havia poucos empregos, além de trabalho braçal mal remunerado. Tinham pouca consciência ou compreensão dos problemas ambientais globais — ignorância reforçada por fake news e pela propaganda com que bolsonaristas bombardeavam as redes sociais. Queriam trabalhar e se viam às voltas com a repressão de autoridades ambientais, policiais ou militares. Achavam que Bolsonaro estava do lado deles e explicaram que haviam votado nele porque ele ia legalizar suas atividades.

Depois da eleição de Bolsonaro, o vale do Javari viu chegarem mais quadrilhas de pesca ilegal e passou a sofrer pressão dos missionários evangélicos. Bolsonaro contava com as igrejas evangélicas conservadoras em sua base de poder, além do Exército, da polícia e do agronegócio. E os ruralistas começaram a exercer ainda mais influência sobre a Funai.

Em 2018, Bruno Pereira foi designado para comandar o departamento da Funai encarregado dos indígenas isolados e recém-contatados, função de prestígio e altamente sensível. Pouco depois, Marcelo Xavier da Silva, policial federal, assumiu a presidência da Funai. Os funcionários ficaram horrorizados, porque Marcelo havia trabalhado num polêmico inquérito do Congresso encabeçado por um destacado ruralista em 2016, que recomendou que funcionários da Funai e de ONGs fossem processados. A Funai seria um "braço operacional de interesses externos" e "um amálgama de interesses privados e objetivos ideológicos", afirmava o texto, propondo que a agricultura comercial fosse permitida nos territórios indígenas onde era proibida. Na época, escrevi sobre o relatório. Pareceu-me insólito e extremista, e o confuso argumento de que agricultores americanos desejavam preservar a Amazônia para proteger seus próprios interesses agrícolas era uma teoria da conspiração perigosa. Mas, com a extrema direita no controle, esse pensamento absurdo e ilógico se tornava o "novo normal".

Logo que Xavier da Silva foi nomeado para comandar a Funai, Pereira foi abruptamente rebaixado (por ser funcionário público, não era fácil exonerá-lo) sem nenhuma explicação. Especialistas em assuntos indígenas alertaram numa carta aberta que os povos isolados do Brasil corriam o risco de sofrer "genocídio".

Se as sementes deste livro foram plantadas na minha viagem ao Javari em 2018, elas só firmaram raízes depois da vitória de

Bolsonaro, quando, do outro lado da Amazônia, no Pará, visitei a poeirenta cidade de colonos de Novo Progresso, onde o presidente eleito obteve 78% dos votos.

Novo Progresso fica ao lado da BR-163, estrada que liga o interior do Centro-Oeste produtor de soja e grãos a portos amazônicos como Santarém e Mirituba. Na entrada, uma placa informa "Cidade de Desenvolvimento", perto de um imenso outdoor com a foto de Bolsonaro e o slogan: "Na rota para o desenvolvimento". Mas uma porção significativa, inquantificável, do "desenvolvimento" que impulsiona essa ativa comunidade de 26 mil habitantes é ilegal. Há dezenas de lojas de venda clandestina de ouro, e os garimpeiros extraem material a partir de um processo altamente poluente em território protegido e indígena, onde a atividade não é permitida. O rebanho de meio milhão de cabeças de gado da cidade aumentou cerca de 50% na última década. No entanto Novo Progresso está situada no meio de florestas protegidas e territórios indígenas, onde a agricultura comercial é proibida, pelo menos no papel.

Os fazendeiros e grileiros da Amazônia tradicionalmente queimam terras de floresta desmatadas na estação da seca, mas em agosto de 2019 o número de incêndios foi o mais alto dos últimos nove anos e provocou uma crise internacional para o governo Bolsonaro. O presidente tentou acusar as ONGS e o ator e ambientalista Leonardo DiCaprio, sem apresentar provas. A polícia e os promotores abriram uma investigação sobre o que ficou conhecido como "Dia do Fogo" — quando fazendeiros da área de Novo Progresso teriam combinado tacar fogo nos dias 10 e 11 de agosto, quando os incêndios na área triplicaram. Isso foi interpretado como um ato de desafio às regulamentações ambientais e apoio a Bolsonaro: a Amazônia existia para ser explorada. Por trás disso havia um argumento da direita de que os meios de subsistência rurais eram prejudicados pela injusta proteção das florestas, implementada para agradar a grupos de conservação e governos estrangeiros. "Precisamos mostrar ao presidente que queremos trabalhar", declarou a um site de notícias local um dos fazendeiros envolvidos, o que revelou a ação coordenada. O dono e repórter do site, Adécio Piran, mais tarde recebeu ameaças de morte por veicular as informações.

Novo Progresso está situada perto da Floresta Nacional do Jamanxim — uma reserva protegida de 1,3 milhão de hectares e uma das mais desmatadas do Brasil. Foi criada em 2006 para desacelerar o desmatamento na área e é administrada pelo Instituto Chico Mendes (ICMBio), do governo federal. Oficialmente, a agricultura não é permitida — mas os locais jamais aceitaram a existência da reserva. "Os fazendeiros veem a Floresta Nacional do Jamanxim como um empecilho ao desenvolvimento da pecuária", diz um estudo do ICMBio de 2009, concluindo que dois terços dos que lá se estabeleceram entraram pouco antes ou pouco depois da criação da reserva, e que a maior parte dos agricultores vivia em outros lugares — muitos deles em outros estados. O Pará tem o segundo maior rebanho bovino do Brasil, são 24 milhões de animais, um aumento de 33% em dez anos. Desde 2006, ele também tem sido o estado da Amazônia que mais terras desmatou e mais consistentemente, de acordo com dados de satélite do governo. A pecuária é o maior fator de desmatamento da Amazônia. Incêndios são provocados para limpar a terra, depois que a madeira de valor é retirada e vendida. O gado é transferido para a terra para consolidar a posse.

Poucos meses depois do "Dia do Fogo", percorri com Daniel Camargos, da agência investigativa Repórter Brasil, e o fotógrafo João Laet as estradas de terra esburacadas de Jamanxim e da reserva vizinha, as Nascentes da Serra do Cachimbo, num trabalho para o *Guardian* e para a Repórter Brasil. Vimos faixas do que antes era floresta protegida transformadas em pastagens, onde vacas andavam em meio às cascas negras de troncos carbonizados. Os animais selvagens fizeram o possível para sobreviver.

Certa manhã, transitando por uma estrada de terra na reserva do Cachimbo, cruzamos com um homem que, ao lado de uma moto, vigiava quem passava enquanto motosserras guinchavam nas árvores: encontrar madeireiros em reservas, quase sempre armados, pode ser um perigo. Na floresta do Jamanxim, a mata recém--queimada numa fazenda ainda fumegava na manhã em que chegamos. Era essa a situação.

Uma fazenda que visitamos na reserva da serra do Cachimbo acumulava várias multas por infrações ambientais. Embora essas penalidades sejam uma das principais ferramentas do governo para coibir o desmatamento, nem sempre têm eficácia. Muitos pecuaristas se recusam a pagar e colecionam enormes dívidas em multas, ao que tudo indica com poucas consequências. Mas esses registros servem como uma marca negativa oficial contra os proprietários de terras, que pode — com o apoio de outros órgãos oficiais e instituições financeiras — ser usada para limitar seu acesso a empréstimos e mercados. Isso, por sua vez, depende do governo do momento e da capacidade de percepção de comerciantes, varejistas e seus reguladores.

A fazenda da reserva era de propriedade de Paulo Parazzi, funcionário do órgão ambiental do governo do Paraná, a milhares de quilômetros de distância, no sul do Brasil. Ele não quis conversar comigo quando eu o procurei. Outra fazenda de 6 mil hectares, onde o gado pastava entre troncos carbonizados em campos cercados por um anel de floresta, estava registrada em nome de André Ferri, que também vivia longe, igualmente no Paraná. Ferri devia milhões de reais em multas, mas o sistema judicial brasileiro jamais conseguiu encontrá-lo. Meu colega Daniel Camargos não teve a menor dificuldade em descobrir seu paradeiro e fazer contato, mas ele tampouco quis conversar conosco.

Os ruralistas às vezes argumentam que os incêndios e o desmatamento são obra de pequenos proprietários que lutam para sobreviver. Vários estudos, porém, incluindo "Máfias da Floresta Tropical", da Human Rights Watch, mostraram que com frequência essa destruição resulta da ação de quadrilhas. Florestas protegidas, como Jamanxim e serra do Cachimbo, são sujeitas a intensa especulação imobiliária da parte de investidores de outros estados, que apostam numa possível revogação de seu status de reserva.

Proprietários de terras dentro das reservas sempre argumentam que estavam lá antes de a reserva ser estabelecida, o que — quase sempre de forma duvidosa — lhes permite alegar uma reivindicação anterior à terra e dizer que são vítimas do Estado, e não perpetradores de crimes. Órgãos ambientais lhes aplicam multas — mas, como disse, ninguém paga. Uma grande área de floresta recém-queimada que visitamos na reserva da serra do Cachimbo estava registrada em nome de Nair Petry, que dizia estar ali desde 2001. Pouco antes de ser queimada, a terra fora posta à venda pela proprietária, em sua página do Facebook, por cerca de 3,65 milhões de reais — embora mais tarde ela o negasse numa entrevista a Camargos, por telefone. Como ela mesma confirmou, os novos donos de terras como essa dentro das reservas costumam introduzir o gado imediatamente. Aqueles que levam os animais à terra recém-desmatada, ou fazendeiros que ampliam sua propriedade pondo árvores abaixo à margem da lei, sempre podem dar um jeito de vender o rebanho.

Em 2009, o Greenpeace produziu um relatório devastador, "Massacrando a Amazônia", que denunciava o grau de envolvimento da indústria pecuária no desmatamento, que comprava terra de fazendeiros que derrubavam árvores ilegalmente. Ainda naquele ano, frigoríficos brasileiros firmaram acordos com o Greenpeace e, depois, com o Ministério Público Federal, comprometendo-se a não comprar gado de fazendas que haviam sido multadas ou tinham áreas embargadas — ou seja, onde a produção na terra estava proibida — devido ao desmatamento ilegal. Essas empresas desde então têm investido pesadamente em sistemas sofisticados de monitoramento para que isso não mais aconteça, como me explicou num email a JBS, maior frigorífico do mundo.

"O sistema de monitoramento da JBS na Amazônia cobre mais de 725 mil quilômetros quadrados, uma área maior do que a Alemanha, e avalia diariamente mais de 50 mil fazendas fornecedoras de gado", disse a empresa. "Até hoje, bloqueamos mais de 8 mil fazendas fornecedoras de gado por não cumprirem as regras."

Mas existe um jeito de contornar essa situação. Há um processo, por vezes conhecido como "lavagem de gado", que é facilitado pelo fato de que no Brasil poucas fazendas lidam com todo o ciclo de vida de um animal de corte, do nascimento à entrega ao matadouro. Na verdade, há fazendas que cuidam da reprodução e da criação de gado, outras que engordam o gado, e outras que o "finalizam", prontas para abastecer os matadouros.

Os sistemas de monitoramento usados por empresas como a JBS e seus concorrentes menores Marfrig e Minerva checam apenas os fornecedores diretos — os que estão no fim da cadeia que vende para os matadouros — e não aqueles que os abastecem, os fornecedores indiretos.

Em seus acordos com o Greenpeace e o Ministério Público Federal, esses frigoríficos prometeram controle total sobre seus fornecedores indiretos até 2011. Mais de uma década depois, no entanto, ainda não cumpriram a promessa. A realidade em que operam continua tão turva quanto a lama da Amazônia.

Moradores de Novo Progresso nos explicaram que se veem como pioneiros domesticando o Oeste selvagem da Amazônia. "Madeira, garimpagem de ouro e agora o gado fizeram esta cidade", disse Jadir Rosa, um mecânico tranquilo, sério, que veio do Paraná e naquele dia almoçava no mercado. Apoiador de Bolsonaro, ele compartilhava a descrença do governo na ciência climática. "Aquecimento global não existe", declarou. Disse ainda que o pessoal da cidade obtém muitas informações pelo WhatsApp.

O porta-voz extraoficial de Novo Progresso é Agamenon Menezes, influente e combativo ex-presidente do sindicato local de produtores rurais. Foi entrevistado pela polícia durante a investigação sobre o "Dia do Fogo" e teve o computador apreendido, mas nega qualquer envolvimento. Frio e desdenhoso com jornalistas, Menezes fez uma vaga ameaça em voz baixa enquanto falávamos, e reclamou de um repórter americano com quem havia conversado, porque não gostou da maneira como foi descrito. Afirmou que o "Dia do Fogo" era invenção da mídia para atacar Bolsonaro. Disse ainda que 35 mil cientistas brasileiros "sérios" refutaram a ciência das mudanças climáticas (não consegui encontrar nenhuma informação a respeito deles, apesar do número tão grande). O mais curioso é que ele explicou que a popularidade de Bolsonaro em Novo Progresso se devia ao fato de ele haver contestado funcionários ambientais e atacado regulamentações que impediriam pessoas honestas da Amazônia de trabalhar.

"Eles não comem, têm que produzir alimento. Por isso trabalham ilegalmente", disse Menezes. "Ninguém quer ser ilegal. Eles querem trabalhar legalmente." Explicou que os incêndios limpam a terra para pastagem, que depois é usada para agricultura. "Você pega uma área de mata fechada e desmata", afirmou. "Precisa queimar essa madeira."

Como o "Dia do Fogo" mostrou, o argumento de que o povo da Amazônia quer trabalhar de forma honesta e que os ambientalistas e as ONGs integram uma conspiração global que os impede de fazê-lo é amplamente evocado. O próprio governo Bolsonaro menciona argumentos desse tipo e ministros do alto escalão contestam que o aquecimento global seja causado por atividade humana. Combater essas opiniões de modo eficaz é essencial para salvar a Amazônia, porque, se derrubá-la não faz diferença alguma, como afirma Menezes, qual a razão de salvá-la? O que você na verdade está fazendo é impedir gente boa, honesta, de trabalhar.

O problema é que o trabalho dos moradores de Novo Progresso tem impacto na vida de todos nós — e no futuro de todos nós. É assim porque os incêndios e o desmatamento em lugares como esse estão levando a Amazônia cada vez mais para perto do que cientistas climáticos conceituados como Carlos Nobre e Thomas Lovejoy chamam de "ponto de inflexão", além do qual ela não produzirá umidade suficiente para se manter e "retrocede" até se tornar um cerrado semiárido. Em dezembro de 2019, os dois escreveram na revista *Science*: "A preciosa Amazônia está à beira da destruição funcional, e, com ela, nós também. A umidade da Amazônia não está confinada à bacia, mas é parte central e integrante do sistema climático continental com benefícios específicos para a agricultura brasileira essencial no sul". Cerca de 17% de toda a bacia amazônica e quase 20% da Amazônia brasileira já estão desmatadas, puxando o ponto de inflexão para os próximos quinze, vinte anos, ou até menos. "O ponto de inflexão chegou, é agora. Os povos e líderes dos países amazônicos, juntos, têm o poder, a ciência e as ferramentas para evitar um desastre em escala continental, na verdade global. Juntos, precisamos de vontade e imaginação para direcionar a mudança a favor de uma Amazônia sustentável", escreveram Nobre e Lovejoy.

Duas semanas depois de Agamenon Menezes nos dizer que aquecimento global não existia, Carlos Nobre esteve na Universidade de Princeton, em Nova Jersey, para a "Amazonian Leapfrogging" [Superar etapas na Amazônia], uma conferência anual. Cada vez mais cientistas como Nobre não só analisam o que deu errado na Amazônia, como pesquisam soluções — um exemplo é oferecer empregos e oportunidades que não envolvam a destruição da floresta a pessoas como as de Novo Progresso. Pesquisadores de Princeton fazem parte desse movimento. Eles se juntaram a destacados ambientalistas e cientistas da Pontifícia Universidade Católica do Rio de Janeiro e outros institutos de pesquisa no Projeto Amazônia 2030, que analisa a economia e os negócios daquela região para sugerir como melhorá-los sem derrubar a floresta. Na conferência de Princeton, estudiosos de mudanças climáticas apresentaram os resultados de modelagens climáticas para simular um mundo em que toda a Amazônia, ou metade dela, fosse substituída por pastagens — hipótese que nada tem de irreal, uma vez que a pecuária é responsável por 60% a 80% das terras desmatadas da região. Como disse o especialista em mudanças climáticas Stephen Pacala à revista *piauí*: "O aumento da temperatura será catastrófico para o Brasil". Descobriu-se que a Amazônia poderia ficar até cinco graus Celsius mais quente. E choveria 25% menos no Brasil, com graves consequências para a agricultura e para o bem-estar dos seres humanos e de outras espécies.

Infelizmente, nem os cientistas mais respeitados, nem seus estudos minuciosos têm qualquer interesse para a extrema direita no Brasil. O ex-ministro do Meio Ambiente Ricardo Salles qualificou o debate sobre aquecimento global como "questão secundária". O ex-ministro das Relações Exteriores Ernesto Araújo descreveu o que chama de "climatismo" como parte de uma conspiração globalista, marxista. "O climatismo é basicamente uma tática globalista de instilar o medo para obter mais poder", ele escreveu. Em entrevistas coletivas no Rio de Janeiro em 2019, perguntei a duas importantes figuras do governo Bolsonaro se acreditavam que o aquecimento global tinha causa humana. Nenhum deles estava convencido disso. O ex-vice-presidente Hamilton Mourão, que chefiou o "Conselho da Amazônia", disse que ainda estava em questão se as mudanças climáticas seriam ou não uma "mudança sazonal". O ex-ministro da Economia Paulo Guedes me disse que na sua opinião "ainda existe uma base científica precária" para a ciência das mudanças climáticas.

O Painel Intergovernamental sobre Mudanças Climáticas da ONU, que envolve 1300 cientistas do mundo inteiro, acredita que existe uma chance superior a 95% de que o comportamento humano a partir de 1950 tenha aquecido o planeta. A Nasa está de acordo. E é isso o que diz um relatório exaustivo de treze órgãos governamentais americanos. Embora o ex-presidente dos Estados Unidos Donald Trump discordasse — e Bolsonaro fosse um aliado próximo dele. Isso colocava o Brasil sob forte pressão para tomar providências sobre sua principal fonte de emissões desestabilizadoras do clima: o desmatamento. À medida que a consciência sobre emergência climática aumenta, juntamente com a ocorrência de eventos extremos como enchentes e incêndios, o clamor por mudança vem da parte de investidores, empresas e consumidores. Os grandes investidores perceberam que é ruim para os negócios estar associado a produtos que destroem o meio ambiente e estão se alinhando — pelo menos é o que parece — com os ambientalistas.

Este livro não se limita a descrever a destruição da Amazônia: procura formas de interromper a destruição e remediá-la. Enquanto pesquisava, estive com povos indígenas, outras comunidades da floresta, ativistas sociais, empresários, ambientalistas, cientistas, economistas, antropólogos e fazendeiros que conhecem intimamente e compreendem bem a Amazônia e têm soluções inovadoras para os milhões de pessoas que ali vivem, quer estejam envolvidas em atividades destrutivas como extração de madeira, garimpagem ilegal de ouro e criação de gado, quer apenas sofram os impactos.

Também quero mostrar aos leitores o que podem fazer — provar que a pressão de investidores cada vez maior exercida sobre o Brasil está fazendo a diferença, assim como a indignação dos consumidores com o desmatamento causado pela disposição das multinacionais da carne de comprar produtos de pecuaristas da Amazônia que cometem crimes ambientais. Consumidores e empresas podem forçar mudanças quando escolhem conscientemente como gastar seu dinheiro. Como este livro explicará, a sustentabilidade deixou de ser apenas uma obrigação moral para com as futuras gerações — agora está associada ao lucro líquido das empresas.

Salvar a Amazônia requer ver na floresta tropical um ativo, não um obstáculo ao progresso, como muitos brasileiros têm feito historicamente. Implica desenvolver áreas como a biotecnologia e o manejo sustentável da terra, assim como o recrutamento de comunidades locais para a proteção ambiental usando financiamento internacional. Implica iniciativas internacionais audaciosas, e sucesso de iniciativas locais. Significa mais reservas indígenas e áreas protegidas. Com tantas possibilidades, o livro se concentrará em dez áreas onde trabalhos empolgantes já estão sendo realizados.

As pessoas que enriquecem explorando e destruindo a Amazônia têm uma coisa em comum: poucas vêm de comunidades indígenas amazônicas. Claro, há indígenas envolvidos na extração de madeira, no garimpo ilegal e em outras atividades fora da lei, mas os figurões que estão por trás dessas operações quase nunca são indígenas. Ao longo do livro, voltarei sempre aos povos indígenas da Amazônia, seus habitantes originais, e suas lições para salvá-la. E voltarei sempre às palavras de seus líderes e pensadores, que têm tanto a nos dizer. Um deles é Davi Kopenawa, pajé e chefe do povo Yanomami, cuja reserva foi invadida por garimpeiros ilegais, na maioria não indígenas — que se tornaram mais numerosos durante a presidência de Bolsonaro, como descobri numa visita em 2019. "Os povos indígenas nunca enriquecem. Só os brancos, os grandes empresários", ele me disse em 2018. Maneose Yanomama, de 54 anos, pajé da comunidade Sikamapiu, me contou que os espíritos da natureza estão soando o alarme: "Os brancos estão chegando perto. Estão estragando a terra, destruindo nossos rios, arruinando nossas florestas. A natureza está muito assustada".

Precisamos aprender com os povos indígenas que só o pensamento coletivo, comunitário, pode salvar a Amazônia, e não a ganância individual. Precisamos nos unir, e não nos separar. E o mundo precisa entender que as riquezas, o conhecimento e por assim dizer o poder de supercomputação biológica da floresta a tornam infinitamente mais valiosa a longo prazo do que se for transformada em pasto seco e improdutivo para o gado. O que nos traz de volta à jararaca que Takvan Korubo matou no vale do Javari.

Nos anos 1960, quando estava numa universidade em Ribeirão Preto, no Sudeste do Brasil, o cientista Sérgio Henrique Ferreira conseguiu isolar um peptídio do veneno da jararaca. Mais tarde trabalhou no Reino Unido, onde seu colega John Vane e outros cientistas usaram a molécula para desenvolver o ingrediente ativo do captopril, o primeiro inibidor da enzima conversora da angiotensina (ECA), cujos efeitos na pressão sanguínea imitavam os do veneno da cobra. Isso levou ao desenvolvimento de remédios para tratar pressão alta e insuficiência cardíaca. Vane mais tarde ganhou o Prêmio Nobel por sua obra — e Ferreira estava na cerimônia. A descoberta é tida como um dos avanços mais importantes no tratamento de problemas cardíacos e Ferreira foi admitido na prestigiosa Academia Brasileira de Ciências em 1984. Morreu em 2016.

Quantos peptídios capazes de salvar vidas podem existir na Amazônia? Ninguém sabe, porque a maioria das espécies da região ainda está por ser descoberta. Essa é uma das infinitas razões para que o hostil habitat das jararacas e de outras espécies seja preservado. É disso, em essência, que trata este livro: não só de como salvar a Amazônia, mas também por que salvá-la.

1. Estabelecer a lei: Questão de liderança política

Mamirauá, Amazonas

Dom Phillips

"AMIGOS, SE VOCÊS DERRUBAREM DOIS OU TRÊS
HELICÓPTEROS, DE QUEM QUER QUE SEJA — DO
GOVERNO OU DO EXÉRCITO —, VAI TER QUE PARAR."

Numa manhã quente e seca de outubro, dois pequenos barcos de madeira subiam o rio Japurá, na protegida Reserva Mamirauá da Amazônia brasileira, cada um empurrando uma barcaça muito maior e mais carregada à frente. Uma das embarcações era um transportador de carga longo e preto, carregado com tubos de metal e tanques de combustível, de plástico; a outra levava um galpão verde de dois andares com um tanque de água no teto; roupas secavam numa varanda do segundo andar e correias transportadoras, tubos de sucção e maquinário amarelo se empilhavam embaixo. Dois homens conversavam perto da proa quando passamos em alta velocidade numa pequena lancha de alumínio. Era uma barcaça de mineração de ouro que subia o rio em direção ao município de Japurá, situado a menos de trezentos quilômetros da fronteira com a Colômbia, numa região conhecida pelo garimpo ilegal de ouro — e pela violência e o crime que sempre o acompanham. Esse tráfego fluvial precário, completamente ilegal, estava longe de ser uma visão incomum.

Não é preciso procurar muito na Amazônia brasileira para encontrar pessoas infringindo a lei. Elas estão por todo lugar. O caminhão articulado, carregado com enormes toras e roncando por uma rodovia amazônica à noite. A serraria operando ao lado de uma reserva indígena protegida, longe de qualquer árvore cortada dentro da lei. A enfermeira de um posto de saúde isolado numa reserva indígena, obrigada a cuidar de ferimentos de bala e picadas de cobra em garimpeiros que nem deveriam estar lá. O pai e seu filho construindo despreocupadamente um sobrado de madeira dentro de uma reserva protegida onde é proibido fazê-lo. A extensa fazenda de gado cujos animais magros se espalham entre troncos de árvores carbonizados, numa clareira dentro de uma floresta onde a pecuária comercial é proibida, com dezenas de milhões de dólares em multas que nunca serão pagas. As carretas destroçadas, sem portas, capôs ou placas, como adereços dos filmes da série *Mad Max*, com motores uivando enquanto transportam troncos de árvores pelas trilhas da floresta. Mais tarde elas serão deixadas do lado de fora de garagens em cidades movimentadas, à vista de policiais que não farão nada.

Tudo isso eu vi em diferentes momentos na Amazônia brasileira. Às vezes parece que a lei simplesmente não existe, ou existe numa dimensão à parte, onde as pessoas só prestam atenção nela de vez em quando, e de leve. Fazendeiros ricos e poderosos encontram maneiras de "oficializar" seu gado criado ilegalmente para que possam vender às multinacionais de carne, que, por sua vez, exportam para supermercados estrangeiros sob solenes compromissos de sustentabilidade. Grileiros pagam assassinos para matar lavradores pobres que estão no caminho entre eles e as florestas que querem roubar. Líderes das quadrilhas madeireiras passam alguns meses na prisão e depois voltam para seus negócios — aplaudidos ou até mesmo eleitos para cargos públicos por suas comunidades. A preciosa madeira de lei pode ser explorada legalmente, mas as respectivas licenças são usadas para camuflar madeira ilegal, cortada de reservas protegidas e Terras Indígenas, outra herança natural que os brasileiros estão constantemente roubando de si mesmos enquanto o Estado não faz nada.

As barcaças de mineração ilegais se espalham ao longo dos rios. Embora desmatem florestas, suguem ouro da lama dos rios, despejem o mercúrio mortal que usam para separá-lo nas águas fluviais, onde ele penetra nas cadeias alimentares, e tragam violência, prostituição e drogas para comunidades remotas, os garimpeiros podem ser vistos por toda a Amazônia. Mesmo quando detonam os garimpos, a Polícia Federal ou o Exército costumam deixar os garimpeiros ir embora. É difícil pensar em qualquer outro lugar fora de uma zona de guerra onde seja tão fácil encontrar pessoas infringindo a lei descaradamente.

Ainda que essas atividades ilegais sempre tenham estado presentes na Amazônia e, até algumas décadas atrás, não só fossem legais em muitos casos, mas ativamente incentivadas pelo governo e pelos bancos, elas pioraram nos últimos anos. E começaram a acelerar e ficar fora de controle quando Bolsonaro assumiu a presidência. No que diz respeito a ele e a seus seguidores — muitos dos quais são madeireiros, garimpeiros e grileiros —, nada parece despertar preocupação. Enquanto isso, alguns dos ecossistemas que compõem a Amazônia já sofreram sérios impactos. Partes da floresta tropical agora emitem mais carbono do que absorvem. As estações chuvosas ficaram mais curtas em "zonas de transição" nas franjas da floresta. Espécies de árvores e plantas estão desaparecendo. Outras se tornam dominantes.

Então, o que se pode fazer? Pergunte às pessoas na Amazônia que estão preocupadas em salvá-la e elas lhe darão a mesma resposta: não existe solução mágica. Em vez disso, há uma série de coisas que ajudariam, desde iniciativas governamentais até financiamento estrangeiro. E muitos dos especialistas em Amazônia com quem falei disseram o mesmo.

Para começo de conversa, eles explicaram, o Estado precisa assumir a liderança. Foi isso que alguns governos tentaram fazer, após um esforço concentrado e organizado que coordenou dezenas de ministérios do governo junto com agências ambientais, Polícia Federal, Exército e até mesmo o Banco Central. Isso foi extremamente eficaz nos dois primeiros governos de Lula, de 2003 a 2010, quando o Brasil controlou o desmatamento. Em seu terceiro mandato, o presidente está tentando repetir as estratégias outrora bem-sucedidas, que partem do Estado se afirmando e reprimindo atividades ilegais. Essa abordagem é geralmente conhecida como "comando e controle".

"Conseguimos obter ótimos resultados com o aumento dos investimentos em controle ambiental. Começamos a ter mais estrutura e ter aeronaves que não tínhamos, investimos em veículos", me disse Wallace Lopes, um analista que entrou para o Ibama em 2009. "Estávamos executando um plano."

Lopes trabalha sem descanso nas operações da Amazônia. Ele tem um emprego perigoso. Funcionários do Ibama como ele têm permissão para portar armas de fogo e são acompanhados nas operações por policiais armados, às vezes descendo de helicópteros para invadir um garimpo ou acampamento de extração de madeira. Seus veículos e bases foram incendiados por multidões furiosas em cidades amazônicas onde os moradores os consideram uma ameaça a seus meios de subsistência. E ainda assim Lopes é tudo menos autoritário. De camiseta com a imagem de uma guitarra Gibson e o slogan "escolha suas armas", o agente ambiental barbudo se mostrou cordial e atencioso quando falou comigo numa videochamada de Boa Vista, Roraima, onde estava numa missão de combate ao garimpo.

A mineração ilegal está tão arraigada na economia do estado que há até uma rua em Boa Vista conhecida como "rua do Ouro", cheia de joalherias simples e desleixadas que pesam e compram ouro bruto sem fazer perguntas. Os comerciantes me contaram isso quando andei por lá com um fotógrafo, mas se recusaram a dar entrevista. Há muito tempo que políticos locais são suspeitos de envolvimento no negócio. De acordo com uma investigação policial de 2021, Jalser Renier, ex-presidente da Assembleia Legislativa do Estado de Roraima, comandava uma milícia com policiais corruptos que os investigadores acreditavam ter sequestrado e torturado um jornalista crítico, além de ter fornecido armas aos garimpeiros. Renier, que foi suspenso da presidência da Assembleia, negou as acusações. Em janeiro de 2021, sob sua presidência, o legislativo aprovou uma lei que facilitava o garimpo e até mesmo o uso de mercúrio, embora o Supremo Tribunal Federal tenha anulado a medida.

Lopes e seus colegas do Ibama estavam hospedados numa casa segura, não em um hotel. Eles evitavam usar qualquer insígnia ou uniforme e não saíam à noite. Durante nossa entrevista por vídeo ele desfocou o fundo, e outros colegas que vez por outra faziam comentários ficavam fora da visão da câmera de seu computador. A missão deles tinha como objetivo cortar as redes aéreas e de suprimento de alimentos dos garimpeiros. Eles haviam explodido helicópteros dos infratores. Lopes me enviou áudios repletos de ameaças que colegas haviam coletado de grupos de WhatsApp de garimpeiros, que estavam furiosos e queriam abater helicópteros do Ibama e matar qualquer um que destruísse seus equipamentos. O argumento deles era que estavam trabalhando honestamente para alimentar suas famílias.

"Esses vagabundos chegam, tacam fogo nas coisas e nada acontece com eles. Amigos, se vocês derrubarem dois ou três helicópteros, de quem quer que seja — do governo ou do Exército —, vai ter que parar. Isso vai aparecer na mídia nacional", disse um homem numa mensagem de voz. "O ouro vem da natureza de Deus. E se precisamos dele, para onde temos de ir? Onde ele está. E ninguém está roubando, eles estão trabalhando." Ele continuou em outra gravação: "Todos têm que se unir, e quando o helicóptero vier querendo queimar as coisas, mete bala".

Durante o governo de Bolsonaro, os funcionários do Ibama foram proibidos de falar com a imprensa. Lopes só pôde me dar uma entrevista porque é diretor da Associação Nacional dos Servidores da Carreira de Especialista em Meio Ambiente (Ascema) e estava falando em caráter pessoal. Ele lembrou que em 2004 27 772 quilômetros quadrados da Floresta Amazônica brasileira foram destruídos, e que em 2012 esse número caiu para 4571 quilômetros quadrados. "Se tivéssemos a estrutura e a equipe necessárias, poderíamos reduzir o desmatamento para menos de 5 mil quilômetros quadrados em dois anos", ele me disse. Isso foi quase alcançado em apenas um ano após Lula retornar ao poder.

Por volta das duas da manhã de uma noite amena de agosto de 2014, chegou o carro de bombeiros que carregava o caixão. Ele avançou lentamente por entre a multidão reunida do lado de fora do palácio ornamentado do governador em Recife, Pernambuco. A tristeza encharcava o ar seco. Tristeza por um político popular que tinha, muitos ali acreditavam, um futuro promissor. Descendente de um clã político da região, Eduardo Campos governara o estado havia oito anos e almejava a presidência do país. Tinha cerca de 9% dos votos nas pesquisas e estava em terceiro lugar, faltando menos de dois meses para a eleição. Era visto como o candidato da "terceira via", que buscava se apresentar como uma voz razoável e um gestor eficaz que poderia conciliar o crescimento da economia e ajudar os mais pobres, ao mesmo tempo que protegeria o meio ambiente.

Mas Campos e outras seis pessoas morreram na queda de um pequeno avião no dia anterior e agora seus filhos, ao lado do caixão que desfilava a céu aberto, socavam o ar enquanto a multidão gritava o nome do governador morto. Quando a candidata a vice-presidente Marina Silva apareceu, a multidão também gritou seu nome, mas com menos força. Foi mais uma vez aplaudida na missa de réquiem, exibida em telas gigantes para uma multidão que havia aumentado para cerca de 130 mil pessoas, muitas das quais fizeram fila por horas para ver o caixão. Esperava-se que Marina assumisse o lugar de Campos como candidata principal, e seu nome continuou pipocando enquanto eu circulava pela multidão, entrevistando os enlutados para uma reportagem. Ela conseguiria conquistar os eleitores de Campos?

Marina Silva fizera seu nome como ativista ambiental, havia sido senadora e ministra, e ficara em terceiro lugar nas eleições de 2010, obtendo 20 milhões de votos antes de ser derrotada por Dilma Rousseff, do Partido dos Trabalhadores. As duas haviam sido ministras no governo de Lula.

Quatro anos depois, ela retornava como candidata a vice-presidente na chapa de Campos. Estava de volta ao ringue e enfrentaria Rousseff novamente. As duas se conheciam bem, tinham visões bem distintas do meio ambiente e entraram em choque no governo por suas concepções divergentes. Dilma Rousseff acreditava no desenvolvimento impulsionado pelo Estado. Marina Silva me disse: "Eu me tornei uma defensora da Amazônia, do meio ambiente, da floresta, praticamente quando criança".

Não é coincidência nem surpresa que essa mulher, que sem dúvida fez mais na história recente do que qualquer outra pessoa para proteger a Floresta Amazônica, tenha nascido e crescido lá. Reservada, séria e contida, nitidamente apaixonada por seu trabalho, Marina é muito diferente das figuras briguentas e enérgicas que dominam grande parte da política brasileira, majoritariamente constituída de homens. É evangélica, como tantas outras pessoas na Amazônia, mas, ao contrário de vários correligionários, também é uma crítica feroz dos lobbies bolsonaristas da agricultura, da extração de madeira e da mineração que ameaçam a sobrevivência da floresta tropical.

Eu a entrevistei pela primeira vez em 2014, depois que a morte de Eduardo Campos a lançou de volta à disputa, num momento em que as pesquisas indicavam que ela poderia vencer o segundo turno contra a presidente Dilma Rousseff. Marina estava em segundo lugar nas pesquisas no início da campanha, mas foi frustrada por obstáculos burocráticos de lançar a tempo seu próprio partido, a Rede Sustentabilidade.

De terninho de linho creme e os cabelos presos num coque característico, ela falou devagar e com clareza enquanto me contava que crescera numa casa de madeira sobre palafitas na floresta tropical, numa comunidade ribeirinha isolada na floresta do Acre, e que seu pai costumava ouvir a BBC de Londres em português e a Voz da América num rádio que ele deixava em algum lugar alto, fora do alcance dela e de seus irmãos. Seus pais tiveram onze filhos, mas três morreram jovens.

"Meu pai era viciado em notícias", ela me contou. "Aprendi muito, sim, com o rádio também a ter uma ideia de que existia um mundo além do lugar em que vivíamos."

Em 2008, ela foi a Londres para receber a medalha Duque de Edimburgo do World Wildlife Fund por seu trabalho de proteção da Floresta Amazônica como ministra do Meio Ambiente. Tirou fotos diante da sede da Broadcasting House e foi entrevistada pela BBC. "Era como se eu tivesse entrado no rádio, na BBC. Foi uma coisa muito estranha", ela disse.

Entrevistei-a novamente para este livro. Marina Silva estava com 63 anos e participou de um grupo de ex-ministros do Meio Ambiente que criticaram o ataque do governo Bolsonaro ao meio ambiente brasileiro. Com 2,1 milhões de seguidores no Twitter (posteriormente X) e outros 270 mil no Instagram, pareceu-me que ela voltara a ser ativista, mais do que política. Talvez argumentasse que essa sempre fora sua vocação. "Minha paixão pela floresta, pela Amazônia, por seus povos tradicionais sempre esteve comigo", ela disse.

Durante a Segunda Guerra Mundial, cerca de 55 mil migrantes saíram do Nordeste pobre e semiárido do Brasil para trabalhar como seringueiros na Amazônia, a fim de fornecer borracha para o esforço de guerra dos Estados Unidos. Foram dizimados por doenças como malária e febre amarela, e cerca de metade morreu. Seus descendentes ainda vivem em cidades e comunidades amazônicas. Quando deixou seu Ceará natal, Pedro, o pai de Marina, tinha apenas dezessete anos — jovem demais para ser um "soldado da borracha", ele trabalhou na cozinha de um barco que transportava esses chamados soldados. Ele se tornou seringueiro e ficou. No Acre conheceu Maria, mãe de Marina, que também era do Ceará. Como muitos seringueiros, Pedro Silva era obrigado a vender toda a borracha que produzia para um patrão, do qual comprava suprimentos a preços inflacionados. "Isso criava um sistema de semiescravidão", disse Marina.

Desde os cinco anos ela viveu com a avó — uma parteira tradicional —, uma tia solteira, um tio que era xamã e outros parentes mais velhos, a quinze minutos de caminhada da casa de seus pais. Quando a mãe morreu, Marina tinha quinze anos. Na infância, ela, suas seis irmãs e um irmão se levantavam às quatro da manhã para cortar seringueiras e depois coletavam o látex à tarde. Embora não soubesse ler, teve uma educação rica em conhecimento de remédios naturais e folclore da floresta. Foi uma infância de escassez e abundância, ela me disse. Não havia escola nem posto de saúde, e se alguém ficasse gravemente doente estava em apuros. Mas a família tinha as galinhas e os porcos que criava, os peixes que pescava, os melões, o arroz, a mandioca e as abóboras que cultivava. "Nossa agricultura de subsistência não impactava a floresta", ela disse. "Não passávamos fome, mas havia problemas para obter remédios, e as roupas eram muito caras."

Marina teve malária várias vezes e leishmaniose. Aos dezesseis anos foi para a capital, Rio Branco, fazer tratamento para hepatite. Lá, aprendeu a ler e começou a estudar para se tornar freira. O bispo dom Moacyr Grechi, que celebrava a missa em seu convento, lhe falou da Teologia da Libertação, um movimento católico latino-americano que pregava a liberdade da opressão social, política e econômica. Inspirada, ela participou de grupos sociais católicos, as "comunidades eclesiais de base" que cresceram no país durante a ditadura militar. Aos dezessete anos conheceu Chico Mendes, um seringueiro, líder sindical e ambientalista que lutava contra a destruição das florestas das quais seringueiros como ele dependiam para viver, colocando esses trabalhadores contra fazendeiros determinados a tomar suas terras e arrasar a floresta para criar gado, fosse comprando-os ou expulsando-os à força. Marina percebera que já era uma ambientalista, por nascimento e educação florestal.

"Com meus pais, irmãos e irmãs, tive minha primeira vivência, minhas primeiras brincadeiras na floresta, lá aprendi os primeiros mistérios da natureza. Sempre carreguei isso comigo", ela disse. "Descobri que o que aprendíamos na teoria já fazíamos na prática."

Com Chico Mendes, ela participou de manifestações de resistência passiva, os "embates", nas quais seringueiros e ativistas formavam correntes humanas para impedir que as árvores fossem destruídas. Mas a proeminência na oposição aos fazendeiros e à destruição da Amazônia fez de Mendes um alvo de ameaças e, em 1988, aos 44 anos, mesmo sob proteção policial, foi morto por um tiro de espingarda. Em 1990, o fazendeiro Darly Alves da Silva e seu filho Darci Alves foram presos pelo assassinato — Darly como mandante, e Darci como executor.

Dos dezoito aos 28 anos, Marina viu serem assassinadas seis pessoas que ela conhecia, incluindo Mendes, todas envolvidas em trabalho ambiental ou relacionado a ele. Defender a Floresta Amazônica é tão perigoso hoje como naquela época: de acordo com a organização sem fins lucrativos Global Witness, somente em 2022, 24 defensores do meio ambiente e da terra foram assassinados no Brasil.

Marina entrou para a política e foi vereadora em Rio Branco, antes de se tornar deputada estadual e depois senadora pelo Acre. Ela havia acabado de ser reeleita com três vezes mais votos do que em seu primeiro mandato de senadora quando Lula, recém-eleito, anunciou que a escolhera para ser ministra do Meio Ambiente. Ela, que só soube disso quando jornalistas a abordaram, disse que só assumiria a pasta se pudesse escolher seus colaboradores, muitos dos quais eram ambientalistas; manteve aqueles que julgava fazerem um bom trabalho. "Era uma oportunidade sem precedentes", ela me disse.

Tasso Azevedo foi um dos ambientalistas que ela chamou para o ministério. Engenheiro florestal, fundou a Imaflora, associação sem fins lucrativos que certifica produtos sustentáveis e trabalha com manejo florestal sustentável. Conversamos por videochamada. Com seu cabelo liso, penteado de lado, de camisa e óculos, ele passou a maior parte de nossa conversa em pé, como se quisesse acompanhar seu próprio fluxo de informações. Sua entrada para o Ministério do Meio Ambiente "não foi uma surpresa nem algo planejado, simplesmente aconteceu", ele disse. "E eu fiquei." Mais tarde ele se tornaria coordenador do projeto Mapbiomas, que mapeia e monitora o desmatamento.

O biólogo João Paulo Capobianco ajudara a fundar e administrar duas das ONGs ambientais mais respeitadas do Brasil — sos Mata Atlântica e Instituto Socioambiental (ISA). No ISA, ele havia participado de reuniões com Lula antes da eleição, e quando sua esposa, uma executiva da publicidade, assumiu um emprego em Brasília, ele aceitou o cargo de secretário-executivo de Marina Silva. "Havia uma euforia", ele me disse por videochamada. "Havia muita expectativa de que seria possível pôr em ação as principais ideias do movimento socioambiental."

Capobianco é um homem sério e atencioso, com um cavanhaque grisalho, que mais tarde escreveu um doutorado sobre as conquistas do plano e as razões pelas quais ele não alcançou todos os seus objetivos. Mas ele também tem senso de humor. Enquanto Marina Silva era formal e discreta em suas descrições de colegas políticos, Capobianco intercalava seus relatos de reuniões com a alta cúpula com impressões convincentes de Lula. Ele e Marina sabiam qual era o maior desafio deles. "Havia uma questão que era, digamos, nosso Armagedom, que era a questão do desmatamento", disse Marina. "Desmatamento radical."

Mas antes o novo Ministério do Meio Ambiente precisava se comprometer a resolver essa questão — e isso significava um compromisso político que nem todos estavam preparados para assumir. "Houve muita resistência por parte de pessoas que achavam que era bom assumir esse compromisso, mas que isso não deveria ser dito publicamente, porque caso não tivéssemos sucesso, passaríamos uma imagem de fracasso", disse Capobianco. Marina foi inflexível. "Podemos fazer tudo sobre o que pensamos ter controle e não fazer nada sobre o desmatamento, e nada do que fizermos será importante", ela disse numa reunião. Ela conseguiu um compromisso. O Plano de Ação para Prevenção e Controle do Desmatamento na Amazônia Legal (PPCDAM) botou os ambientalistas no comando, trabalhando com policiais e servidores públicos, com apoio político do presidente e consulta à sociedade civil. O Ibama ganhou novos recrutas, enquanto os funcionários antigos recebiam mais treinamento.

Juliana Simões, que já trabalhava no ministério naquele momento, me disse que muitos funcionários do Ibama não haviam terminado nem o ensino médio. Funcionária de longa data da pasta, com uma visão equilibrada e ponderada sobre o assunto, Simões deixou o ministério depois que Bolsonaro venceu a eleição, quando ficou claro que tudo mudaria para pior. Mas em 2004, numa videochamada, ela me contou que se sentia otimista quando o governo comprou notebooks, veículos 4×4 e sistemas de GPS para os funcionários do instituto. "A preocupação era fortalecer a equipe técnica do Ibama para trabalhar de maneira mais inteligente no comando e no controle", disse.

Poucos meses depois que Lula tomou posse, em seu primeiro governo, as más notícias sobre o desmatamento viraram manchetes. Números devastadores vazaram já em junho de 2003, mostrando um aumento assustador de 40% no desmatamento. Os números se referiam ao período de 2001-2 — os dados de desmatamento da Amazônia são divulgados nos meados de cada ano —, ou seja, eram anteriores ao novo governo, mas eles ajudaram Marina a defender sua proposta. Ela disse ao presidente que eles tinham de enfrentar o problema e ele baixou um decreto que criava um grupo de trabalho. Em março seguinte, o plano foi lançado com a meta de uma "forte redução" do desmatamento e dos incêndios na Amazônia, uma "diminuição substancial" da grilagem de terras e uma "redução acentuada" da venda de madeira ilegal. E, numa decisão essencial, o plano era centralizado: envolvia dezessete ministérios e secretarias, mas era coordenado pelo poderoso gabinete do chefe da Casa Civil José Dirceu. Isso situava o plano no centro do governo.

Dois meses depois, o Brasil lançou o sistema Deter, que fornecia alertas de desmatamento a partir de imagens de satélites da Nasa. Anteriormente, as autoridades ambientais se baseavam em números de desmatamento provenientes de um sistema de satélite mais detalhado, o Prodes, que começara a operar em 1988, mas cujos resultados levavam um ano para sair. Em 2004, os resultados passaram a ser divulgados com mais rapidez. Embora menos sensível na captura de imagens, o Deter começou a fornecer alertas de desmatamento em duas semanas, e, em 2011, esses alertas já eram diários. O Ibama criou um centro de monitoramento especial, possibilitando que suas equipes que trabalhavam com o Exército e a Polícia Federal agissem rapidamente. Tal implementação foi "fundamental para reduzir o desmatamento no curto prazo", disse Juliana Simões.

Em 2005, 480 policiais realizaram 124 prisões e buscas e apreensões numa operação exemplar chamada Curupira, cujo alvo era uma rede nacional de extração de madeira que também envolvia intermediários e funcionários do Ibama e de agências ambientais estaduais. Em 2019, catorze anos depois, o processo judicial ainda estava em andamento, mas isso não importava, disse João Paulo Capobianco. Mesmo sem sentenças de prisão, a Curupira ainda agia como um poderoso impedimento.

As ações do plano incluíam monitoramento, controle ambiental e gestão territorial. Seminários anuais discutiam resultados e estratégias. Criaram-se dezenas de novas reservas florestais protegidas, unidades de conservação e áreas onde apenas práticas sustentáveis como extração de castanhas e de borracha poderiam ser realizadas.

Quando o desmatamento começou a aumentar novamente em 2007 porque, segundo Marina, os infratores descobriram como contornar as regras, o governo intensificou o controle. Foi criada uma nova agência ambiental, o Instituto Chico Mendes, conhecido como ICMBio, para proteger as áreas de conservação. Foi elaborada e divulgada uma lista dos municípios com as maiores taxas de desmatamento, e eles tiveram seu acesso a dinheiro e projetos federais subitamente restrito. O crédito para fazendeiros só era aprovado se eles pudessem mostrar que cumpriam as regras ambientais.

Mas em 2008 os ventos políticos mudaram de direção. Lula estava em seu segundo mandato e seu governo sofria a pressão de dois lobbies fortes: um promovia políticas hidrelétricas lucrativas na Amazônia, outro defendia os interesses do poderoso setor do agronegócio. As coisas chegaram a um ponto crítico numa breve reunião de governadores dos estados da Amazônia, realizada pouco antes de uma cerimônia para lançar o "Plano Amazônia Sustentável" no qual Marina e sua equipe haviam trabalhado dois anos, e que ela acreditava que ficaria sob seu comando.

No entanto, durante a reunião, os governadores da Amazônia pressionaram Lula a revogar o decreto crucial 6231 de 2007, que, entre outras coisas, criara a "lista suja" dos municípios com maior desmatamento. Segundo Capobianco, Lula aquiesceu. E anunciou que Roberto Mangabeira Unger, um político formado em Harvard, chefiaria o "Plano Amazônia Sustentável", e não Marina Silva. Lula disse à sua ministra que ela era "da Amazônia e não teria o jogo de cintura para se relacionar com as pessoas", ela relembrou. "Foi nesse contexto que percebi que o compromisso de fazer política pública da maneira que deveria ser feita estava rompido." Ela renunciou, acreditando que a repercussão desse gesto impossibilitaria Lula de revogar o decreto. Com efeito, ele o manteve, mas um ano depois removeu algumas de suas cláusulas numa segunda medida.

Marina Silva foi substituída por outro político ambientalista, Carlos Minc, que também manteve o desmatamento baixo. Em 2012, o Congresso aprovou um novo Código Florestal que anistiou quem tivesse desmatado antes de 2008, anistia que os ambientalistas consideraram desastrosa e os fazendeiros da Amazônia usaram como defesa, como vi de perto. Um funcionário do meio ambiente comentou, entre amargo e jocoso: "Ninguém nunca cortou uma árvore depois de 2008". Mesmo assim, a então presidente Dilma Rousseff sancionou o código e, dois anos depois, nomeou para o Ministério da Agricultura a senadora Kátia Abreu, ex-presidente da Confederação da Agricultura e Pecuária do Brasil, outrora apelidada "Rainha da Motosserra".

Dilma acreditava que o Estado devia impulsionar o desenvolvimento da economia brasileira e, quando ministra de Lula, liderou um programa agressivo de obras públicas. Mas, quando se tornou presidente, a despeito de em 2016 o Brasil ter assinado o Acordo de Paris sobre mudanças climáticas, suas mensagens ambientais pareciam confusas. Ela promoveu o gigantesco projeto da hidrelétrica de Belo Monte, no rio Xingu, criticado por ser um desastre econômico e ambiental. Na eleição de 2014, empurrou Marina Silva para o terceiro lugar com uma campanha agressiva que ainda hoje irrita os apoiadores da ambientalista, e depois derrotou com uma margem apertada o candidato do PSDB Aécio Neves. A mensagem era que o meio ambiente não atrasaria o desenvolvimento do Brasil. O desmatamento começou a aumentar.

Para os agentes que combatem o crime ambiental, o maior problema não são os madeireiros, os grileiros ou os garimpeiros. Muitas vezes são as pessoas que poderiam assumir um papel de liderança e responsabilidade, mas que fazem o oposto, sejam políticos locais, o ministro do Meio Ambiente e até mesmo o presidente. "No Brasil, o crime ambiental é um crime que compensa", disse Antônio de Oliveira, um policial federal aposentado na faixa dos cinquenta e poucos anos, que periodicamente deixa a aposentadoria de lado e parte em missões de fiscalização na Amazônia. Conversamos por telefone. Ele tinha acabado de voltar de uma missão com oficiais do Ibama para explodir equipamentos de garimpeiros no lado oeste da Amazônia, dois meses depois de levar um tiro na mão numa emboscada de madeireiros quando ajudava a brigada indígena Guardiões da Floresta em sua extremidade oriental — que foi onde eu o conheci, quando escrevi sobre a brigada em 2015. Oliveira é um homem sério, com porte militar, que carregava uma metralhadora na traseira do nosso 4×4 e fervia de indignação com a impunidade com que contavam os criminosos na Amazônia.

"É uma questão política porque aqueles que financiam boa

parte dos políticos, sejam eles federais, estaduais ou municipais, conspiram com aqueles que fomentam o crime ambiental", ele disse. "Pessoas que deveriam estar lá para proteger, encontrar recursos e fazer o bem ao meio ambiente estão cada vez mais fazendo o oposto."

Essa frustração que os responsáveis pela aplicação da lei ambiental sentem em relação aos políticos é generalizada, como descobri em Brasília. Projetado por Oscar Niemeyer, o Centro Cultural do Banco do Brasil, com suas curvas, jardins cultivados e café no terraço, parecia um bom lugar para conhecer José Morelli, um funcionário do Ibama com uma história sobre o confronto entre política e proteção ambiental no Brasil.

Irreverente e lacônico, com cinquenta e tantos anos, um senso de humor confuso e amargo e uma gargalhada de fumante, Morelli entrou para o instituto em 2002. Suplantando o burburinho do movimentado café, ele explicou como, sem querer, acabou se tornando famoso por inadvertidamente cruzar com alguém que se tornaria um político muito poderoso.

Em 2012, Morelli era o responsável pelo escritório do Ibama em Angra dos Reis, Rio de Janeiro, durante uma operação em que os funcionários saíam em barcos todos os dias para patrulhar reservas marinhas protegidas. Em 25 de janeiro, ele e colegas estavam nas águas na Estação Ecológica de Tamoios, uma área de conservação federal onde visitas, mergulho, pesca e praticamente qualquer outra coisa são proibidos, quando encontraram um barco. Havia três pessoas nele, com varas de pesca e baldes de peixes, mas, no momento em que Morelli lhes disse que estavam numa área proibida e precisavam sair, um homem logo se irritou e insistiu que tinha uma carta "do ministro" dando-lhe permissão para pescar naquele lugar.

Foi então que Morelli reconheceu o deputado notoriamente combativo e ultraconservador chamado Jair Bolsonaro. Sem se deixar abater, ele disse que nem mesmo uma carta do ministro permitiria a pesca naquela área. O deputado teria de ir embora. "Não, eu não vou porque só estou pescando peixes pequenos e não estou pescando para ganhar a vida", disse Bolsonaro, que ligou para o ministro da Pesca Luiz Sérgio de Oliveira, um ex-sindicalista do PT, então no poder. Vendo que esse expediente não havia funcionado, Bolsonaro começou a acusar Morelli de pertencer ao mesmo PT. Mas, diante de seis agentes armados do Ibama e do implacável Morelli, Bolsonaro finalmente partiu, prometendo retornar no dia seguinte.

Em 6 de março, Morelli multou Bolsonaro em 10 mil reais, troco pequeno para um deputado federal. "Eu não planejava fazer isso quando cheguei lá", ele disse. "Bolsonaro leva tudo a ferro e fogo. Esse é o temperamento dele, especialmente se se sentir confrontado." A jornada de tartaruga dessa multa pelo atoleiro legal do Brasil, e a recusa do autuado em pagá-la, é exemplar de como figuras poderosas ignoram a lei ambiental e escapam impunes.

De início, Bolsonaro argumentou que não estava no barco no dia em que a multa foi emitida, o que era enganosamente verdade porque a multa fora emitida depois da transgressão. Mas ele não conseguiu escapar. Morelli tirara uma foto em que ele era visto com uma vara de pescar no barco. O Ibama confirmou a multa. Bolsonaro então apresentou uma defesa completamente diferente, reclamando que havia sido o único multado e questionando por que ele e seus dois companheiros não haviam sido presos naquele dia. Sua defesa também argumentou que a pesca amadora ou esportiva era permitida. Esse recurso também foi rejeitado e a multa foi confirmada em outubro de 2013. No mesmo ano, Bolsonaro apresentou um projeto de lei ao Congresso para revogar o direito dos agentes do Ibama e do ICMBio de portar armas de fogo, apesar do perigo que eles enfrentam habitualmente. A *Folha de S.Paulo* registrou em 2018 que, durante uma audiência no

Congresso, Bolsonaro disse aos funcionários do Ibama que retiraria o projeto de lei se sua multa pudesse ser revogada. Em junho de 2015, ele retirou seu projeto de lei. Dois dias depois, o gabinete do procurador-geral argumentou que sua multa deveria voltar ao início do processo legal, afirmando que ele não conseguira apelar — o que ele fizera. A multa permaneceu em estado de suspensão da pena pelos três anos seguintes.

Durante a campanha de Bolsonaro para a presidência, Morelli deu uma olhada na situação da multa e, percebendo que ela estava perto da data em que expiraria, alertou o presidente do Ibama. "Eu disse: 'Presidente, essa multa do Bolsonaro está parada deliberadamente e se não for julgada vai expirar.'" O Ibama em Brasília então mandou seu escritório no Rio cobrar a multa em outubro de 2018.

Bolsonaro venceu a eleição e, em janeiro de 2019, depois que seu governo assumiu, seu ministro do Meio Ambiente, Ricardo Salles, começou a substituir os chefes regionais do Ibama por oficiais militares. No Rio, um contra-almirante da reserva assumiu o escritório do Ibama, que decidiu que a multa de Bolsonaro havia finalmente expirado. Ela nunca foi paga.

Em 25 de janeiro de 2019, a barragem de rejeitos que retinha um enorme volume de lama tóxica e resíduos líquidos desmoronou numa mina administrada pela Vale, perto de Brumadinho, em Minas Gerais, matando 272 pessoas. O fotógrafo Nicoló Lanfranchi e eu estávamos na fronteira norte da Amazônia e corremos para lá a fim de cobrir o terrível desastre. Toda vez que os políticos acenam em construir mais minas na Amazônia, lembro da tristeza dos socorristas, do zumbido dos helicópteros e do fedor no marco zero, onde centenas de corpos de mineradores e de bois e um lago cheio de peixes foram enterrados sob um mar de lama vermelha.

Naquele dia Morelli estava comandando a unidade de operações aéreas do Ibama, enquanto a agência se mobilizava para lidar com dezenas de milhões de litros de resíduos de mineração que haviam inundado colinas ondulantes, enterrando uma luxuosa pousada e seus hóspedes. Era o segundo desastre desse tipo em anos recentes — outra barragem de rejeitos, em Mariana, no mesmo estado, de propriedade da Samarco, havia se rompido e matado dezenove pessoas em 2015 — e o rio de resíduos causara um desastre ambiental. A Samarco era uma joint venture entre a Vale e a multinacional anglo-australiana BHP Billiton.

O desastre de Brumadinho foi uma considerável emergência ambiental e, mesmo assim, três horas após o rompimento da barragem, Morelli foi retirado de uma reunião de emergência por um chefe do Ibama e informado de que estava sendo rebaixado.

"Cara, você está louco? Estamos no meio de uma crise", Morelli lhe disse. A agência recuou. Mas não por muito tempo. Dois meses depois ele foi rebaixado — não podia ser demitido porque era funcionário público. Agora ele cuida de um avião que monitora acidentes ambientais, uma função muito menos importante. "Ser punido por fazer o seu dever é um desincentivo, certo? Você diz: 'Nossa, é melhor não fazer nada'", ele me disse com amargor. "Foi desmoralizante para o Ibama porque a agência se submeteu e aceitou aquilo."

Após vinte anos no Ibama, Morelli tem ideias muito claras sobre as causas mais profundas do desmatamento da Amazônia e como ele pode ser interrompido: "Se você pegar os cinquenta maiores grupos de agricultura e pecuária que atuam lá e fizer uma auditoria ambiental, em especial nas áreas que eles arrendam, isso praticamente reduziria o desmatamento em 90%. Porque essas são as empresas que financiam o desmatamento". Quanto à mineração ilegal, destruir escavadeiras e barcaças e fechar poços ilegais é inútil. "Quem é o cara que financiou aquela máquina de meio milhão de reais? Esse cara é o dono de tudo aquilo. Você nunca chega até ele", disse. "Por que esses donos das máquinas não vão a Brasília e se apresentam?", perguntou. "Porque são todos bandidos."

Quanto da madeira de lei da Amazônia vendida mundo afora, que supostamente foi produzida de forma sustentável e legal, o foi de fato? De acordo com um estudo feito no estado do Pará em 2017-8 pela ONG Imazon, sediada em Belém, 24% das licenças para exploração florestal apresentavam sérias "inconsistências" e outros problemas, ao passo que 70% da madeira removida das florestas estaduais não tinha licença alguma. O policial federal que está por trás da maior apreensão de madeira da Amazônia achava que a situação ainda era pior: sua estimativa, por alto, era de que apenas 1% da madeira de lei da Amazônia era produzida legalmente, um número que as empresas madeireiras sem dúvida contestariam.

Conheci Alexandre Saraiva em 2018, quando a jornalista Nayara Felizardo e eu fomos à sede da Polícia Federal em Manaus, e Felizardo o convenceu a nos receber em seu gabinete. A PF é quem controla as fronteiras do país. Em 2018, Saraiva era o chefe da PF no vasto estado do Amazonas. Seu papel era perigoso e ele era implacável, pois seus colegas lutavam contra o crescente crime ambiental e as violentas quadrilhas de traficantes de drogas numa região de poucas estradas e rios sem fim. As ameaças eram rotineiras. Atrás de sua grande mesa, em seu terno elegante e óculos de Clark Kent, ele nos recebeu com relutância e concordou em responder às nossas perguntas.

Em 2021, Saraiva era um dos policiais mais famosos do Brasil, já tendo participado do programa *Roda Viva*, na TV Cultura, e também sido interrogado no Congresso. Depois de comandar a operação que levou à apreensão recorde de madeira no Brasil, ele foi atacado por Ricardo Salles, então ministro do Meio Ambiente, apelidado de "Ministro do Desmatamento" por sua obediência servil à agenda destrutiva de Bolsonaro na Amazônia. Salles foi à Amazônia para defender as madeireiras. Saraiva o denunciou ao Supremo Tribunal Federal — e perdeu seu emprego. Após dez anos comandando operações da Polícia Federal em três estados da Amazônia, quando conversamos, ele comandava uma base da PF numa pequena cidade de seu estado natal, o Rio de Janeiro. Não parecia sentir nenhum arrependimento, deixara crescer uma barba considerável e, em seu antebraço, uma tatuagem que não estava mais escondida sob um terno dizia "NASCIDO PARA A GUERRA".

"Não fujo de problemas", ele disse. "Nunca. Minha esposa estava dizendo isso ontem: 'Você não desiste, hein?' Eu disse: 'Não, vou continuar até… enquanto estiver saudável e forte, não vou parar.'" O envolvimento de políticos poderosos e importantes no Brasil teria possibilitado que o crime ambiental se alastrasse do modo feroz como se viu. Em 2022, ele planejava concorrer ao Congresso por um partido de centro-esquerda.

Saraiva tinha muito a dizer sobre interferência política na aplicação da lei na Amazônia. Ele lembrou que, depois de uma operação bem-sucedida da PF, foi convocado para uma reunião com um político poderoso e bem conhecido que não cito por motivos legais. O político lhe disse para abandonar uma investigação porque aquele determinado estado da Amazônia precisava da renda produzida pela atividade ilegal que a operação tinha por alvo. "Pense em um cara bem-educado, alguém tranquilo", ele disse, descrevendo o homem. "Ele me lembrou o mito de Lúcifer. O diabo é uma pessoa muito agradável." Esse político era "muito inteligente. E tão perigoso quanto bem-educado".

Ele também conviveu com Jair Bolsonaro, e os dois se deram bem. Quando ainda era chefe da PF no Amazonas, ele até apareceu numa das lives semanais do presidente no Facebook. Depois que Bolsonaro venceu as eleições presidenciais em 2018, Saraiva passou duas horas e meia na casa dele no Rio, sendo interpelado como possível ministro do Meio Ambiente. "No pessoal, ele é uma pessoa legal e agradável", disse Saraiva. Mas acrescentou: "Nós discordamos sobre quase tudo".

Saraiva argumentou que proteger o meio ambiente estaria além de qualquer credo político: não pertence nem à esquerda nem à direita. "Todo mundo respira o mesmo ar, todo mundo bebe a mesma água", ele disse. "Não pode ser ideológico." Esse argumento me pareceu muito coerente.

A operação recorde da polícia e do Exército liderada por Saraiva aconteceu em dezembro de 2020 e apreendeu 227 mil metros cúbicos de madeira de lei da Amazônia em toras. A Operação Handroanthus — cujo título veio do nome científico do ipê — foi deflagrada depois que policiais, ao sobrevoar uma barcaça subindo o rio Mamuru que continha quase 3 mil metros cúbicos de madeira, ficaram desconfiados. Quando a Polícia Federal apareceu para verificar, 70% daquela madeira não foi reivindicada por ninguém, enquanto a documentação que os proprietários do restante apresentaram estava cheia de "irregularidades", conforme informou a revista *Veja*.

É possível cultivar madeira legalmente na Amazônia, desde que o fazendeiro tenha um plano de manejo florestal aprovado pela agência ambiental do setor. Em teoria, é daí que vem a madeira de lei "sustentável" vendida na Europa e nos Estados Unidos. Mas como o relatório do Imazon mostrou, e o Greenpeace detalhou numa série de estudos que remontam a 2014, há falhas nesses "planos de manejo". "Devido a várias formas de fraude que são comuns nas etapas de licenciamento, colheita e comercialização da produção de madeira, é quase impossível distinguir entre madeira legal e ilegalmente extraída", disse o Greenpeace num relatório de 2018.

Saraiva concordou. "Examinei mais de mil processos administrativos que autorizam o desmatamento e não encontrei nenhum que fosse sólido", ele disse. "A fraude é grotesca."

De início, o Ministério do Meio Ambiente comemorou sua operação. Depois, políticos poderosos ficaram do lado dos madeireiros e tudo virou de cabeça para baixo. Em fevereiro de 2021, o Exército anunciou subitamente que não guardaria mais a madeira apreendida. No final de março, o ministro Ricardo Salles entrou na batalha em nome dos madeireiros e foi duas vezes a Santarém, no Pará. Posando para fotos em frente às pilhas de madeira apreendida, ele convidou a imprensa a testemunhar o momento em que as madeireiras entregavam à PF documentos que provariam que a madeira era legal.

Salles já era um dos ideólogos mais empedernidos do governo Bolsonaro, um advogado de São Paulo que se tornou ministro do Meio Ambiente sem nunca ter estado na Amazônia. Ele atacara e desmoralizara consistentemente agências ambientais como o Ibama, pelas quais era responsável. E se tornou ainda mais célebre após sugerir, durante uma caótica reunião ministerial, em abril de 2020, cujo vídeo foi posteriormente divulgado pelo ministro Celso de Mello, do STF, que o governo, aproveitando que a atenção da mídia estava voltada para a pandemia de covid-19, deveria "passar a boiada" da mudança de regras e simplificação das normas da legislação ambiental brasileira.

O ministro, num gesto sem precedentes, atacou Saraiva e sua operação numa entrevista, dizendo que havia investigado a documentação de dois dos troncos apreendidos e que estava tudo em ordem. O delegado reagiu em outra entrevista em que defendeu a investigação, e então apresentou formalmente ao STF — o único tribunal que pode julgar ministros — uma notícia-crime, argumentando que ele havia obstruído o trabalho da PF e patrocinado os "interesses privados [...] e ilegítimos" de madeireiros. E alegou que Salles fazia parte da mesma organização criminosa que sua investigação tinha como alvo.

Saraiva foi rebaixado no dia seguinte. "Todos na polícia sabem que foi retaliação", ele me disse. Semanas depois, ele participou de uma sessão tumultuada no Congresso, fazendo uma apresentação detalhada sobre como e por que ele acreditava que os madeireiros envolvidos em sua operação eram culpados de grilagem de terras, falsificação de documentos e extração ilegal de madeira. Em maio, o drama tomou outro rumo repentino, quando a PF realizou uma investigação de busca e apreensão em endereços ligados a Salles — sua casa, seu escritório de advocacia — e de outros funcionários do ministério, inclusive Eduardo Bim, o presidente do Ibama que Salles havia nomeado e que foi suspenso. Salles pediu demissão semanas depois.

Ao autorizar a investigação sobre o ministro do Meio Ambiente, o ministro Alexandre de Moraes disse que os fatos apontavam para um "esquema sério para facilitar o contrabando de produtos florestais". Quatorze meses antes, em 25 de fevereiro de 2020, Eduardo Bim havia alterado as regras para permitir que a madeira da Amazônia fosse exportada sem autorização do Ibama, a pedido de duas organizações madeireiras. Antes disso, em 4 de fevereiro, o chefe do Ibama no estado do Pará, Walter Mendes Magalhães Júnior, um coronel aposentado da polícia de São Paulo sem experiência em agência ambiental, havia emitido retrospectivamente licenças para cinco contêineres com 110 metros cúbicos de madeira de lei da Amazônia retidos no porto americano de Savannah, na Geórgia, pelo Serviço de Pesca e Vida Selvagem dos Estados Unidos, porque eles haviam chegado sem as autorizações do Ibama. Esses atos de subordinados de Salles foram usados como evidência contra ele.

Segundo a PF, as mudanças foram solicitadas por dois grupos de empresas madeireiras — a Associação das Indústrias Exportadoras de Madeira do Pará, Aimex, e a Associação Brasileira de Empresas Concessionárias Florestais, Confloresta. Em nota conjunta, as organizações disseram que "sempre atuaram na defesa dos interesses de seus associados e do setor florestal de forma firme, mas absolutamente honesta, legítima e democrática" e que "os produtos exportados, e que são alvo da investigação, não podem, em hipótese alguma, ser rotulados como ilegais ou contrabandeados. Todo o processo de licenciamento das cargas foi devidamente autorizado pelos órgãos ambientais competentes".

Cinco das empresas da Aimex e um de seus diretores receberam multas ambientais do Ibama no valor de milhões de reais. A empresa britânica Tradelink, com escritório no Pará, foi multada várias vezes desde 2010, e também está sendo investigada por promotores federais no estado, que disseram numa ação civil movida em 2019 que a empresa tinha uma "quantidade dantesca de madeira vinda de empresas de fachada", que chamaram de "um número irreal". Uma transação teve uma "quantidade considerável de madeira sem espaço físico para armazená-la".

Quando a pandemia começou em 2020, a produtora inglesa de tevê Sunshine Underhill estava em busca de madeira para um novo deque em seu jardim em Londres. Ela queria algo sustentável e confiável e gostou da aparência do site da empresa Woodtrend, com seu esquema de cores marrom e verde de aparência profissional e design simpático e acolhedor. Seu logotipo é uma bolota e três raminhos. "Entendo por que escolhi esse lugar, que acho um pouco mais caro que outros com produtos semelhantes", ela me disse numa videochamada, "com folhas pequenas e a pequena bolota."

Em junho de 2020, a Underhill comprou 150 peças de deque em ipê — a preciosa madeira de lei da Amazônia que deu nome à operação de Saraiva — e fixadores por 4073,59 libras esterlinas, incluindo impostos. No mês seguinte, ela comprou mais 35 peças por mais 1289,22 libras. A madeira era do Peru e atendia aos "padrões nacionais", dizia o site, no qual se lê que a empresa possui certificações sustentáveis FSC e PEFC. "A Woodtrend reconhece que tem uma responsabilidade com o meio ambiente, clientes, fornecedores e funcionários para basear atividades comerciais em florestas bem administradas", diz o texto do site. Em Londres, a empresa forneceu deques de ipê para a South Bank Tower, a Battersea Power Station e o Sainsbury's Welcome Centre na UCL.

Mas a Woodtrend está sediada no mesmo endereço da Tradelink, a proprietária da empresa, fato omitido no site, que tampouco faz referência às multas recebidas no Brasil. A Underhill disse que se soubesse não teria comprado a madeira deles. A descoberta da extensa lista de multas e problemas ambientais da Tradelink no Brasil foi "decepcionante, não totalmente inesperada, mas decepcionante. [...] Por que não ficamos sabendo?", ela me perguntou, argumentando que "as informações que as pessoas precisam saber para tomar as melhores decisões" deveriam estar disponíveis. A Underhill me disse que primeiro pensou em comprar deques de compósito de plástico reciclado. "Essa era minha primeira escolha, mas era consideravelmente cara, mais cara do que produtos enviadas do outro lado do mundo. E isso não pode estar certo, pode?"

A transparência e a supervisão nas cadeias de suprimentos de produtos florestais a teriam ajudado a tomar uma decisão mais fundamentada. E, o mais importante, regras mais rígidas, como as aprovadas pela União Europeia em 2023, deveriam ter impedido o comércio de quaisquer produtos que pudessem estar ligados ao desmatamento. O Reino Unido e muitos outros governos ainda não seguiram o exemplo.

Entramos em Anapu passando por um arco que dizia: "Bem-vindo, você é a nossa felicidade". Abaixo da palavra Anapu, as letras cv foram pintadas com spray. A menção ao Comando Vermelho era apenas um sinal da violência que toma conta dessa cidade empoeirada à beira da rodovia Transamazônica, no estado do Pará. Depois, cruzamos uma ponte de madeira com tábuas que rangiam e encontramos o santuário da irmã Dorothy Stang, uma freira e ativista americana que lutava em prol dos pobres da Amazônia, para que eles obtivessem terras onde viver e se proteger. Ela foi assassinada em 2005, a uma hora dali, crime que fez com que os holofotes do mundo se voltassem para a brutalidade implacável da Amazônia.

Seu grupo de freiras católicas ainda vive e trabalha na região. E no pedaço de terra delas há uma pequena reserva florestal com seu nome, uma capela rudimentar e um viveiro onde são cultivadas mudas para os agricultores pobres que Stang estava ajudando quando morreu. Não havia segurança no lugar, apenas um portão de madeira. Uma cruz alta de madeira vermelha está cravada no chão ao lado do santuário e tem dezenove nomes escritos nela, de pessoas do lugar mortas desde 2015 na violenta disputa por terras da região.

"Não foi só ela", disse a irmã Jane Dwyer, colega octogenária de Stang que ainda estava trabalhando ali com os pobres e sem-terra. "É todo mundo neste município, a começar por nós. A vida aqui está sob ameaça."

Os dois pistoleiros que em certa manhã executaram Stang na floresta com seis tiros, mais o intermediário e os dois fazendeiros que pagaram 50 mil reais por sua morte, todos cumpriram penas de prisão, mesmo que esporadicamente e nunca por muito tempo, considerando a gravidade do crime. Um dos proprietários de terras, Vitalmiro de Moura — também conhecido como Bida —, foi preso, julgado e solto quatro vezes. Parte do caótico processo legal está no documentário *Eles mataram irmã Dorothy*, narrado por Martin Sheen. Mas pelo menos algo foi feito: nos casos das outras dezenove vítimas, ninguém foi julgado e, em muitos deles, os moradores acham que a polícia mal se preocupou em investigar.

Histórias como essa não cessam, são como tiros de um rifle automático. E tão repetitivas quanto os enredos dos velhos filmes de faroeste. Os assassinatos de camponeses, pequenos proprietários e líderes indígenas que trabalham ou protegem um trecho de floresta, derrubado por pistoleiros pagos por pecuaristas e fazendeiros para fazer seu trabalho sujo, são crimes que se perdem nas entranhas do sistema judicial brasileiro e na indiferença da polícia local.

Sentei-me com Antônia Silva Lima, a Tunica, então com 65 anos, mulher expansiva e calorosa, com cabelos grisalhos emaranhados, a fim de tentar entender um pouco a vida numa região onde a violência e a tensão exigem dos jornalistas que a visitam certo cuidado, para o qual eles costumam ser alertados. E com o intuito de vislumbrar um pouco da impunidade que atrasa a Amazônia.

Tunica e José, seu marido, moravam no Projeto de Desenvolvimento Sustentável Esperança, na floresta onde irmã Dorothy foi morta, mas nos encontramos no alojamento das freiras. Tunica já sofrera ameaças, de modo que não era seguro ser vista onde morava, conversando com estranhos como eu. Personagens bem conhecidos na comunidade próxima à irmã Dorothy, Tunica e seu marido permaneceram fiéis às condições de vida no PDS Esperança, onde pequenos agricultores tinham permissão para cultivar vinte hectares de seu lote de cem hectares e deixar intacta uma grande reserva comunal correspondente a 80% da terra de cada pessoa — como é a lei na Amazônia brasileira. Mas nem todos concordavam com isso.

"Na verdade, as pessoas não valorizam essa reserva de 80%.

Não é importante para elas", disse Tunica. "O importante é desmatar e plantar capim para o gado."

O governo federal deu mais atenção ao assentamento depois que Stang foi assassinada e uma paz frágil foi mantida até 2015. O Instituto Nacional de Colonização e Reforma Agrária (Incra), órgão federal que controlava oficialmente o assentamento, havia criado dois postos de guarda, mas em 2019, quando ele parou de ocupá-los com moradores do lugar, as coisas começaram a degringolar e houve assassinatos qua jamais foram solucionados.

Em anos recentes, alguns moradores venderam tudo, a despeito da impossibilidade oficial desse negócio. Limparam suas terras e venderam a madeira. Fazendeiros compraram alguns dos lotes e os juntaram para formar fazendas maiores. Caminhões transportavam madeira valiosa à noite. Tunica estava acostumada a cozinhar para equipes de saúde que visitavam seu vilarejo e, em março de 2021, concordou em cozinhar para um funcionário do Incra, que ela pensou estar de visita. Mas ele apareceu com cerca de quarenta pessoas, inclusive policiais e autoridades ambientais, para uma operação. As pessoas foram multadas por infringir as regras ambientais e começou a circular um boato de que Tunica as havia denunciado às autoridades, acusação que ela nega veementemente. "Não sei por que me culparam", ela disse.

Algumas pessoas começaram a olhar para ela de forma diferente. Dois homens em motocicletas circularam pela floresta escassamente povoada, perguntando onde Tunica morava. Um promotor que acompanhava os eventos locais havia muito tempo a aconselhou a ir embora, e ela passou três meses fora da região. Ela queria voltar para sua aconchegante casa de madeira simples, embora seu marido não a deixasse mais sentar à porta em noites quentes. Tunica amava o lugar, a terra era boa, ela disse, uma verdadeira "Mãe Terra": "Tudo o que você planta cresce. Meu Deus. É muito rico. Mas sinceramente estou muito infeliz com essa perseguição [...] sabe, quando você está morando num lugar onde não se sente seguro [...] que a qualquer momento alguém pode vir e te atacar".

Tunica me contou que ela e José fugiram da pobreza extrema no Maranhão e pularam de cidade em cidade amazônica, trabalhando na terra para terceiros, lutando para pagar o aluguel, criando seis filhos. Em Itaituba, uma cidade de garimpo, seu marido trabalhou em fazendas e em minas. "Mas não conseguiu nada, só doenças, malária", ela me contou, descrevendo como uma "peregrinação" essa jornada sem fim.

Eles estavam morando em Rondon do Pará, a quase quinhentos quilômetros de distância, quando José soube que havia terra e trabalho bem remunerado em Anapu. Quando ele chegou, descobriu que não havia nada disso, mas Tunica e a família já estavam de malas prontas, então foram mesmo assim — apenas para descobrir que a vida era, no mínimo, ainda mais difícil. "Cheguei sofrendo. Não tínhamos dinheiro para o aluguel, e estávamos lutando, lutando, lutando, até que um dia essa história de terra apareceu." Ela perguntou quem estava envolvido na distribuição dessas terras junto com o Incra e a resposta foi: "Irmã Dorothy".

Dorothy Stang, uma freira de Dayton, Ohio, vivia no Brasil desde 1966. Integrava a Comissão Pastoral da Terra (CPT), uma organização católica que ajuda os trabalhadores do campo e faz campanha contra a violência. Durante a ditadura militar, a política do governo era povoar e desenvolver a Amazônia, medida que os generais consideravam uma forma de proteger essa região isolada e fornecer trabalho às pessoas que sofriam com a seca no Nordeste. "A solução para dois problemas: homens sem terra no Nordeste e terra sem homens na Amazônia", disse o general Emílio Garrastazu Médici, num discurso de 1970 que se tornou um slogan.

Enquanto o governo trabalhava para povoar a Amazônia

nessa parte do Pará, o Incra distribuía as melhores terras para migrantes do Sul do país. O poder político e econômico da Amazônia decorre da colonização racial, marcada por ataques e depois pelo genocídio e a escravização de povos indígenas, seguidos da imigração forçada de africanos escravizados. Os pecuaristas eram em geral de ascendência europeia, brancos e vistos como melhores agricultores, mais propensos a fazer suas fazendas serem bem-sucedidas, como me disse a professora Noemia Miyasaka, da Universidade Federal do Pará, especializada em agricultura familiar. "Pessoas do Nordeste e do Norte podiam viver perto de fazendas maiores e servir como reserva de mão de obra. Porque eles só tinham pequenos lotes, pequenos lotes de mandioca, pequenos lotes de subsistência", ela disse. Era mais provável que essas pessoas fossem negras ou mestiças, mais um exemplo do racismo institucional comum no país.

A reforma agrária também é uma reivindicação de longa data no Brasil, onde 1% da população possui 47% de todos os imóveis. Por lei, fazendas improdutivas podem ser tomadas pelo governo e divididas para camponeses, e desde 1987 milhares desses Projetos de Assentamento (PAs) foram criados — centenas somente no estado do Pará. Mas muitas vezes as pessoas eram despejadas de terras que já haviam sido muito desmatadas, ou elas eram alocadas em florestas, sem receber ajuda ou aconselhamento sobre como protegê-las. Em vez disso, o Incra as encorajava a limpar as árvores e tornar as terras produtivas para obter o título. Então, em 1999 o governo criou um novo modelo de projeto de assentamento, o Projeto de Desenvolvimento Sustentável (PDS), no qual irmã Dorothy estava trabalhando com camponeses sem terra em Anapu.

O marido de Tunica acabou se juntando a outros despossuídos e ocupando a terra que se tornou o PDS Esperança. O problema era que contratos mais antigos, em teoria cancelados, ainda existiam na mente de fazendeiros poderosos que alegavam que a tal terra era deles. Enquanto Stang e as freiras trabalhavam com os colonos para fazer o projeto funcionar, começou a se desenrolar na Amazônia uma história horrível e perene de proprietários versus camponeses. Antes de ser assassinada, irmã Dorothy vinha recebendo ameaças ao longo de anos. Ela recusou proteção policial — insistia que ou havia segurança para todos, ou para ninguém.

"Houve momentos em que ela dizia 'vou desistir'", contou Tunica. "Ela chorava, com a cabeça abaixada, por causa da luta e da perseguição." Os olhos de Tunica se encheram de tristeza; dezesseis anos depois, a lembrança ainda doía. Minha interlocutora fungou e limpou a garganta. "Ela levantou a cabeça e disse: 'Não, eu não vou desistir. Vou até o fim. Vou lutar até o fim pela terra do meu povo'. E ela de fato lutou até o fim, até que sua vida se foi."

Anapu era uma cidade assustadora e suja naquela noite de segunda-feira. Suas ruas estavam coalhadas de postos de gasolina, oficinas de construção civil e uma boutique chique de roupas de caubói, a Belarmino's Country. Um bilhete escrito à mão atrás da recepção do nosso hotel oferecia terras para compra e um número de WhatsApp. No chuveiro, matei com um chinelo uma aranha do tamanho da palma da minha mão. Comemos num pequeno restaurante, tentando não chamar a atenção dos outros clientes. Na manhã seguinte, fomos de carro até o PDS Esperança.

Gentil, alegre e despretensiosamente carismática, Jane Dwyer vestia camiseta e saia, e tinha um sorriso que refletia o aço da prótese dentária. Nascida perto de Boston, nos Estados Unidos, ela estudou sociologia, e em 1963 estava em Washington DC quando Martin Luther King fez seu discurso "Eu tenho um sonho". Mais tarde entrou para a Igreja católica, trabalhando nos bairros mais pobres da cidade. Veio para o Brasil em 1972, e chegou a Anapu em 1999.

"Eu vim para onde queria estar, no meio do povo. Onde estou até hoje", ela disse. "Nós vamos de comunidade em comunidade, nos encontramos com as pessoas, vemos o que elas querem e precisam, e tentamos ajudar e resolver o problema", ela contou. "Ninguém vai defender essas pessoas." O PDS Esperança e outro PDS chamado Virola-Jatobá foram criados por lei depois que a irmã Dorothy foi assassinada. Em Virola-Jatobá, os colonos não organizaram a lavoura, mas fizeram um acordo com uma empresa madeireira privada. Isso acabou em 2012, e um dia, cinco anos depois, centenas de invasores armados apareceram para roubar suas terras. Demorou quase um ano para que promotores e policiais os despejassem. Dez dias depois, os invasores retornaram. Caminhões saíram do assentamento carregando madeira. Demorou mais dezoito meses para a polícia agir. Ainda não foi o suficiente: a extração de madeira continua. Irmã Jane acha que se o governo não entrar "com garras" em ambos os projetos a floresta dali está condenada.

O PDS "era um projeto adaptado para a Amazônia em que os pobres estavam na terra mais rica da região, no meio da floresta", ela disse. "E o governo apoiou. Hoje não é assim."

O apoio do governo esmoreceu no final do segundo governo de Dilma Rousseff, quando seu então vice-presidente Michel Temer assumiu a presidência, ela contou. Politicamente, foi um momento em que o lobby do agronegócio fortaleceu sua posição. Ninguém jamais faria fortuna cultivando os pequenos lotes em Esperança, mas essa nunca foi a questão. "Você tem uma condição humana decente, digna e confortável, mas não é rico porque são apenas vinte hectares de terra", disse a freira.

Irmã Jane é cidadã brasileira. Depois de tantos anos aqui, ela se sente mais confortável falando seu português com forte sotaque do que inglês. Então foi assim que conversamos. Ela e sua colega freira Katia moravam numa casa simples de madeira atrás de uma cerca de estacas precária, numa rua lateral. Nas paredes, havia fotos da irmã Dorothy com a legenda "mártir mística, voz da Amazônia", e também de Nelson Mandela e do papa. As duas freiras, sentadas em poltronas de vime, dormiam em redes em quartos nos fundos. Enquanto o trânsito passava, irmã Jane listou alguns dos assentamentos com os quais trabalhavam — e em todos eles os pequenos agricultores e suas terras estavam sendo sitiados ou enfrentavam batalhas legais, ou um líder comunitário fora forçado a se esconder após receber ameaças. "Eles estão sendo ameaçados e tendo seus lotes vendidos sob seus pés", ela disse.

"A senhora nunca sente vontade de ir embora?", perguntei. "Mas se as pessoas não podem ir embora, então que direito tenho eu de ir embora? Só vou quando morrer e não puder mais ajudar", foi sua resposta. "Qualquer um que trabalhe como nós está na mesma situação. Está em todos os cantos, não somos só nós. Onde quer que as pessoas estejam tentando ficar, esta é a realidade."

Mais cedo, naquele mesmo dia, havíamos seguido a caminhonete 4×4 que levava irmã Jane por estradas de terra esburacadas até a terra da Esperança, numa viagem de uma hora. Deixamos Tunica. Não saímos do carro nem abrimos a janela. Em certo momento um lavrador do PDS concordou em falar comigo se eu não revelasse seu nome. Todo mundo nessa área rural sabe quem são os madeireiros, quem são os fazendeiros poderosos, quem são os pistoleiros contratados. Ninguém espera que seja feita justiça pelas dezenove pessoas assassinadas entre 2015 e 2019. "O Pará é uma terra sem lei", me disse o lavrador quando encontramos um lugar perto de um riacho onde ninguém podia nos ver ou ouvir. "A lei aqui é poder e dinheiro, a lei do mais forte." Esse homem havia perdido um membro da família, um dos dezenove mortos.

"Há aqueles que desmatam porque precisam, para um lote de subsistência", ele me disse. Outros "passam dos limites". "Muitas pessoas vêm do Sul, procurando tirar madeira e terra. Se você desmatar, nunca mais verá a floresta da mesma forma", acrescentou, listando todos os usos das diferentes plantas e madeiras — o superalimento açaí, o óleo das árvores de andiroba que funciona como repelente. O agricultor reclamou que aqueles que matam raramente cumprem muito tempo na prisão, quando cumprem.

Ao nosso redor, o riacho borbulhava e o vento agitava as árvores. Um parente apareceu e orgulhosamente me mostrou num celular o vídeo de uma nascente com a água tão clara que eu podia distinguir os grãos de areia em seu leito. Uma coisa tão simples e bonita, ameaçada por armas, ganância de curto prazo, madeira vendida barato e gado magro. Pela mesma ilegalidade que a irmã Dorothy e muitos outros enfrentaram tão bravamente. Enquanto caminhávamos de volta para o carro, as palavras do agricultor ecoavam em minha cabeça: "Existem tantas leis. Se funcionassem, nosso Brasil seria um paraíso encantado".

2. Caos pecuário: Responsabilidade empresarial

São Félix do Xingu, Pará

Dom Phillips

"OS FATOS APONTADOS NÃO CORRESPONDEM AOS CRITÉRIOS E PROCEDIMENTOS ADOTADOS PELA EMPRESA."

Pegamos a balsa no rio Xingu ao amanhecer, tomando café nuns copinhos de plástico. As águas refletiam os tons dourados, lilases e turquesa do céu. A borda curva de uma lua crescente brilhava. Sorríamos à luz da manhã, mas Daniel Camargos, repórter veterano da agência Repórter Brasil, o fotógrafo João Laet, que morava na região, e eu sabíamos que ia ser um dia longo e complicado. Investigar as fazendas de gado na Amazônia não é nada fácil, principalmente em São Félix do Xingu, um município espraiado de 84 mil quilômetros quadrados que é maior do que a Carolina do Sul e tem fama de violento.

Do outro lado do rio, depois de descer aos solavancos a rampa enferrujada da balsa numa picape 4×4 alugada e chegar aos trancos na estrada de terra, paramos para um lanche simples, mas delicioso, numa espécie de boteco que ficava numa casa de família. Comemos na varanda da frente — tapioca e ovos preparados na cozinha ao ar livre, numa das laterais da casa, com panelas borbulhando no tradicional fogão a lenha, feito de pedra. Então fomos procurar os bois, os animais altos, brancos e magros que estão no centro do desmatamento.

São Félix do Xingu é uma cidadezinha simples e movimentada que fica no final de uma estrada esburacada. Mas, naquela viagem em 2019, eram claros os sinais de que havia dinheiro na cidade. Uma boutique cara, a Villa Store, vendia bolsas a 2400 reais. As mulheres dos fazendeiros eram clientes, disse a atendente Kelli Moraes, e as bolsas tinham boa saída. "Elas acompanham muito a moda. Adoram nossa grife de roupa mais sofisticada."

Era sábado e nos vimos num evento de dois dias de corridas de cavalo. Havia picapes novas luxuosas estacionadas próximo das barracas que vendiam comida e bebida perto de uma pista de corrida estreita. Mulheres com jeans justo e botas e homens com chapéu de vaqueiro gritavam, batiam palmas e acenavam alegremente maços de dinheiro quando ganhavam. A bebida corria solta, ao som da música e dos cascos dos cavalos. Clima de festa. Um homem com bafo de cerveja e uma corrente grossa de ouro no pescoço me falou aos gritos, por cima da barulheira do caminhão de som, que tinha apostado mais de 4 mil reais numa corrida e tinha ganhado mais de 5 mil em outra.

Valdiron Bueno, dono de duas lojas de produtos agrícolas, comandava as corridas. Ele me informou que nos dois dias haveria mais de 135 mil reais em prêmios. Tinha se mudado para São Félix vinte anos antes. "Vim só com a roupa do corpo e uma bolsa como essa", ele disse, apontando minha mochilinha. Conversamos com dois dos homens mais importantes na cidade: Arlindo Rosa, presidente do sindicato dos produtores rurais, que chegou em 1993; e o vice-presidente Francisco Torres, que chegou em 1987. Rosa falou: "Quando cheguei, não tinha quase nada dessa criação de gado. Só tinha floresta, não tinha estrada, não tinha nada. Não tinha energia elétrica, não tinha comunicação". A cidade foi construída pela pecuária e muito trabalho. "O pessoal vinha de fora na intenção de criar gado."

Agora são centenas de fazendas. Essa cidadezinha tem o maior número de bois do país, com 2,4 milhões de cabeças para os 136 mil habitantes, mais de dezessete por pessoa.

Como muitas regiões nesse "arco do desmatamento", a cidade tem também um histórico de posses ilegais e assassinatos. Um morador nos contou que um capanga local apareceu querendo comprar a sua terra e lhe disse: "Você me vende ou tua viúva vai me vender". Segundo a Comissão Pastoral da Terra, nas últimas quatro décadas foram assassinados 62 trabalhadores e líderes por causa de disputas de terra e ninguém nunca foi condenado. Uma família de três pessoas, que morava longe, numa casa junto ao rio e era conhecida por soltar filhotes de tartaruga na água, foi chacinada em janeiro de 2022.

É basicamente a pecuária que move o desmatamento na região. Os pesquisadores do MapBiomas, a entidade sem fins lucrativos que monta mapas e reúne dados sobre a região, dizem que 88% das áreas desmatadas nos últimos trinta anos viraram pastagens. Agora 16% da Amazônia brasileira é ocupada pela pecuária e 42% de todo o gado brasileiro pasta nos estados amazônicos.

É sabido que frigoríficos brasileiros multinacionais como a jbs, a Marfrig e a Minerva compram gado de fazendas que desmataram ilegalmente. Apesar de seus compromissos de longa data e do investimento de milhões de reais para monitorar sistemas que são fiscalizados por auditores independentes, essas empresas são incapazes de controlar suas cadeias de fornecedores. Pecuaristas e comerciantes de gado mudam com frequência a boiada de uma fazenda para outra, há décadas, numa série de movimentos difíceis de rastrear.

Como isso aconteceu?

Viajamos durante horas numa estrada municipal de terra vermelha, cheia de lombadas, atravessando uma enorme fazenda de gado chamada Lagoa do Triunfo, que ocupa 145 mil hectares, o dobro do tamanho da cidade de Nova York. É propriedade da empresa Agropecuária Santa Bárbara, ou Agrosb, controlada por Daniel Dantas, um bilionário controverso certa vez descrito pelo site de negócios Bloomberg como o *bad boy* das finanças brasileiras, e que, depois de se envolver num escândalo de corrupção em 2008, comprou meio milhão de hectares no Pará para criação de gado. Ele foi detido, passou um breve período na prisão e teve de abrir mão de alguns de seus ativos em seus fundos. Mas aqui, no sul do Pará, a sua atividade pecuária estava indo de vento em popa, embora, entre 2010 e 2013, a Agrosb tivesse sido multada pelo Ibama em 69,5 milhões de reais pelo desmatamento na fazenda. Pelo menos doze áreas de terra haviam sido embargadas pelo órgão — ou seja, não podiam ser usadas.

Isso quer dizer que uma empresa de carne responsável como a JBS — a maior processadora de carne do mundo — não deveria comprar nenhum boi daquela fazenda. E é aí que a coisa complica, porque é comum deslocar os animais daqui pra lá. No Brasil, algumas fazendas criam bois, outras então o compram para engorda, e outras ainda o compram para dar o "acabamento" e vender para os abatedouros. Os sistemas de monitoramento rastreiam apenas os fornecedores "diretos" — a última fazenda da cadeia que vende para os abatedouros. A JBS, a Marfrig e a Minerva tinham prometido de início que em 2011 estariam com um controle montado sobre toda a cadeia. Nenhuma das três cumpriu o acordo.

Já sabíamos, por meio dos documentos sanitários da movimentação dos animais — os Guias de Trânsito Animal (GTA) usados para garantir as vacinações e controlar doenças como a EEB (encefalopatia espongiforme bovina), a tal "doença da vaca louca" —, que a JBS tinha comprado milhares de cabeças de gado de uma outra fazenda, a Espírito Santo, também de propriedade da Agrosb, igualmente no Pará. E sabíamos que a Agrosb também havia transferido quase trezentos animais da Lagoa do Triunfo para a Espírito Santo. Sabíamos também que, em 2018, a Santa Bárbara enviara mais de setecentas cabeças da fazenda Lagoa do Triunfo para a sua fazenda Porto Rico, que por sua vez tinha fornecido dezenas de cabeças para outro abatedouro da JBS. O que tínhamos vindo ver aqui eram os bois na terra embargada da Lagoa do Triunfo.

Havia uns trechos esparsos de árvores em morros distantes, mas quase nenhum sinal de floresta, embora toda a região fosse — pelo menos no papel — uma reserva protegida. O carro prosseguia pela estrada poeirenta, entre lombadas e buracos. Saímos dos limites da fazenda, fomos até uma venda, comemos alguma coisa, voltamos para a estrada, ficamos empacados enquanto os vaqueiros conduziam uma grande manada pela estrada de terra, então atravessamos uma ponte de madeira e voltamos para a Lagoa do Triunfo.

Depois de horas sacolejando nas estradas, já escuro, falamos com dois rapazes que tinham montado um boteco e uma lojinha num vilarejo logo depois dos limites da fazenda. Os dois trabalhavam para a AgrosB e moravam na fazenda. Não menciono os nomes para evitar retaliações contra eles. Disseram que o trabalho era bom, bem pago, e eram tratados corretamente. Um deles falou que o gado podia vaguear por áreas que os empregados sabiam que estavam embargadas. "A gente não pode cortar a vegetação", ele disse. "A vegetação cresce e a gente bota a manada lá dentro."

A Agropecuária Santa Bárbara afirmava que os desmatamentos ocorridos eram anteriores a 2008, ano em que a fazenda foi comprada. Por coincidência, esse ano é também a data-limite das anistias por desmatamento pelo Código Florestal brasileiro.

"A AgrosB não faz nenhum desmatamento para aumentar a sua área, mas sim recupera áreas degradadas", declarou a empresa num e-mail. "O modelo de negócios da AgrosB se baseia na compra de áreas abertas e de pastagem degradadas, que são fertilizadas, recuperadas e transformadas em pastos de alta intensidade ou plantações de cereais."

A JBS também negou que tivesse rompido seus compromissos anteriores. "Os fatos apontados não correspondem aos critérios e procedimentos adotados pela empresa", a companhia declarou à época, mencionando seu extenso sistema de monitoramento e uma auditoria independente de 2018 que concluiu que "mais de 99,9% das compras de gado da JBS atendem aos critérios socioambientais da empresa". No entanto, o auditor independente, da empresa norueguesa DNV GL, também afirmou: "Os fornecedores indiretos de gado da JBS não são fiscalizados sistematicamente, visto que a JBS ainda não adotou procedimentos auditáveis para seus fornecedores indiretos".

Em data mais recente, essa enorme empresa global se comprometeu a instalar até 2025 um sistema de rastreamento de fornecedores diretos e indiretos. Se forem superados os obstáculos técnicos e financeiros, será possível fechar as lacunas que há muito permitem à empresa comprar cabeças de gado que, em algum momento, foram criadas por fazendeiros envolvidos no desmatamento, na posse ilegal de terras e em outros crimes ambientais. Mas o grande problema é a cultura empresarial. Faz tanto tempo que a JBS lucra com a destruição da Amazônia que, se ela quiser provar que pode de fato contribuir para uma solução, terá muito a fazer. Os compromissos internacionais anteriores de mudar o seu modus operandi não se concretizaram com ações na prática.

Arlindo Rosa e Francisco Torres, o presidente e o vice-presidente do sindicato de produtores rurais que conheci durante as corridas, haviam tecido críticas ferrenhas às medidas de proteção e às multas ambientais, que impediriam o desenvolvimento da região. "Aqui tem reservas demais", disse Rosa. "Mais de 90% das propriedades têm embargos ou Prodes", aquele sistema de monitoramento por satélite de desmatamento ou de incêndio. Torres argumentou que daquele jeito os pecuaristas não podiam vender o gado nos conformes nem pedir uma linha de crédito que lhes permitisse aumentar a produtividade, a fim de que pudessem trabalhar melhor as pastagens em vez de desmatar mais terras. "Acho que o produtor rural, no município de São Félix, já tem raízes aqui e precisa de regulamentação da terra, e assim pode ter o seu documento de propriedade, segurança jurídica e crédito bancário para poder investir em tecnologia."

É um argumento polêmico muito usado por pecuaristas da Amazônia, que examinarei adiante. Mas ele perde sua força quando os pecuaristas que se valem dele vociferam contra a aplicação da lei, como ambos continuavam a fazer. "Tem multas aqui que você nunca consegue pagar", disse Rosa. "Essa história de multar em 4, 5 milhões [de reais]."

Nada disso parecia ser obstáculo para o setor pecuarista de São Félix. E Rosa sequer mencionou que ele mesmo acumula três embargos no site do Ibama e quase 5 milhões de reais de multas em aberto.

Dois anos e meio depois, tudo continuava na mesma. Uma matéria que saiu na Bloomberg revelou que fazendeiros com multas e embargos por desmatamento continuavam a fornecer gado. "Uma viagem de dez dias até o centro da área pecuarista do Brasil mostrou, sem deixar dúvidas e a olhos vistos, a facilidade com que bois de terras ilegalmente desmatadas abastecem com fartura as cadeias de fornecimento", escreveu a repórter Jessica Brice. A JBS ainda tinha um prazo de três anos até a nova data final para implementar o controle de sua cadeia pecuária.

Na Amazônia, ser vaqueiro não é apenas um modo de viver. É um modo de ser. Homens como Arlindo Rosa e Francisco Torres — a maioria dos pecuaristas são homens — se veem como individualistas inflexíveis, homens de fronteira, pioneiros que tiveram sucesso graças ao trabalho árduo e a uma determinação férrea. Em anos recentes, a música sertaneja, intimamente ligada a essa cultura, superou as mais tradicionais, como o samba, e se tornou o estilo mais popular do país.

Um estudo de 2017, realizado por nove cientistas internacionais em seiscentos lares do Pará, constatou que a criação de gado, embora não fosse tão lucrativa por hectare quanto a fruticultura, era considerada por muitos pecuaristas uma atividade mais segura, em termos tanto financeiros quanto sociais. "A criação de gado oferece vários aspectos que são vistos como vantagens sociais, entre eles um modo de vida tranquilo, segurança e posição social", escreveram dois daqueles pesquisadores num artigo sobre o estudo. Como costumam dizer os fazendeiros, em tempos de necessidade sempre dá para faturar rapidinho uma grana com a venda de uma vaca — o que não é o caso de quem planta frutas ou cereais. A criação de gado é vista como atividade respeitável e desejável. No seu universo social muito unido, predominantemente bolsonarista, circulam teorias da conspiração sobre o aquecimento global — por exemplo, que seria um complô de fazendeiros europeus e americanos para acabar com a concorrência da Amazônia.

O antropólogo Jeffrey Hoelle descreve em *Rainforest Cowboys* [Vaqueiros da floresta tropical] o papel financeiro e cultural que a pecuária desempenha no Acre, onde os seringueiros que também criam gado e os pequenos agricultores chamam as vacas de "dinheiro vivo" e "poupança". Hoelle ficou morando naquele estado durante as pesquisas para o livro e explica como a figura do "caubói" e a música sertaneja se tornaram forças culturais e econômicas tão dominantes. "Embora nunca corresponda exatamente à experiência concreta, a cultura caubói é a única forma de identidade rural valorizada de forma positiva e plenamente institucionalizada por todo o Brasil", escreveu Hoelle. "Ela oferece uma voz de oposição à preservação ambiental, vendo tais esforços de conservação como uma afronta à autossuficiência que é central para a identidade de muitos produtores rurais, em especial os migrantes que vieram para a Amazônia para construir o futuro deles."

A pecuária também tem sido muito incentivada e financiada pelo governo. Em 2007, o governo Lula começou a fazer aquisições maciças de empresas de carne e leite, dentro de uma política arquitetada para incentivar a economia brasileira com investimentos em "campeões nacionais" — grandes empresas capitalistas que são selecionadas para fomentar o desenvolvimento industrial. O BNDES injetou bilhões em grupos frigoríficos. Em 2009, o banco pôs 2,8 bilhões de dólares na JBS — uma empresa familiar de abate fundada em 1953 — e investiu tão maciçamente na Marfrig que, em 2016, o governo era dono de um terço da empresa. Em 2014, o governo de Dilma Rousseff lançou o plano Mais Pecuária pelo Ministério da Agricultura, voltado para mercados em crescimento, para a melhoria genética e a ampliação tecnológica. "A pecuária tem um papel fundamental no desenvolvimento do país", dizia a introdução ao programa.

Fazia quinze dias que eu estava percorrendo o leste do Pará até que, certa manhã, bem cedo, peguei um ônibus em Belém, a capital, em direção ao sul. Muitas horas depois, enfim consegui vislumbrar um trecho de floresta nessa região altamente desenvolvida — estava dentro de uma fazenda de gado. A floresta cobre 80% da fazenda Marupiara, situada entre Paragominas e Tailândia, e pertence a Mauro Lúcio Costa, fazendeiro com uma abordagem muito diferente da pecuária lucrativa. A maioria das fazendas na Amazônia deveria cumprir a exigência legal de manter na propriedade 80% das suas matas, que não é atendida nem por um quarto delas, conforme pesquisa encomendada pela revista *piauí*.

Costa, então com 56 anos, era a própria encarnação do pecuarista. De chapéu e botas, vestia uma camisa azul bem passada, com o logo da fazenda no bolso e enfiada dentro da calça, um jeans creme que ostentava um cinto com uma enorme fivela reluzente.

Acordava todos os dias às quatro e meia da manhã para rezar

e andar durante uma hora antes do café. É um empresário pragmático que recita números e mais números, fala em quilos de carne por hectare e lucros, procurando sempre melhorar a produção. Tem muitos amigos pecuaristas e até votou em Bolsonaro em 2018. Mas Costa não acredita em desenvolver, e sim em proteger a sua terra, parte da qual ele reflorestou com árvores de madeira de lei. Ele tem uma abordagem mais intensiva e produtiva da criação de gado que, segundo alguns ambientalistas, é capaz de oferecer uma solução pelo menos temporária para a proteção da Amazônia e, ao mesmo tempo, permitir que as centenas de milhares de pecuaristas continuem a produzir carne. Em resumo, ele produz mais carne em menos terra, ao contrário de alguns pecuaristas que, quando as suas pastagens se esgotam, simplesmente se expandem para as florestas vizinhas.

Costa é um sujeito alto e esguio, dono de um senso de humor jocoso e imperturbável, e dirige a sua caminhonete branca 4×4 com rapidez e eficiência. Cabe ao governo monitorar o desmatamento, ele me disse durante o longo trajeto até sua fazenda. Mas cabe também aos pecuaristas produzir de modo mais eficiente e sustentável — e parar de pôr a culpa no governo. "Ultimamente a gente tem falhado nas nossas responsabilidades", ele disse. "Sou contra o desmatamento e faço coisas contra o desmatamento." Cabe também aos pecuaristas que realmente produzem de modo sustentável ensinar os outros. "Não é só que não desmato, mas vou e conscientizo as pessoas próximas, vou e trabalho com elas para que elas também não desmatem", ele disse. "A gente precisa ter um papel de guia."

Nas estradas de terra dos fundões, passamos por um caminhão carregado de troncos — Paragominas perdeu 45% das suas florestas e não sobrou muito nessa parte da Amazônia. Costa ficou falando durante o caminho todo, inclusive que ele acredita que a biodiversidade devia se tornar um ativo concreto que o ajudasse a vender carne. "Procuro cuidar das minhas florestas. Enriqueço as minhas florestas e planto árvores nas minhas florestas. Porque acredito na biodiversidade", disse. Mas em termos de vendas ele não ganha nada com isso. Nem sabe onde estão vendendo a sua carne — e nem quem está comprando, seja no Brasil ou no estrangeiro. Ele não faz ideia de onde vêm os compradores.

Costa tem um sistema de chips e brincos de identificação que lhe permite rastrear de onde vem o gado que ele compra — e calcular qual fornecedor lhe garante os bois mais lucrativos, os que engordam mais. E agora usa um aplicativo de celular que lhe possibilita saber se algum fornecedor tem problemas ambientais ou se desmatou terra ilegalmente. Boa parte do gado que compra — mas não todo ele — vem de uma fazenda onde os animais se reproduzem e são criados. E ele não sabe se esses seus fornecedores compraram de um pecuarista que tem multas ou embargos.

Isso devia ser possível. Como diz Costa: "Hoje, com o nível de tecnologia que a gente tem, os recursos e as regras que a gente tem, acho que é possível". Mas a relação "tumultuada" entre pecuaristas e frigoríficos não ajuda, e tampouco o que ele chama de "falta de responsabilidade pessoal". A indústria da carne devia encontrar uma maneira de resolver o problema. "Se esse processo de rastreamento está nas mãos do pecuarista, o pecuarista tem de fazer", ele disse. "É mentira dizer que isso custa e que o custo é inviável. Claro que tem um custo, mas esse custo fica muito diluído e realmente melhora a administração do negócio. Então esse custo para a administração do negócio é ínfimo."

Costa acredita que devia ser possível rastrear a carne que compramos em qualquer lugar do mundo usando um código de barras, vendo onde e como o boi em questão foi criado, vendo um vídeo da fazenda — e mesmo tendo a chance de visitá-la. "O que eu preciso é vender esse produto", ele disse. "Preciso saber o que o mercado quer. Então, se eu tenho um produto desenvolvido com alta biodiversidade, com todo o cuidado, com bem-estar animal, tudo no maior capricho, por que não posso ir até o cliente e dizer: 'Olha, é isso o que eu tenho, é isso que estou te oferecendo'?" Ele fez uma comparação com os freios ABS, que os fabricantes introduziram primeiro nos carros mais caros, até que o equipamento passou a ser visto como padrão. Segundo Costa, as pessoas não querem sair de sua zona de conforto, inclusive os pecuaristas. "Os seres humanos geralmente resistem à mudança."

Ele cresceu na cidade de Governador Valadares, Minas Gerais, numa família de criadores de gado. O pai, que sempre teve terras, comprou em 1975 uma fazenda de 4356 hectares com apenas quinhentos hectares de pasto no Pará. Em 1978, quase metade tinha sido desmatada. Costa se mudou para cá em 1982, para um "lugar muito inóspito, com pouquíssima estrutura", ele contou. "Não tinha energia elétrica. Não tinha quase nada. A comunicação era terrível."

As autoridades públicas de Paragominas recebiam relatórios periódicos feitos pela ONG Imazon. O prefeito Adnan Demachki e seu secretário do Meio Ambiente Felipe Zagallo iam frequentemente até as fazendas localizadas pelos alertas de desmatamento, mas muitas vezes era impossível encontrar os culpados.

Em 23 de novembro de 2008, a pedido do prefeito, a PF confiscou catorze caminhões carregados de madeira ilegal retirada de uma reserva indígena. Em retaliação, os escritórios do Ibama foram incendiados — e Paragominas virou notícia nacional. Demachki ameaçou renunciar se o município não assinasse coletivamente um acordo de desmatamento zero e o Projeto Município Verde. O programa obrigava que todos completassem o registro rural das propriedades no Cadastro Ambiental Rural (CAR), o que permitia que as associações locais soubessem quem andava desmatando as terras. As medidas criaram um senso de responsabilidade coletiva que permitiu que Paragominas atendesse aos critérios do Ministério do Meio Ambiente e dois anos depois fosse expurgada da lista das piores cidades do país.

Costa, que na época presidia a associação de produtores rurais, tinha apoiado a proposta do prefeito. Para ele, o fato de que os fazendeiros que legalizavam a terra — trabalhando com as autoridades para atender às exigências reguladoras — não sofressem punição imediata, que o município entendesse que o desmatamento em áreas rurais tinha um impacto sobre todos, e que o prefeito tivesse a habilidade de torná-lo um problema coletivo, foram fatores importantes. "Demachki deu um rumo muito, muito bom, e uma coisa que ele realmente conseguiu foi a participação da sociedade. Ele fez a sociedade como um todo participar do processo", disse Costa.

A pecuária amazônica, explicou Arlindo Rosa, é altamente improdutiva, com os pecuaristas criando uma média de 0,8 boi por hectare. Costa tem uma média de cinco bois por hectare em sua fazenda, chegando a dez em algumas áreas. "A produtividade da pecuária no Brasil é muito baixa", disse Rosa. "Começamos pela fertilidade do solo, todos os anos fazemos análise do solo." Cálcio, fósforo, potássio e nitrogênio são usados para fertilizar o solo e melhorar o capim. "Costa vem fertilizando a mesma área faz dez anos", Rosa prosseguiu. "Vai continuar por vinte, trinta, quarenta anos."

Costa fez uma manobra e pegamos uma trilha. A luminosidade acabou. Não havia mais aqueles ocasionais postes nem luzes nas esporádicas casas de madeira; estávamos dentro de uma floresta escura. Costa dirigiu durante um bom tempo até chegarmos a uma casa de fazenda espaçosa, de madeira, cor creme, com telhado de telhas e uma espreguiçadeira numa varanda — uma casa ampla e confortável. Ele sumiu e foi dormir. Alguns de seus chapéus estavam pendurados num suporte na sala de estar, e havia outros num tabique que dava para a varanda.

No dia seguinte de manhã cedo, depois que Rosa saiu a cavalo para olhar o solo e o capim, Costa me levou para ver os seus bois e florestas. Mostrou os chips e os brincos usados para contar e rastrear o gado. Uma área da fazenda Acácia tinha mais de dez cabeças por hectare. Ele me levou a um trecho da fazenda no qual estava criando 8,19 cabeças por hectare, cerca de dez vezes mais do que a média amazônica. Falou também que vende anualmente 80% da manada, em comparação à média de 38%. Um frigorífico que abate 12 mil cabeças de gado por mês precisaria, segundo os seus cálculos, de 480 mil hectares de pasto para se manter abastecido. No ritmo mais rápido e mais produtivo em que a sua fazenda funciona, o mesmo frigorífico precisaria de apenas 45 mil hectares de pasto para se manter abastecido. Ele fez um gesto me mostrando uma plantação de mognos africanos e me conduziu a uma outra área onde estava cultivando várias espécies de árvores. Espera vender essa madeira mais tarde. Passamos por uma teia de aranha com um metro de largura. "Isso é biodiversidade", ele comentou.

Depois o peão José Silva, o Santo, me mostrou uma área de floresta degradada onde, entre as árvores e os arbustos, tinham plantado madeiras nobres nativas em filas retas. "Veja que natureza mais linda", ele disse, apontando para uma tartaruga escondida dentro do casco no solo da floresta. "Aqui tem onças, mas elas não mexem com a gente." Santo parou ao lado de um tronquinho fino. "Isso aqui é um ipê", ele disse, segurando um ramo magricela que batia na altura do seu ombro. "Nessa área temos ipê, temos acapu, ali atrás de você temos massaranduba. Mais adiante temos jatobá. Temos andiroba, temos paricá." Algumas árvores tinham oito metros de altura. Santo apontou o lugar por onde havia passado um bando de caititus. "Eles andam em grupo, vinte, cinquenta deles. Dá pra ver que o chão é mais claro." Em três ou quatro anos, a massaranduba já tinha atingido cinco metros de altura.

Voltamos para a picape e continuamos a rodar, parando junto a uma parede de floresta nativa. Santo encontrou uma passagem e, enquanto eu amarrava os cadarços antes de me aventurar naquela mistura densa e emaranhada de plantas, arbustos, árvores e trepadeiras, ouvi de repente o barulho de algo se mexendo por perto. Aqui a temperatura era sensivelmente mais baixa, apesar do sol quente do meio-dia. Era como sair de uma rua escaldante e entrar num ambiente com ar condicionado. Enquanto abríamos caminho por entre as árvores, Santo parou ao chilreio de um periquitinho, o tiriba-verde, e fez um amplo gesto para as árvores maiores, mais altas, mais imponentes em volta de nós. "Um madeireiro pegaria todas elas", ele disse. Paramos ao lado de um estopeiro, que se estendia ao alto. "A gente fica um menininho ao lado dele", disse Santo.

Já fazia tempo que havíamos perdido de vista a estrada de terra e as pastagens. Era fantástica a rapidez com que ficamos cercados por uma floresta densa até onde a vista alcançava. Santo apontou para uma árvore que tinha o dobro da largura dele. "Essa é uma garaúna, aquele é um louro, louro-vermelho, louro-amarelo, aquele outro se chama piquiá, e aqui atrás de nós", ele disse, se virando, "uma sucupira, o outro lá um acapu, e assim vai, tem mais coisa pra ver."

Havia um mapa num dos escritórios da fazenda com as proporções claramente especificadas: 77,33% de floresta, 19,86% de pasto, 2,03% de beira-rio, 0,18% em reflorestamento, 0,6% de outros, inclusive uma pequena área de soja. Não havia nenhum dos sinais de fogo que eu tinha visto em outras fazendas amazônicas — os troncos queimados e mortos largados de pé ou caídos nas pastagens.

Durante o almoço, Costa ficou conversando longamente com a esposa Heloísa e dois convidados — um deles de um dos maiores bancos do Brasil. Um de seus vários planos inclui franquear seu modelo pecuário para ajudar outros pecuaristas a produzir da mesma forma. "Detesto fogo. Só gosto de fogo num churrasco, para grelhar a minha carne", disse à mesa.

Esse seu método poderia servir de modelo para uma pecuária sustentável? Sim e não. Os fertilizantes não são bons para o ambiente. Usados sem cautela, só aumentam a destruição. O efluente pode causar a eutrofização da água — um acúmulo de nutrientes que leva ao rápido crescimento de micro-organismos que consomem oxigênio, sufocando rios e lagos. Há estudos mostrando que, quanto maior o número de bois criados na terra, mais altas são as emissões de gases de efeito estufa provenientes de seus gases gastrintestinais. As emissões de óxido nitroso decorrem do uso de nitrogênio como fertilizante. Para muitos ambientalistas, é uma heresia pensar em incentivar qualquer atividade pecuária.

Além disso, a mensagem de Costa é capitalista, individualista, responde apenas a si mesma. Mas, se os ambientalistas podem discordar tanto quanto abominam os fertilizantes da fazenda, poucos imprecariam contra a quantidade de florestas densas e cerrados que ele preserva. Em vista da situação desesperada em que se encontra a Amazônia, em grande medida por causa da pecuária, alguns ambientalistas julgam bem-vindo o trabalho de fazendeiros como Mauro Lúcio Costa para torná-la mais sustentável. Eles veem seu modelo como uma das formas de ajudar a salvar a Amazônia, onde a pecuária emprega 800 mil pessoas. Mas outros divergem, argumentando que fazendeiros como Costa estão apenas obedecendo às leis existentes e os melhores resultados de conservação viriam de uma maior proteção, maior comando e controle.

Para entender melhor esse lado do debate, marquei uma conversa com um dos críticos mais severos da pecuária na Amazônia. Paulo Barreto sugeriu que nos encontrássemos às 6h15 da manhã no portão do Parque Estadual do Utinga na escaldante Belém do Pará. Ele costumava percorrer a cidade de bicicleta e sugeriu uma cafeteria tranquila, com mesas ao ar livre e vista para uma represa naquele belo parque tropical que o Imazon ajudou a criar. Esse oásis tropical, cercado de favelas e vias expressas, mesmo àquela hora da manhã já estava se enchendo de ciclistas e corredores. Aluguei uma bicicleta e fui pedalando ao lado desse homem cheio de energia, barbudo e com um início de calvície, que falava com a mesma rapidez com que pedalava. Quando passávamos por um lago, ele apontou para as fezes frescas de uma capivara no asfalto enquanto prosseguíamos. A certo ponto fez um gesto para o alto, na direção de um barulho entre as árvores. "Macacos", ele disse.

Nascido na Bahia e criado no Maranhão e em Castanhal, no Pará, Barreto se formou em engenharia florestal e fez mestrado em política e economia florestal na Universidade de Yale. Em 1990, ele e outros quatro fundaram o Imazon, Instituto do Homem e Meio Ambiente da Amazônia, que avalia os dados de satélite sobre o desmatamento obtidos por várias agências espaciais, inclusive a Nasa nos Estados Unidos e o Inpe (Instituto Nacional de Pesquisas Espaciais) no Brasil. A entidade estimula o desenvolvimento sustentável em comunidades da Amazônia e produz um amplo leque de estudos sobre questões como a posse ilegal de terras. Voz importante no debate cada vez mais acalorado na sociedade sobre as formas de preservar a Amazônia, o Imazon permite que a população local tenha melhores condições de vida, ainda mais que, à diferença de muitas outras ONGs, ele está realmente instalado na região, aqui em Belém.

Barreto escreveu ou colaborou com centenas de estudos. Seu argumento — exposto aos jorros — é que o Brasil não conseguirá dar um basta no desmatamento da Amazônia enquanto incentivar jurídica e economicamente os fazendeiros a desmatá-la. Ele me deu vários exemplos, alguns deles tratados em seu estudo mais recente, "Políticas para desenvolver a pecuária na Amazônia sem desmatamento",* publicado em 2021. Foi elaborado para o Projeto Amazônia 2030, iniciativa de pesquisas sobre a economia e o povo da Amazônia e que sugere planos de ação e soluções. A pecuária é notoriamente um dos maiores problemas da região, mas Barreto acredita que ela também pode oferecer algumas soluções. "Ela é a principal causa do desmatamento, mas é muito ineficiente", ele disse. Segundo Barreto, a fazenda de Costa — que ele também estudou — oferece algumas soluções.

A ocupação de grandes partes da Amazônia pela pecuária é um fenômeno recente. O gado ibérico chegou inicialmente às Américas em 1494 e se espalhou pelas Américas do Norte e do Sul ao longo do século seguinte. Mas foi apenas nos anos 1970 e 1980 que começaram os sérios impactos na Amazônia promovidos por ele. A passagem para esse tipo de exploração da terra foi encabeçada por pecuaristas de grande escala e movida pela especulação fundiária e por subsídios e empréstimos federais, na medida em que o governo militar procurava povoar a região durante a ditadura. "Se você olha a história do Brasil, a pecuária sempre teve o papel de abrir fronteiras", disse Barreto. Essa "pecuária extrativista", como é chamada, demonstrou ser o meio mais eficiente e destrutivo de povoar a Amazônia e converter suas florestas exuberantes em pastagens áridas.

Em 1975, menos de 1% da Amazônia fora desmatada. Nos anos 1980, quando a hiperinflação desestabilizava o país, o gado era tido como um investimento barato e seguro. E pôr gado na

---

* O estudo pode ser encontrado na íntegra em: <https://imazon.org.br/publicacoes/politicas-para-desenvolver-a-pecuaria-na-amazonia-sem-desmatamento/>. Acesso em: 13 jan. 2025. (N. E.)

terra sempre foi uma boa maneira de consolidar áreas que haviam sido griladas ou simplesmente roubadas, como vimos nas florestas ao redor de Novo Progresso, exemplo vívido desse fenômeno. Hoje, um quinto da floresta tropical desapareceu, convertido sobretudo em pastagens.

"O conjunto de benefícios diretamente ligados à abertura de clareiras na floresta para a criação de gado tornou essa atividade imensamente atraente, e de fato os benefícios se destinavam a atrair investidores e capital para a região", escreveu Susanna B. Hecht, professora universitária e especialista na Amazônia, em 1993. A Superintendência do Desenvolvimento da Amazônia (Sudam) oferecia subsídios de até 75% dos custos de desenvolvimento. Isso foi especialmente benéfico para as fazendas maiores, responsáveis por 30% das clareiras abertas em áreas em que elas dominam, como o norte do Mato Grosso e o sul do Pará. Muitos dos fazendeiros vinham do Sul do Brasil.

"Os empresários dinâmicos do Sul do Brasil receberam concessões extraordinárias, em parte porque ajudaram a elaborar os termos dos incentivos e porque assumiriam a missão civilizatória de domesticar a Amazônia", escreveu Hecht. Ela descreveu mais de 50 mil operações de gado vivo. Trinta anos depois, seriam 500 mil.

Segundo o estudo de Barreto, o Ministério da Agricultura tem duas projeções para o aumento da produção de carne em 2020-30: uma conservadora, de 1,4%, e outra mais ambiciosa, de 2,4%. O aumento da produtividade para alcançar essas metas requer uma grande alavancada — com o uso de fertilizantes, regeneração da terra, reprodução animal avançada e outras tecnologias —, sem a qual o Brasil precisará desmatar de 634 mil a 1 milhão de hectares por ano até 2030 para atender à demanda. Barreto sugere que se forneça assistência aos pecuaristas para aumentar a produtividade na terra que eles já têm, em vez de abrir novas clareiras. Mas, para que isso aconteça, o sistema precisa mudar.

"O governo diz: 'Olha, vocês não precisam desmatar', isso não altera os incentivos", ele me disse. Segundo o seu relatório, o governo, na concessão de créditos rurais, devia dar prioridade às fazendas e municípios que investem no aumento da produtividade, com parcerias público-privadas, acordos de antidesmatamento e regularização fundiária.

Mas ele fazia uma ressalva. "O gado, em termos da mudança climática, é horrível. A emissão de metano produzida para uma unidade de caloria e proteína é oito vezes maior do que a do frango." (Segundo a Organização das Nações Unidas para Agricultura e Alimentação, FAO, as emissões da carne bovina por quilo de proteína são cinco vezes maiores do que as da carne de porco e oito vezes maiores do que as de carne de frango.) "Assim, do ponto de vista da redução das emissões que causam mudança climática, temos de acelerar uma transição para reduzir a quantidade de carne bovina."

Existem pesquisas em andamento sobre os aditivos nutricionais que reduziriam as emissões de metano entérico do gado — a JBS está testando um deles com 30 mil cabeças, e alguns pesquisadores acreditam que é certamente viável uma redução de 30% nas emissões do gado. Barreto, porém, indicou outra possível solução: o aumento da "carne vegetal", que usa substitutos vegetais imitando a carne, inclusive frigoríficos gigantes como a JBS e a Marfrig já haviam adquirido várias empresas de alimentos veganos. Um estudo de 2021 feito pelo Boston Consulting Group afirmava que, em 2025, "11% de toda a carne, frutos do mar, ovos e laticínios consumidos no mundo muito provavelmente serão alternativos. Com um impulso das agências reguladoras e mudanças graduais na tecnologia, esse número pode chegar a 22% em 2035. A essa altura, a Europa e a América do Norte terão alcançado o 'pico da carne' e o consumo de proteínas animais começará a diminuir".

O vegetarianismo tem aumentado no Brasil — segundo um estudo, 14% da população é vegetariana. Mas a carne está profundamente entranhada na cultura brasileira e é também muito consumida na Amazônia — não só pelos pecuaristas, mas também pelas comunidades ribeirinhas, pelos povos das florestas e pelas comunidades indígenas. Alguns caçam os animais, mas não todos. Por exemplo, a Terra Indígena Raposa Serra do Sol na região de savana de Roraima, no norte da Amazônia, é o lar de 25 mil moradores de cinco povos indígenas, muitos dos quais criam gado em pequenos grupos de famílias ou da aldeia. Numa visita em 2019 para um encontro de lideranças de toda a reserva, organizado pelo Conselho Indígena de Roraima (CIR), comemos carne no café da manhã, no almoço e no jantar. Embora estejam prestando muita atenção ao rápido aumento nas vendas de produtos de proteína vegetal e comprando empresas de carne vegetal, frigoríficos gigantes como a Marfrig não preveem que o mercado de carne bovina vá desaparecer. "Está ocorrendo uma mudança radical. Os nossos filhos ou os jovens provavelmente terão hábitos de consumo muito diferentes dos nossos", me disse Paulo Pianez, diretor de sustentabilidade e comunicação corporativa da Marfrig. "Então, a nossa posição hoje na Marfrig é que temos uma empresa de proteína, que pode ser proteína animal, pois haverá espaço para esse tipo de alimento por muitos, muitos, muitos, muitos anos."

Outros ambientalistas da Amazônia também defendem uma reforma da pecuária, em vez de tentar eliminá-la ou restringi-la rigorosamente. Caetano Scannavino foi durante três décadas o coordenador de uma ONG amazônica, a Saúde e Alegria, situada em Alter do Chão, junto ao rio Tapajós, no Pará. O trabalho da organização inclui educação em saúde, um barco-hospital que visita comunidades ribeirinhas e indígenas distantes, um centro experimental de agrofloresta e mesmo o treinamento de jovens moradores em turismo e comunicação. Scannavino é uma voz importante no debate preservacionista amazônico, e a ONG que ele dirige junto com o seu irmão Eugênio Scannavino, médico especialista em doenças infecciosas, recebeu diversos prêmios de prestígio.

"Não sou contra o agronegócio, sou contra o 'ogronegócio' — o desmatamento ilegal, a grilagem de terras, o trabalho escravo e a ilegalidade. Precisa premiar quem está fazendo certo e castigar quem está fazendo tudo errado, e não o contrário", me disse Scannavino. "O grande vilão na Amazônia é a pecuária, não a soja, e se existem pastos muito improdutivos... por que não existe uma política para incentivar a eficiência agrícola e aumentar a produção sem desmatamento?"

Um estudo feito pela entidade sem fins lucrativos Imaflora examinou as emissões de gases de efeito estufa de cinco fazendas no Mato Grosso que adotaram progressivamente as chamadas práticas de "pecuária sustentável", como parte do Programa Campo Novo. Constatou-se que a potencial redução nas emissões de gases de efeito estufa chegava a 50% por hectare e a 90% por quilo de carne produzida.

Mas há um debate acalorado em torno da questão, ainda mais com a sua ramificação maior. Por exemplo, há quem afirme que o incentivo a uma pecuária mais intensiva pode aumentar os valores fundiários — acarretando assim mais grilagens — e tem poucos resultados comprovados. Um estudo de 2017 feito por Frank Merry, economista americano de recursos naturais, e por Britaldo Soares-Filho, professor brasileiro de modelagem ambiental na Universidade Federal de Minas Gerais, rejeitava a ideia de que ajudar a pecuária a se tornar intensiva beneficia o ambiente — seria melhor deixar que o setor pecuário fizesse sua própria intensificação, o que inevitavelmente fará, pois é onde reside o lucro, e implantasse controles mais rigorosos.

"A verdade incontornável da produção de carne é que ela é

uma das transformações menos eficientes da energia em calorias consumíveis, e o consumo de carne em nível mundial, quer seja movido por políticas governamentais, pelos mercados ou pelo costume, certamente terá um significativo impacto ambiental", escreveram Merry e Soares-Filho. "É preciso observar as causas, não os sintomas, e examinar melhor não só os incentivos de desenvolvimento, mas também o crédito, a posse da terra, o uso ilegal da terra, a infraestrutura, entre outros fatores, e então fortalecer as proteções existentes concedidas às florestas por áreas protegidas, áreas indígenas e mesmo florestas multiuso."

Barreto destacou o controle da hiperinflação em 1994 como um exemplo de como os políticos podem intervir. "Em geral você tem essas mudanças quando há um movimento social", ele disse. O Plano Real que acabou com a hiperinflação aparentemente incontrolável foi montado por uma equipe política competente. O Brasil poderia aprender com o êxito em erradicar a febre aftosa, obtido por meio de um programa nacional lançado em 1998, que dividia o país em zonas livres da doença e implementava medidas de prevenção, controle dos riscos e vacinação para demarcar progressivamente essas zonas. Em 2018, a Organização Mundial da Saúde Animal declarou o Brasil isento da doença. "Foi um programa muito inteligente", ele disse. "Daria para fazer o mesmo com o desmatamento."

Ele também comentou que os governos, os bancos e a indústria da carne deveriam parar de comprar dos municípios onde o desmatamento está aumentando ou prestes a aumentar. Metade do "risco de desmatamento" da Amazônia se concentra em apenas dezesseis municípios; os frigoríficos poderiam utilizar um sistema de prevenção muito mais inteligente dizendo a esses municípios que se eles não reduzirem o desmatamento em três meses seus abatedouros seriam temporariamente fechados. "Garanto que em dois meses o desmatamento acabava."

Em seu estudo, Barreto propõe que o Brasil deveria usar de modo mais eficaz um tributo existente, mas subutilizado, o Imposto sobre a Propriedade Territorial Rural (ITR), cobrando dos latifundiários que não produzem muito. A aplicação dessa taxa obrigaria esses proprietários a serem mais produtivos, o que eliminaria a necessidade de desmatar para ter mais pastagem. É um imposto federal, mas pode ser cobrado pelos municípios, e o governo brasileiro poderia ter arrecadado de 1 a 1,5 bilhão de reais em 2017 se o tivesse cobrado.

Outro elemento da questão da pecuária é que ela está intrinsecamente ligada à grilagem de terras — na verdade, ao roubo de terras, como vimos em Novo Progresso. O grileiro seleciona a terra, talvez numa floresta protegida ou mesmo em território indígena, e os madeireiros retiram a madeira valiosa; o restante é desmatado e incendiado, e põe-se o gado ali para consolidar a propriedade. No Brasil há leis fundiárias que remontam aos tempos coloniais, e a ideia de que a terra precisa ser produtiva está profundamente entranhada no sistema jurídico. E assim os grileiros se registram no Cadastro Ambiental Rural (CAR) para reivindicar a terra que desmataram, se utilizando do gado para marcar a posse, enquanto reúnem uma série de documentos para dar a impressão de que são donos dela.

Para eles, é uma boa aposta. Com o Programa Terra Legal, o governo Lula (em 2009) e o governo Michel Temer (em 2017) criaram leis permitindo que posseiros e grileiros comprassem as terras do governo a baixo preço, a depender do tamanho da área e do ano em que chegaram lá. Essas mudanças visavam dar aos camponeses trabalhadores o direito sobre a terra que já ocupavam — e, sem dúvida, alguns dos beneficiados tinham mesmo um direito legítimo. Mas havia inúmeros especuladores.

O Programa Terra Legal estabelece o período até o qual a pessoa consegue legalizar a terra. Mas esse período é sempre jogado para a frente. Lula o fixou em 2004; Temer, em 2011; e Bolsonaro tentou estabelecer 2017 como esse marco. Junto com as medidas para reduzir as dimensões das reservas protegidas, essas leis convencem os grileiros de que as áreas que ocuparam ilegalmente serão legalizadas em algum momento e o valor delas vai disparar.

Ao contrário do que afirmavam os governos, o Programa Terra Legal não conseguiu reduzir o desmatamento — na verdade, um estudo mostrou que a última mudança na lei o aumentou. Assim, por um lado, há o ITR — "criado para incentivar o uso mais eficiente da terra", disse Barreto —, cuja devida implementação sempre enfrentou a resistência do lobby agrícola. E, por outro lado, o Brasil deixa que as pessoas roubem terra. "É difícil concorrer com alguém que está pegando a terra de graça", ele observou.

Milton Pinheiro, um homem que conheci na fazenda de Mauro Lúcio Costa, contou o caso longo e intrincado da compra de uma propriedade de cerca de 150 hectares. A certa altura, a terra tinha sido vendida por causa da madeira, fora ocupada e desmatada, mas aí chegou alguém alegando ser dono dela e deu-se início a um processo judicial. Antigamente, disse Pinheiro, quando a Amazônia estava dividida em capitanias — áreas doadas pela Coroa portuguesa a famílias nobres —, os proprietários talvez nem tivessem muita ideia do que possuíam, pois eram enormes extensões. "As medições eram totalmente aleatórias", ele comentou. "Você dizia: 'A minha terra vai até onde a vista alcança.'" Ele contou que viu os livros de um notário, que remontavam a 1792 e traziam listas das pessoas escravizadas que o proprietário tinha registrado ali.

A história da propriedade de imóveis na Amazônia é muito dúbia: os títulos fundiários muitas vezes eram fraudulentos e os notários eram pagos por fora para registrá-los, ou os títulos eram falsificados ou diziam respeito a terras em outro lugar — os "títulos voadores" —, ou ainda apresentavam uma área maior que aquela que o dono realmente havia comprado ou recebido. A promotora do Pará Jane de Souza me contou que a área dos títulos fundiários é cerca de três vezes maior do que a terra que de fato existe.

Segundo José Benatti, professor de direito ambiental na Universidade Federal do Pará, "muito do que aconteceu antes legitima o que está acontecendo agora". Benatti foi diretor do Instituto de Terras do Pará, o Iterpa, de 2007 a 2010. Num primeiro momento ele havia apoiado a lei Terra Legal de 2009, mas depois percebeu que a pressão para sua aprovação era decorrente de um aumento na especulação fundiária na Amazônia, após a crise financeira de 2008.

O professor me explicou que a documentação dos imóveis rurais na Amazônia tem os mais variados tipos de problema. O título pode não cobrir toda a área, ou pode se sobrepor a outras propriedades, ou às vezes o proprietário não tem os devidos documentos de registro da terra e só dispõe de um contrato de compra e venda. "O mercado aceita isso, aceita imóveis com títulos frágeis", disse.

Um estudo do Imazon revela que existem pelo menos 22 agências encarregadas da posse de terras no Brasil. Os estados amazônicos também podem conceder títulos fundiários a pessoas que ocuparam terras públicas e, até 2019, era tudo feito no papel. E hoje os sistemas digitais nem sempre funcionam. No Pará, existem quatro sistemas computadorizados para títulos fundiários sem comunicação entre si, e os funcionários do governo precisam consultar todos eles. E assim mesmo muitas vezes precisam voltar aos registros públicos. Tampouco há no Brasil qualquer central de registros fundiários.

À tarde, depois de passear de bicicleta com Paulo Barreto pelo Parque Estadual do Utinga, conheci sua colega Brenda Brito no Parque da Residência — outrora a residência dos governadores do estado, com seus jardins exuberantes, no centro de Belém. Ela havia sido advogada do Imazon por quase vinte anos, especializada na questão fundiária. Discreta, meticulosa e paciente, conhecia o tema de ponta-cabeça, de trás para a frente e pelo avesso.

No Brasil, ela explicou, toda terra pertence ao governo, a menos que o reivindicante possa provar que, em algum momento, o governo abriu mão da sua posse. "Em princípio, é toda pública até que se prove contrário", disse Brito. Ela foi coautora de um estudo mostrando que 21% do bioma amazônico no Brasil é propriedade privada, em grande parte concentrada em torno da região Sul e da região Leste. Não por acaso, são as áreas mais maciçamente desmatadas.

Na lei brasileira, para reivindicar a posse, é importante provar que a terra está sendo usada de forma produtiva. "Você precisa mostrar que se produz algum tipo de produto, e assim o gado se torna a maneira mais fácil de fazer isso", ela observou. "Isso explica por que temos uma pecuária tão ineficiente na Amazônia." Mas, como nota o estudo, "nenhum estado proíbe a titulação de áreas ilegalmente desmatadas, e a maioria deles não exige um compromisso de recuperar riscos ambientais antes de receber o título". Para os especuladores, é fácil roubar terra, desmatar e pôr gado, e é altamente improvável que o funcionalismo se valha disso para impedir que eles ou os compradores acabem obtendo o título de propriedade.

Os grileiros e os especuladores preferem cada vez mais terras públicas sem qualquer designação oficial — não é propriedade particular, não é reserva nem nada disso. O estudo de Brito mostra que essas terras constituem apenas 14% do território amazônico brasileiro, mas respondem por 51% do desmatamento. A designação de áreas florestais como reservas protegidas, áreas de assentamento ou onde é possível uma produção sustentável acarreta despesas e requer a implantação de algum tipo de infraestrutura — uma das razões pelas quais os governos com verbas curtas adiam o procedimento. Existem 100 mil CARs registrados nessas áreas — isto é, fazendas que foram incluídas no cadastro em lugares onde isso não seria possível dentro da lei. A maioria desses CARs em terra sem designação estava concentrada nas regiões mais preservadas da Amazônia.

Outra questão central é a incerteza quanto à propriedade. O estudo mostrou que não ficava claro quem controlava 28,5% da Amazônia — 143 milhões de hectares. As pessoas podem ter comprado uma parte dessa terra no passado e receberam títulos, mas os mapas dessas propriedades não foram digitalizados nem incluídos em bases de dados — em especial as registradas antes de 2002, quando o georreferenciamento passou a ser exigência legal. Cabe aos governos estaduais decidir o que acontece com 17% da Amazônia Brasileira, ou 60% dessa enorme área não designada, parte da qual pertence a eles. Um estudo do Ministério do Meio Ambiente mostrou que 43% dessa enorme área não designada — 61 milhões de hectares — deveria ser classificada como alta prioridade para a preservação. Como não foi, essas terras se tornam presa fácil dos grileiros.

"O que o Brasil precisa fazer é designar 60 milhões de hectares de florestas de propriedade pública que, nesse momento, podem ser alvos de grilagem", disse Brito. O processo de regularização demora porque não é simplesmente fazer um mapa, conferir o CAR e emitir o título", ela disse. "Tem um trabalho todo a fazer para saber se aquela área pode realmente ser legalizada." O Brasil precisa mudar as suas leis de propriedade e emissão de títulos da terra no nível constitucional, ela comentou, de forma que os fazendeiros só possam regularizar a terra — isto é, obter um título oficial — se atenderem às exigências ambientais. Se precisarem reflorestar ou recuperar uma área degradada, a obtenção do título deveria depender do cumprimento dessas condições, com monitoramento para assegurar que o dono perca a terra se tais exigências não forem cumpridas.

"Todas as leis fundiárias, não só federais, mas de todos os estados amazônicos, precisam ser modificadas para se tornar compatíveis com as leis ambientais", observou Brito.

O estado do Pará está tentando resolver essa sua confusão fundiária por meio de um sistema automático de checagem dos CARS. Desde o primeiro semestre de 2020, foram legalizados cerca de 20 mil registros entre um total de 243 mil, segundo Mauro O'de Almeida, secretário estadual do Meio Ambiente. "Claro, quanto mais terra você legaliza, menos problemas ambientais você vai ter", ele me disse numa entrevista por vídeo, de repente cortada depois de uns vinte minutos.

Mesmo que os fazendeiros tenham assistência técnica, crédito e agilidade para regularizar seus CARS e suas terras, o processo é árduo. Alguns terão de pagar multa por causa de crimes ambientais anteriores, ônus que não querem ou com o qual não podem arcar, e outros ficam com medo de precisar pagar uma multa se legalizarem a terra e tiverem azar.

"A outra dificuldade é que tem gente que não quer legalizar, prefere trabalhar na desorganização", me disse o secretário do Meio Ambiente durante a nossa curta conversa.

Maurício Fraga Filho queria sair cedo, mas antes eu quis tomar o café da manhã no meu hotelzinho em Marabá, uma cidade de concreto bruto com quase 300 mil habitantes às margens do Tocantins, no sul do Pará. E, embora a refeição não tivesse nada de especial — não passava de um tradicional desjejum oferecido nos hotéis brasileiros, com frutas, suco, pão, queijo, café, bolo, pedaços de salsicha com molho de tomate e ovos mexidos —, ela foi alegrada por um pavão de plumagem azul vivo que passeava pelo telhado logo em frente à janela. O pavão, com cara de brabo, abriu as asas num majestoso leque verde, cinzento e amarelo. Então a mulher que preparava o café abriu a janela e lhe deu um pedaço de bolo.

Fraga Filho estava lá fora, ao volante da sua reluzente picape branca 4×4, com a esposa Cecília no banco de trás. Entrei e saímos a toda. Tendo me inteirado com os acadêmicos e o funcionário da ONG em Belém um pouco mais dos problemas da propriedade fundiária e da aplicação das leis ambientais, eu queria entender as pressões sobre os próprios fazendeiros, e Fraga Filho tinha topado me mostrar a fazenda do pai dele, a quatro horas de carro de Marabá. Sujeito afável, careca, dentuço, vestia uma camisa azul. Falava com um *r* de caipira e tinha uma inteligência empresarial aguçada. Era velho amigo de Mauro Lúcio Costa — conversavam sempre, ele me disse — e era presidente da Acripará, uma associação de pecuaristas do Pará. A conversa com o casal simpático e descontraído de classe média, na faixa dos cinquenta anos, fluiu solta, enquanto a picape passava voando por infindáveis fazendas de gado e trechinhos esparsos de floresta.

Depois de umas poucas horas num asfalto liso, Fraga Filho começou a desviar dos buracos e ondulações na estrada que ia piorando. Então saiu dela. "O meu pai construiu essa estrada pela floresta para chegar à fazenda", ele disse, apontando uma fila imponente de castanheiras-do-pará. "Era uma área de extração de castanha-do-pará."

A fazenda Porangaí, do pai dele, tinha 16 mil hectares de pastagem amazônica. Paramos numa sede baixa, discretamente elegante, com móveis de madeira maciça, e sentamos numa varanda larga que dava para uma bela piscina e uma fileira de palmeiras altas, lar de um bando de araraúnas semidomesticadas que ficaram grasnando e conversando freneticamente durante toda a nossa entrevista.

Fraga Filho cresceu em São Paulo, numa família de pecuaristas. Seu pai, Maurício ele também, comprou essa terra em 1972, mas só começou a desmatá-la em 1984. Foi derrubando gradualmente toda a floresta e agora tinha três fazendas na região — contando com esta, a maior —, na qual nunca havia morado.

Fraga Filho se formou em veterinária, e ele e a mulher se mudaram para lá em 1990, quando o primogênito, Gustavo, era ainda bebê. Ficaram cinco anos e depois foram embora. Não havia energia elétrica, a luz à noite vinha de um gerador, não tinham televisão nem telefone. Três vezes por semana, um avião de São Paulo pousava em Marabá trazendo um jornal, e assim a família podia se atualizar sobre o que havia acontecido alguns dias antes. Pelo que ele me disse, na época a região era "praticamente 100%" floresta.

Em 2012, com os filhos já crescidos, Fraga Filho e Cecília voltaram para Marabá, onde moram até hoje. Gustavo agora administrava a fazenda do avô, mas Fraga Filho era em grande parte o encarregado. Tinha também metade de outra fazenda mais ao sul do estado, dirigida pelo sócio e cunhado.

A principal atividade da Porangaí não era a reprodução, mas a engorda, comprando a preço baixo novilhos já com certo peso. Fraga Filho conhecia os pecuaristas que vendiam para a fazenda — os fornecedores indiretos —, mas não fazia ideia de quem eles haviam comprado as crias. Perguntei se ele havia adquirido gado criado ilegalmente dentro de uma área protegida ou mesmo num território indígena. "Pode ser, não sei", respondeu. "A gente nunca se preocupou com isso." Falou que a fazenda compra animais de outras fazendas ou de pequenos sitiantes que, com quase toda a certeza, desmataram ilegalmente, gerando um alerta nas imagens por satélite. No linguajar dos locais, isso se chama "ter

Prodes". "É infinita a quantidade de gente que tem. Todos eles devem ter Prodes. Ninguém vai ter documento nenhum. Ninguém consegue se legalizar." Se a JBS e os outros frigoríficos começassem a monitorar as cadeias completas de fornecimento, Fraga Filho não conseguiria vender para eles: "No dia em que monitorarem devidamente os fornecedores indiretos, eu fico fora do mercado, eu e todos os outros".

Em 2009 os grandes frigoríficos prometeram não comprar animais de fazendas que apresentassem qualquer desmatamento ilegal ou que tivessem sido acusadas de empregar trabalhadores em condições "análogas à escravidão". Mas não é uma exigência legal, observou Fraga Filho. Falei para ele que a JBS e outras grandes empresas haviam prometido que até 2025 estariam monitorando todos os seus fornecedores indiretos. "Não vão resolver isso", ele retrucou. "Não tem como. Não conseguem."

Algum tempo antes, naquele mesmo 2009, fora lançado a título experimental um novo programa no Pará, o Selo Verde, montado por pesquisadores da Universidade Federal de Minas Gerais a partir de registros públicos. Qualquer pessoa podia consultar o CAR (os próprios fazendeiros fazem o cadastro online) de uma propriedade e conferir se havia alguma multa ou embargo de responsabilidade dela. Podia ver também se a propriedade tinha reservas legais suficientes — exigência amplamente desacatada — e até se estava recebendo animais de fornecedores indiretos, o que poderia macular sua reputação.

Fraga Filho consultou sua fazenda no celular, e o aplicativo Selo Verde mostrou que havia problemas. Ele e outros pecuaristas importantes eram visceralmente contrários ao sistema e tinham ido ao governador do estado, Helder Barbalho, expor as suas objeções.

Pelo Código Florestal brasileiro, a fazenda Porangaí deveria ter uma "reserva legal" de floresta ou vegetação natural de pelo menos 50% da área, mas a floresta nativa ocupava apenas 29% dela. Foi o que o Selo Verde apontou, além de ter mostrado que mais de 20% do gado adquirido vinha de fornecedores indiretos que, como me dissera o próprio fazendeiro, talvez estivessem ligados ao desmatamento.

Segundo o Selo Verde, a fazenda de 8 mil hectares de Fraga Filho e de seu cunhado perto de Redenção tem um déficit ambiental de quase 2 mil hectares em suas reservas legais e nas áreas que os fazendeiros devem por lei manter como floresta em torno dos córregos, das encostas e dos morros, as Áreas de Proteção Permanente (APP). Outra fazenda de seu pai, a Rita de Cássia, com 7 mil hectares, apareceu marcada no Selo Verde porque mais de 20% do seu gado provinha de fornecedores indiretos. A outra fazenda da família, a Sinhá Moça, também tem um déficit ambiental e o seu CAR está "pendente".

O governo estadual do Pará está em meio à tarefa colossal de regularizar todos os CARs para cada fazenda e conferi-los com os documentos — nesse processo, acabará chegando à Porangaí. Então os donos receberão a proposta de ingressar no Programa de Regularização Ambiental (PRA) e encontrar uma forma de ampliar suas reservas legais, possivelmente reflorestando ou negociando outros compromissos ambientais.

"Quem tem um problema ambiental só se livra dele quando se legaliza e adere ao PRA", disse Fraga Filho. Segundo ele, se o Selo Verde ou qualquer outro programa de monitoramento dos fornecedores indiretos — como aqueles que os frigoríficos dizem que estão implantando — entrar em vigor, muitos pecuaristas serão lançados na ilegalidade e passarão a vender a carne no mercado clandestino. Seu argumento — endossado por fazendeiros da região — é que, antes que os pecuaristas na floresta tropical mais ameaçada e biodiversificada do mundo possam ter certeza de que não estão comprando bois de terras ilegalmente desmatadas, o governo local precisa regularizar quase 250 mil cadastros ambientais registrados pelos interessados, muitos dos quais em reservas protegidas ou terras que já constam em outros títulos de propriedade.

Esse processo poderia levar dez anos ou mais. E a confusão jurídica e institucional em que se encontra a propriedade fundiária na Amazônia resulta, por sua vez, de quinhentos anos de migração financiada pelo Estado, de colonialismo, caos, grilagem, fraudes, desordem e confusão nos títulos de terra, sem falar da expulsão violenta de algumas comunidades, assentamentos ou povos indígenas. Isso parecia ser uma razão para não se fazer nada em momento nenhum em relação a um problema que os pecuaristas amazônicos simplesmente consideram não ter nada a ver com eles. Não era assim que Fraga Filho pensava.

O fazendeiro acreditava que teoricamente era possível rastrear a origem do gado comprado, desde que o vendedor, por sua vez, não tivesse adquirido as cabeças de um catireiro, uma espécie de distribuidor ou vendedor atacadista de gado, comum no Pará. O catireiro reúne uma manada de bois comprados de sitiantes e pequenos proprietários, e os coleta de caminhão. "É um vendedor de gado", disse Fraga Filho. "Ele não sabe de onde os bois vieram. Não sabe e eu também não sei."

Mais tarde, em Marabá, ele me apresentou ao catireiro José Hilário de Andrade, seu fornecedor. "Compro dos caras pequenos", Andrade me disse. "Compro três de um, às vezes dez, vinte de outro." Junta uma manada de cinquenta a duzentas cabeças — adquiridas de trezentos pequenos proprietários — e as oferece a fazendeiros como Fraga Filho e mais uns vinte clientes do porte dele, "grandes fazendeiros". Vende de 4 a 5 mil cabeças de gado por ano. Quanto às possibilidades de rastrear esses animais, ele me disse que "não ia ser fácil. Seria preciso formalizar um monte de coisas, mas acho que daria pra fazer".

Andrade não fazia ideia se os sitiantes de quem comprava tinham problemas ambientais ou não, porque isso era tarefa dos frigoríficos. Insistiu que todo o gado era devidamente vacinado. Mais tarde, ele me enviou cópias de três GTAS — uma com dez cabeças de gado, outra com sessenta e outra com oitenta. As três estavam em nome da sua esposa Marcilene Santos — ele explicou que a esposa tinha uma fazendinha.

"Compro dez de um, cinco de outro… e eles são transferidos para os meus registros, porque eu tenho registros, uma fazenda pequena, certo?… Ponho junto com cem animais de propriedade minha, por exemplo, e vendo para o Maurício", ele disse. "Essa GTA nos meus registros, que fiz para bens de propriedade minha, vou agora transferir para os registros do Maurício." Não parecia existir grande controle sobre a movimentação de gado no Pará.

Voltamos à Porangaí na hora do almoço. A mesa estava posta numa área sombreada perto da piscina, onde o resto da família nos esperava. Duas moças negras de uniforme cor-de-rosa de empregada serviram fatias macias, deliciosas, de carne grelhada. A piscina era bonita e moderna, mas a dinâmica social era arcaica, com pessoas negras servindo a família de brancos ricos. Cumprimentei Fraga Filho pela maciez da carne. "Não é daqui", ele disse. Era uma variedade mais cara, "prime", vinda de outra fazenda. A família não comia a própria carne. Só a vendia para terceiros.

Depois do almoço, a conversa passou para o aquecimento global e o argumento de cientistas climáticos, como Carlos Nobre, de que dali a uns dez anos a Amazônia poderia estar em seu "ponto de inflexão", depois do qual começaria a degenerar. Fraga Filho não entrava nessa. Não acreditava que a mudança climática tivesse causas humanas e não parecia nem remotamente preocupado com isso. Os negacionistas da mudança climática no Brasil muitas vezes sustentam que o planeta já passou por mudanças cíclicas anteriores e que o aquecimento global é apenas a mais recente. Ele decerto conhecia esse argumento.

"Tenho ouvido muito Carlos Nobre, e não sei", disse Fraga Filho. "O clima muda. O Brasil, o mundo passou por idades do gelo… a Amazônia é realmente tudo isso?"

No entanto, ele estava preocupado quanto ao impacto sobre os negócios. Havia se encontrado recentemente com a então ministra da Agricultura, Tereza Cristina Dias, e um alto funcionário, que dividiram com ele seus temores de que, por exemplo, a China parasse de comprar carne brasileira, ou de que o Pará fosse proibido de exportar carne. Fraga Filho se perguntou se os fazendeiros fora da Amazônia iriam começar a se dissociar dos pecuaristas amazônicos e a tratá-los como "leprosos".

"Estou muito preocupado", disse Fraga Filho. "Mas acho que a regularização ambiental tem de vir ao mesmo tempo." Afirmou que deveria ser mais fácil atender aos critérios para legalizar uma fazenda, que eles deviam ser afrouxados. Não adiantava nada ter "uma legislação dura que ninguém consegue obedecer".

Mas ele queria me mostrar como estava melhorando a pastagem de forma a intensificar a produção, tal como fazia o seu amigo Mauro Lúcio Costa. A família não queria mais propriedades, mas sim mais carne das fazendas que tinha. Seria essa a sua contribuição para a crise do desmatamento. "Temos de intensificar, acreditamos nisso."

Assim, saímos no seu 4×4, cruzando aos solavancos estradas de terra irregulares até os limites da fazenda. Não parecia a Amazônia. Na verdade, com os campos ondulantes, pontilhados de árvores e salpicados de vacas brancas, a fazenda Porangaí podia ser na Europa ou nos Estados Unidos, não fossem as palmeiras e os animais silvestres. O proprietário apontou um caimão à espreita num lago e um tapir se banhando numa pequena laguna. Passamos por uma área de pastagem com um capinzal enorme, com o dobro da altura de um homem e talos da largura de uma perna. Ao longo do percurso, o fazendeiro apontava orgulhosamente as florestas e pântanos preservados em torno dos riachos.

Alguns campos haviam sido arados por tratores com rodas enormes que levantavam nuvens de pó vermelho. Tratores menores com GPS espalhavam sementes em outro campo. No alto de uma colina, um bando de caititus parados e atentos observava. Talvez se perguntassem onde iriam encontrar comida. Enquanto dirigia de um campo a outro, encontrando peões e olhando as máquinas, Fraga Filho explicou as duas técnicas disponíveis de intensificação — ou fertilizar o solo e plantar capins desenvolvidos na África e na Austrália, ou confinar o gado e alimentá-lo nos currais.

Lá no confim mais rústico da fazenda, paramos onde estavam abrindo um campo ondulado e irregular. Duas pequenas escavadeiras repuxavam uma corrente enorme — um expediente usado por madeireiros para derrubar mata. A corrente arrancava a vegetação rasteira, os arbustos e as árvores de três a quatro metros de altura, enquanto as máquinas rangiam. Um carcará, com seu bico alaranjado e pescoço branco, voava em círculos no alto da terra recém-destocada, ciente de que um monte de animaizinhos tinha de repente perdido a casa e agora eram presas fáceis.

A limpeza mecanizada brutal daquele campo ficou na minha cabeça. Mais tarde, num telefonema, perguntei a Fraga Filho se a família tinha pensado em deixá-lo crescer — no prazo de uns dez anos, aquelas árvores magrelas teriam formado uma nova floresta e ele teria avançado muito para resolver seus problemas ambientais. "Não, essa opção é muito ruim do ponto de vista econômico", ele respondeu. "Tenho toda a estrutura lá, tem um curral, tem cercas." A família vai esperar até que o estado do Pará apareça para validar o CAR deles e diga o que precisam fazer como parte do programa de regularização ambiental. "Aí decidimos se queremos indenizar, se vamos deixar [uma área] regenerar."

O plano dele para resolver os "déficits ambientais" nas fazendas da família consistia em comprar terras dentro de uma reserva e as deixar intocadas. Já havia comprado 566 hectares dentro de uma reserva no estado vizinho do Amazonas, que poderia incluir na sua reserva legal. Mas só aquela fazenda tinha, pelos cálculos mais otimistas, um déficit de reserva legal de quase 3500 hectares.

Pelo visto, a Porangaí e as outras fazendas iam continuar como estavam até que o governo botasse ordem naquela bagunça fundiária. Afinal, era um negócio. Mas mesmo negócios eficientes como a Porangaí podem entrar em conflito com as autoridades brasileiras. Em junho de 2018, quando Maurício Pompeia Fraga, o pai de Fraga Filho, estava num cruzeiro pela Itália, fiscais do governo encontraram trinta empregados da fazenda, entre eles um rapazinho de dezesseis anos, trabalhando, segundo os fiscais, em "condições análogas à escravidão". Serviam como tropeiros, conduzindo novecentos bois de Uruará, a novecentos quilômetros de distância, para a Porangaí. Fraga Filho havia me contado que a fazenda se abastecia de gado daquela área, mas não mencionou como se dava o transporte dos animais.

Nos quatro meses do percurso, os fiscais do trabalho disseram que os tropeiros dormiam em tendas de lona, sem água corrente nem banheiro, se alimentando com a comida fornecida por uma charrete que os acompanhava. Quando chegassem, iriam receber pelo trabalho uma diária de 45 a sessenta reais. Em 2021, a fazenda e Maurício pai foram incluídos na "lista suja" anual do governo, arrolando pessoas, fazendas ou empresas que tinham submetido seus trabalhadores a condições "análogas à escravidão".

A JBS e a Marfrig cortaram a fazenda de seu rol de fornecedores. Agora a propriedade só podia vender gado para outros pecuaristas. "É um problema muito sério", disse Fraga Filho. Falou que esse tipo de transporte da boiada era uma tradição histórica na região. "Uma prática normal que todo mundo conhecia. Então veio um fiscal que achou que era trabalho escravo", argumentou. A fazenda não tinha sido judicialmente condenada — os processos judiciais podem se estender por décadas. O proprietário declarou que fora um empreiteiro que contratara os homens e eles não trabalhavam diretamente para a fazenda. Nenhum empregado jamais o processara.

Fraga Filho parecia tão desinteressado pelos trabalhadores quanto pelo aquecimento global. "O empregador sempre vai procurar alguém que trabalhe por menos, por um valor menor, assim como quando a gente vai ao supermercado ou a uma loja ou contrata um serviço, a gente sempre procura o mais barato", disse. "É assim que funciona. Se tem alguém que faz por quarenta, não vou pagar sessenta."

Tal é a mentalidade que levou a pecuária amazônica a essa confusão toda: o dinheiro acima de tudo. Se Fraga Filho realmente não acreditava na emergência climática, não ia fazer nada para impedir que suas fazendas contribuíssem com ela. Se podia evitar que as pastagens velhas crescessem e se tornassem novas florestas, evitaria, porque lhe parecia um desperdício abrir mão de uma terra que podia estar rendendo dinheiro. Não via os custos de longo prazo para ele e a família. Não tinha incluído o preço da mudança climática em seus planos de negócios. Quando incluir, talvez seja tarde demais.

3. Devolvendo o eco à economia: Modelos de agrofloresta

Marabá, Pará

Dom Phillips

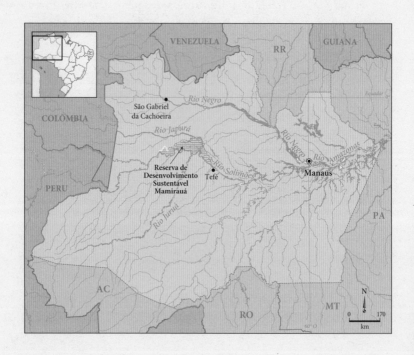

"A MELHOR MANEIRA DE CONVENCER UM AGRICULTOR
É COM A AJUDA DE OUTRO AGRICULTOR."

Quando estive na Amazônia pela primeira vez, levei um choque ao descobrir cidades do porte de Marabá. Até recentemente, no entanto, as coisas eram bem diferentes. Durante séculos, a região abrigava grupos indígenas, tinha terras preservadas de floresta e cerrado. Marabá só se tornou Marabá em 1913, e mesmo assim continuou sendo, por décadas, uma cidade de fronteira, só crescendo na medida em que povos indígenas eram dizimados por doenças, opressão, assassinatos, criação de gado, extração de madeira, invasões de terra e assimilação forçada. Agora tem 266 533 habitantes e praticamente não sobrou floresta tropical em pé. É uma cidade com trânsito intenso e barulhento, atravessada por uma rodovia movimentada, com antenas de celular erguendo-se sobre casas de telhado vermelho.

Numa charmosa pracinha, adolescentes formavam fila diante de um ônibus-balada iluminado com luzes neon. Havia um restaurante de peixe à beira do rio lotado de famílias. Bares serviam carne e tocavam música sertaneja. Aquela era uma cidade com cara de cidade pequena, pensava eu comigo mesmo enquanto lavava roupa numa lavanderia automática no subsolo de uma loja de departamento com ar condicionado no talo e vídeos de hip hop exibidos numa tela grande, mas sem sinal de celular. Se aquilo era progresso, alguma coisa tinha dado errado.

A filial da Havan tinha os arcos romanos característicos dessa loja de departamentos e uma réplica da Estátua da Liberdade com 37 metros de altura, exatamente como em outras unidades na Amazônia. O dono da rede, Luciano Hang, era uma figura conhecida, partidário calvo e irascível de Bolsonaro, sempre com seu inconfundível terno verde-amarelo e manifestando pontos de vista igualmente estridentes nas redes sociais. Para os fregueses, talvez fosse apenas uma loja, mas para mim Hang e Havan sempre foram emblemáticos não só da força de Bolsonaro e de seu pensamento destrutivo, mas de tantas pessoas que preferem um ideário infantil do futuro, baseado num desenvolvimento implacável a qualquer custo, em mais armas e numa noção de liberdade tão fake quando aquela Estátua da Liberdade.

Mas Marabá ainda era cercada pelo campo e eu estava ali para examinar o funcionamento da bioeconomia, o uso de recursos biológicos renováveis em nome de uma economia sustentável, circular. Esse conceito abrange tudo, da biotecnologia às cooperativas comunitárias. Embora o significado varie a depender da pessoa a quem se pergunta, há certo consenso de que se trata de assunto importante. E se, como muitos esperam, há uma chance de a bioeconomia amazônica ajudar a salvar o que ainda resta de floresta tropical, ela tem que funcionar em lugares como este. Sobretudo aqui. Isso significava mais alguns dias em Marabá. Assim, à procura de um futuro diferente, numa manhã de terça-feira peguei a estrada num 4×4 dirigido por Daniel Mangas, um homem de 59 anos, barba grisalha, sereno, impassível, técnico da Empresa Brasileira de Pesquisa Agropecuária (Embrapa). Passamos por pastagens, agrupamentos esparsos de árvores e palmeiras de babaçu. Finalmente Mangas pegou uma estrada de terra, passando por um motel decadente, o Aphrodite, que alugava quartos por hora.

O Projeto de Assentamento Mamuí consistia em milhares de hectares de terreno caracterizado por um relevo ondulado, pastagens e pequenos trechos de floresta cortados por estradas de terra. Era a estação seca do inverno, e seca estava. Com uma foice na mão, Antônio Maurício Batista seguia na frente, por uma encosta ressecada e coberta de capim. Homem ágil e animado de quarenta e muitos anos, com um boné de beisebol e jaqueta vermelho-clara, ele queria me mostrar algo que considerava extremamente importante no terreno de 26 hectares que ele e a família cultivam, a uma hora de Marabá. Passava um pouco das dez da manhã, o sol ia alto e na nossa frente havia uma colina coberta de arbustos e capim em diferentes tons de verde e amarelo. Além de uma mancha verde-escura no horizonte longínquo e uma fileira de palmeiras no alto da encosta, poucos detalhes sugeriam que ainda estávamos na Amazônia.

Mas no fundo do vale havia um bosque ensombrado, com palmeira-açaí, tida como um superfruto, a palmeira buriti, pés de cacau e árvores nativas da região, como andiroba e jatobá, todas crescendo ao redor de uma fonte borbulhante de água cristalina. O ar era fresco e agradável, uma libélula azul pairava lindamente sobre a água. Em vez da terra seca, o chão era úmido e lamacento, porque Batista tinha feito uma fonte seca voltar a escorrer.

"A água voltou, voltou à vida por causa dessa recuperação", ele disse, mexendo na água com a foice. "É o que a gente precisa fazer, proteger a nossa natureza, as nossas fontes, para que não falte água para os nossos filhos, os nossos netos, no futuro. Não é isso?"

Suas tentativas anteriores de plantar buriti no solo seco do vale haviam fracassado. Então, em 2019, uma equipe da Embrapa o aconselhou a isolar a região a fim de impedir a entrada do gado e plantar árvores nativas. Dito e feito. A água voltou a escorrer. "Veja aquele açaizeiro. Foi jogado ali e nasceu", ele disse, apontando para a palmeira que produz o "superalimento" consumido em todo o Brasil. "Regeneração natural!", Batista exclamou, pisando num tronco apodrecido que se desfez sob seu peso, as botas afundando na água. Rimos. "Se tiver água, você vai acabar se molhando", ele disse, ainda rindo.

À saída do vale, ele me mostrou uma outra fonte que abastecia um pequeno reservatório para, durante a estação seca, irrigar uma área de agrofloresta que ele cultivava. Agrofloresta significa plantar árvores, arbustos e culturas agrícolas, numa recriação de uma floresta natural projetada para produzir. É um sistema antigo que está sendo revitalizado e amplamente apresentado como forma de recuperar pastagens degradadas — invadidas pelo mato e abandonadas —, muito comuns na Amazônia. O novo terreno de Batista ia bem. Ele nos mostrou com orgulho bananeiras com grandes cachos que ele já estava vendendo, e os brotinhos perfeitos de cacau numa árvore já de alguns metros de altura. Feijão, milho, abóbora, quiabo enrolado numa videira, jiló e maxixe cresciam mais abaixo. As hortaliças, ele disse, eram "para comer enquanto as frutas crescem".

Em sua casa, nos sentamos ao redor de uma mesa de madeira rústica debaixo de um pé de manga no quintal e sua mulher, Glenilda, nos serviu suco de acerola gelado e azedo. O casal tinha quatro filhos já adultos. Muito parecido com o projeto Esperança que visitei em Anapu, Mamuí foi criado para gente que não tinha terra, os pobres da zona rural, pelo Programa Nacional de Reforma Agrária (PNRA). Batista e outros ocuparam a terra em 2003. Era uma fazenda de criação de gado caída em desuso, e eles ouviram falar que o Incra a assumiria e a dividiria entre pessoas como eles. Resolveram chegar lá primeiro — antes que as autoridades terminassem o processo —, uma tática que acabou valendo a pena, mas que envolveu boa dose de sofrimento.

"A vida era de fato difícil, quando chegamos não tínhamos casa, nenhuma infraestrutura, e trabalhávamos. Graças a Deus hoje vivemos da propriedade e eu não preciso trabalhar para ninguém", disse Batista. Em 2017, os colonos receberam o título da terra. Cada um agora tinha seu lote de 25 hectares e a maioria criava gado.

A Amazônia é formada por diferentes ecossistemas, com diferentes climas. Essa região é uma "zona de transição" entre a floresta tropical e o cerrado, não muito longe daqui, ao sul, o que significava que as árvores não eram tão altas como nas florestas mais densas do centro, a vegetação era um pouco menos fechada e a região tinha uma estação seca distinta.

Quando Batista e os demais chegaram, parte da terra era pastagem degradada, parte era floresta. Em poucos anos eles desmataram quase tudo. Numa fazenda vizinha, conheci João Pinheiro, líder comunitário que todo mundo chama de "Sadia", homem magro, confiante, na casa dos sessenta, que me explicou por que isso aconteceu: o pessoal achava que não havia escolha. É típico da política por vezes esquizofrênica do Brasil na Amazônia. Não muito tempo antes, o Incra incentivava pessoas como Sadia a desmatar como prova de que estavam usando a terra que receberam — sob pena de perdê-la.

"Pressionamos para que as pessoas desmatassem", disse Sadia, "para mostrar ao Incra que queríamos que isso sobrevivesse." Bancos também incentivavam colonos como ele a desmatar e a criar gado para obter financiamento. Agora ele pensava diferente. "Tudo aquilo que Deus criou em milhões de anos nós destruímos em poucos", reconheceu. "Desmatamento é a ganância do homem e a falta de orientação do Incra e do banco que financia fazendeiros."

Agora ele cultivava palmeiras de açaí ao longo de um curso de água, fertilizando-as com esterco de seu pequeno rebanho de vacas. Em seu terreno não havia 80% de floresta nativa, como exigido pela lei brasileira (50% se o desmatamento tivesse ocorrido antes de 1996), mas os açaizeiros ajudariam a reduzir o déficit, assim como a gerar uma renda. "Fomos aconselhados a reflorestar para cumprir a lei e só precisamos de um empurrãozinho", ele disse. "Hoje para nós é um sonho realizado."

Para alguém de fora pode ser fácil reagir com horror à destruição da Amazônia em qualquer grau. Mas eu achava importante entender um pouco mais a vida de pessoas como Sadia, a pobreza extrema que levou aqueles homens e suas famílias a migrar para a Amazônia, e como o Estado e a sociedade os estimulavam a desmatar tudo. Como Tunica, que conheci em Esperança, Sadia foi criado no estado nordestino do Maranhão, o mais pobre do Brasil. Saiu de casa aos dezoito anos e foi para o Pará em busca de uma vida melhor, numa fronteira com mais liberdade e oportunidades. Trabalhou em fazendas, e também no garimpo, cavando precariamente em minas no meio da selva. "Foi o auge do ouro. Tudo naquele tempo era ouro", ele disse.

Sentado do lado de fora da casa onde vivia com a mulher, Maria Pinheiro, Sadia filosofava a respeito de suas experiências com o garimpo, em serra Pelada. "Ganhei muito dinheiro. Mas a gente não sabe se o dinheiro do ouro é louco, ou se a gente é que é louco, mas a gente acaba gastando tudo sem proveito ou alegria, jogando tudo fora", ele disse. "Quando o ouro acabou, as coisas ficaram difíceis e os garimpeiros estavam ferrados. Então a maioria voltou à realidade, tornando-se pequenos proprietários, como eu."

Agora ele e muitos outros diziam que não queriam mais fazer o que vinham fazendo. A mudança climática estava se tornando concreta demais, eles a viam como ameaça. "O verão ficou mais longo, antigamente não durava tanto", ele disse. As chuvas chegam mais tarde e são muito fortes. "O homem está destruindo o planeta, e tudo por ganância, por dinheiro."

A cozinha deles ficava num anexo de tijolo e concreto, meio aberto às intempéries. Mais cedo, Maria tinha preparado o almoço, cozinhando no forno a lenha típico dessas bandas — peixe empanado, um feijão grosso, arroz e salada. Havia um molho de pimenta caseiro na mesa e tomamos suco preparado na hora. Ela era acolhedora e comunicativa, cheia de histórias e fofocas sobre os vizinhos. Não, jamais aceitaria dinheiro pelo almoço. Na verdade, apontou para uma rede e disse para eu ficar à vontade se quisesse tirar um cochilo. A anfitriã nos mostrou sua horta, com fileiras arrumadinhas de frutas e hortaliças protegidas por redes, a salvo dos passarinhos. Antes ela costumava oferecer na feira em Itupiranga, a cidade mais próxima, mas agora vendia para o governo do estado, para a merenda escolar. "É muito bom, porque o que produzimos estava indo para o lixo", disse, mostrando-nos faturas das safras que cultivou e vendeu — 26 quilos de limão galego, três quilos de maxixe, 95 quilos de coco verde. Alimentar os alunos das escolas com produtos saudáveis de fazendas e hortas de família é uma política bem-sucedida que o Brasil adotou na zona rural. Para Maria, também engrossou sua renda.

O casal não queria nos deixar ir embora. Ofereciam uma coisa atrás da outra — café, água de coco, frutas — para que eu e Mangas ficássemos mais, cada sugestão uma nova estratégia de convencimento. Um deles apontava para nós e dizia "suco", indicando-nos uma cadeira, como se não houvesse sequer possibilidade de protestar. A hospitalidade deles era tão marcante quanto o sorriso de Maria Pinheiro e o sabor do seu molho de pimenta caseiro.

O projeto da Embrapa para ajudar Mamuí se chama InovaFlora e é parte de uma iniciativa mais ampla, o Projeto Integrado para a Produção e Manejo Sustentável do Bioma Amazônia (PIAMZ) — nome um tanto desajeitado e intimidador, típico de certa linguagem governamental brasileira. Mas, apesar da escala e do orçamento relativamente modestos — meros 33,7 milhões de reais —, estava, sem dúvida, funcionando. O problema era que o financiamento vinha do Fundo Amazônia, um plano internacional para o qual a Alemanha e a Noruega dão dinheiro a fim de o Brasil diminuir o desmatamento. No entanto, no governo Bolsonaro, o ministro do Meio Ambiente Ricardo Salles congelou o plano por razões ideológicas. Sem provas, ele alegava ter descoberto irregularidades nos gastos; Bolsonaro também esbravejava contra a interferência de potências estrangeiras na Amazônia, novamente sem provas.

O InovaFlora continuava funcionando onde outros projetos haviam minguado.

Num pequeno conjunto de casas em torno de um pátio de terra batida, Elias Barros da Silva pegou um facão grande, cobriu-se com chapéu de palha de abas largas e nos conduziu encosta abaixo para mostrar sua área protegida — um grande terreno cercado perto de um lago com árvores altas, finas, de folhagem exuberante. Antigamente era uma pastagem invadida por uma vegetação rasteira chamada regionalmente de *junqueira*. Primeiro, Silva plantou mais capim para o gado. Depois, no início do projeto da Embrapa, plantou árvores. Agora começava a parecer novamente uma floresta, e Silva, com seu sorriso tímido e jeito suave, estava orgulhoso do resultado.

"Eles nos incentivavam a plantar, e eu disse 'vou plantar'", ele explicou, mencionando cupuaçu e árvores como andiroba, mogno, amarelão e jatobá, enquanto acariciava a lâmina do facão. "Aqui tem muitas espécies." Ao lado ficava seu trecho de agrofloresta, uma pequena plantação de árvores frutíferas. Ele já estava vendendo as bananas, os cacaueiros cresciam saudáveis, e havia cana-de-açúcar. E agora água. "Tem uma fonte bem ali", ele apontou.

Silva sentou-se num tronco ao sol do fim da tarde. Com quase quarenta anos, era o caçula de sete filhos e ainda engatinhava quando o pai Raimundo abandonou sua jovem família no Maranhão, e a mãe, Antônia, foi embora para o Pará, achando que era a saída para não passarem fome. O menino não chegou a conhecer o pai. Durante três anos, trabalhou na produção de carvão, formado no calor intenso em montes redondos de terra. Não muito longe de Marabá havia uma indústria altamente poluente de ferro-gusa. "Naquele tempo o carvão era um produto que gerava muita renda", ele disse. Silva continuou a produzir carvão depois de comprar do sogro quinze hectares no assentamento, ainda que, a rigor, isso significasse que ele e outras pessoas estavam queimando o que restava da própria floresta. "Tinha sempre coisas erradas sendo feitas."

Em 2009, como parte do Plano de Ação para Prevenção e Controle do Desmatamento da Amazônia Legal (PPCDAm), uma grande operação política, a Arco de Fogo, foi feita visando a região. Silva e seus colegas carvoeiros decidiram reduzir as perdas. "Resolvemos parar e investir apenas na agricultura e na criação de gado." Agora ele vendia bananas cultivadas a partir de mudas de qualidade fornecidas pela Embrapa e pensava em manter o gado. "É uma fonte de renda bem segura", explicou. "Estou vendendo queijo e leite." Encerramos nossa conversa na sombra do terraço da modesta casa de blocos de concreto da família, com vista para o quintal de chão batido. Silva serviu café e queijo — salgado, de boa qualidade, produção própria.

Sentado na varanda, comendo queijo e tomando o café quente e doce, ouvia Silva falar de suas árvores frutíferas e era como se a roda começasse a girar, como se aqueles que desmataram a floresta pelas razões que os agricultores me descreveram estivessem dispostos a reverter o processo — desde que pudessem contar com ajuda, e produzissem o suficiente para viver. Silva tinha um total de 25 hectares, quinze dos quais com títulos concedidos pelo Incra, confirmados pelos registros públicos que ainda mostravam que quase seis hectares — 37% — haviam sido deixados como nesga de floresta, ou estavam sendo ocupados pelo sistema de agrofloresta. (Os outros dez comprados aos poucos eram pasto limpo ou invadido pelo mato, e ainda estão registrados em nome do vendedor.) Parecia uma crônica de sucesso, um pequeno raio de esperança refletindo nos açaizeiros numa região que tanto precisa deles.

Muito se fala dos sistemas de agrofloresta como uma das soluções para a matriz específica de problemas da Amazônia — o desmatamento implacável e a pobreza extrema. É fácil entender. Esses sistemas dão aos agricultores a chance de recuperar terra desmatada, restaurar a floresta tropical e ao mesmo tempo ganhar dinheiro. Mas achei importante entender melhor o verdadeiro significado de agrofloresta e os benefícios que ela pode trazer — assim como os que não pode. Para tanto, procurei Joice Ferreira, bióloga, ecóloga e pesquisadora da Embrapa em Belém, mulher acolhedora e paciente, com experiência e muitos conhecimentos em assuntos amazônicos, que estudou em detalhes projetos do gênero.

É importante entender, ela disse quando a encontrei num parque em Belém, que agrofloresta significa criar uma plantação — e não uma nova floresta. "Os sistemas de agrofloresta se encaixam muito bem na categoria de restauração de ambientes agrícolas, para os quais apresentam enormes vantagens. Mas achar que significam restauração sem questionar seus limites é muito arriscado", disse. "Mesmo quando muito bem-feito, é difícil comparar com uma floresta."

Ferreira foi criada no estado vizinho de Tocantins, mas mora em Belém. Integra o Painel de Ciências para a Amazônia, grupo internacional de cientistas respeitados que produziu um abrangente Relatório de Avaliação da Amazônia para a conferência climática COP26, de 2021 — ela foi coautora do capítulo sobre bioeconomia. Além disso, era membro de Uma Concertação pela Amazônia, uma rede formada por acadêmicos e outros, organizações e empresas que buscam soluções para a região. Se o objetivo é salvar a Amazônia, cientistas como ela, que conhecem e entendem a floresta tropical, seus povos e sua ecologia, têm muito a contribuir. Ferreira e mais dois pesquisadores escreveram num artigo de abril de 2022:

A transição para formas mais sustentáveis de produção agropecuária — i.e., que conservem o meio natural, minimizem as mudanças climáticas, reduzam impactos sobre a biodiversidade e beneficiem os Povos Indígenas e Comunidades Locais — deve estar no centro das preocupações brasileiras. As agroflorestas, se bem planejadas e manejadas, pontuam em todos estes aspectos: aumentam biodiversidade, estoques de carbono e têm grande potencial para restaurar áreas agrícolas degradadas.*

Nada disso tem sentido, no entanto, se o Brasil não puder controlar o desmatamento, me disse Ferreira. "Todos dizem que a bioeconomia é a solução para a Amazônia, mas nada, por si só, vai salvá-la, se os problemas continuarem." Estudos mostram que restaurar florestas não faz a menor diferença quando elas são derrubadas no ritmo atual. "Só faz sentido falar em restauração quando o desmatamento estiver controlado."

Mas sistemas agroflorestais apresentam muitos benefícios quando empregados para restaurar terra degradada pelo uso intensivo de uma única prática agrícola, pela monocultura, ou pela pecuária, como vi em Mamuí. Estudos o comprovam. Um deles mostrou que sistemas agroflorestais que incluíam a palmeira-dendê eram mais eficientes no armazenamento de carbono até mesmo do que a floresta secundária — ou regenerada. Outro revelou que agricultores que cultivavam frutas e pimenta-do-reino tiveram uma renda por hectare quase quatro vezes superior à dos plantadores de soja e quase nove vezes superior à dos pecuaristas.

Embora a agrofloresta jamais deva substituir a floresta existente, explicou Ferreira, aliada a providências como reduzir o

* A íntegra do artigo está disponível em: <https://abori.com.br/artigos/o-potencial-dos-sistemas-agroflorestais-para-conciliar-bem-estar-humano-e-conservacao-ambiental-na-amazonia/>. Acesso em: 14 jan. 2025.

desmatamento e aumentar o controle da cadeia de suprimento de gado, ela pode ajudar a proteger a Amazônia. A agrofloresta também é útil no armazenamento de água, como revelaram pesquisas na Indonésia e em Uganda, porque ajuda a proteger nascentes de água e porque sua sombra protege a umidade do solo. Além disso, ela pode gerar renda para pequenos agricultores — como vi em Mamuí, onde menos de dois anos depois de iniciar o plantio os agricultores já conseguiam vender bananas.

A vida era difícil para os pequenos agricultores. Ferreira disse que, quando lhes perguntam como vão as coisas, eles costumam responder "Estou escapando" — um reflexo de como vivem perto do limite da sobrevivência. De acordo com números do governo federal, os nove estados da Amazônia brasileira tinham um índice de desenvolvimento humano médio de 0,750, em comparação com o índice médio de 0,778 do Brasil. Dos 27 estados brasileiros, o Pará era o quarto pior. Assim, convencer alguns dos residentes mais pobres de lá a fazer a arriscada transição para a agrofloresta, ou a recuperar pastagens degradadas, implicava não só convencer homens criados no sonho da pastagem para o gado, mas também oferecer conselho e ajuda técnica por um período suficiente para garantir que a mudança funcione.

Por exemplo, um dos problemas é que, quando as árvores frutíferas crescem, a sombra sob elas aumenta, e as hortaliças ali cultivadas precisam encontrar um novo lugar para crescer. "Os agricultores têm que entender isso", me disse Ferreira. Ela ajudou a escrever um relatório de 2019 sobre os sucessos e fracassos de três projetos de restauração baseados em agrofloresta na região de Marabá. Num dos casos, a cobertura florestal foi reduzida à metade: mais renda não significa necessariamente menos desmatamento. Alguns projetos de agrofloresta para pequenos agricultores que ela analisou fracassaram por não terem durado tempo suficiente, pois ou as pessoas perderam o interesse ou retornaram à criação de gado.

"Qualquer projeto envolvendo árvores tem que ser de longo prazo, você precisa acompanhar, você precisa monitorar para saber o que funcionou, o que não funcionou, o que pode ser feito", ela disse.

Ressalvas à parte, o potencial para a agrofloresta na Amazônia é enorme. Segundo projeção de um estudo sobre Mamuí, em três anos os agricultores poderiam produzir cem quilos de cacau por hectare — e quinhentos quilos em sete anos. A produção de açaí também cresceria — com agricultores na expectativa de conseguir 1800 quilos por hectare em quatro anos e 5 mil em nove. É de esperar que a Embrapa acompanhe os agricultores por tempo suficiente para que alcancem esses resultados. Como dizia o relatório do Painel de Ciências para a Amazônia que Ferreira ajudou a escrever: "As maiores chances de reposicionar a América Latina de uma economia baseada em commodities para uma economia baseada na natureza estão na preservação dos seus recursos naturais e, acima de tudo, na aplicação da ciência e da tecnologia".

O açaí já é um grande negócio. Além das vendas para exportadores bem-sucedidos, como a empresa americana Sambazon, existem barracas espalhadas por todo o Brasil. Estudos sugerem que ele pode até retardar o desenvolvimento do câncer de próstata, e suas sementes estão sendo testadas para tudo, da fabricação de móveis à fabricação de tijolos. Há problemas relacionados à exploração de trabalho infantil em algumas regiões e existem monoculturas gigantescas, mas ainda há muita esperança em torno do potencial da fruta para ajudar os pequenos agricultores. Em 2019, a renda bruta da produção na região amazônica foi de 3,02 bilhões de reais, e o mercado global pode alcançar os 10,5 bilhões de reais em 2025. "Todo mundo quer plantar açaí, ele tem esse apelo de carro-chefe. O mesmo ocorre com o cacau, tem sempre que haver uma planta mais valiosa", disse Ferreira.

Os mototáxis eram um jeito barato, rápido e divertido de andar pelas cidades brasileiras, mas exigiam nervos de aço. Como passageiro, eu tentava ser sociável, mas temia que o motoqueiro com quem eu conversava amigavelmente tirasse uma das mãos do guidão para gesticular. Quando eu morava no Rio, costumava vestir o capacete suado, de uso comunitário, que até a covid aparecer a empresa de mototáxi deixava num cone de trânsito. Ali na Amazônia, todo mundo andava de moto, e havia mototáxis por toda parte, mas capacete era difícil de achar. Alguns passageiros habituais compravam o seu.

Eu estava em Quatro Bocas, um vilarejo perto de Tomé-Açu, municipalidade agrícola a quatro horas de ônibus e uma travessia de balsa de Belém. Estava ali porque a região é famosa por sua produção agroflorestal, e pela cooperativa de fazendas de imigrantes japoneses responsáveis por ela. A fazenda de Michinori Konagano ficava fora da cidade, por isso a recepcionista do hotel sugeriu um mototáxi. O motoqueiro, de uniforme amarelo, não tinha capacete para mim. Montei assim mesmo, esperando que a estrada fosse boa.

Eu ia relaxado enquanto avançávamos pelo trânsito de cidade pequena, mas quando aceleramos pela rodovia, com o vento agitando meus cabelos e o velocímetro oscilando em torno dos cem quilômetros por hora, a calma desapareceu. O motoqueiro entrou por uma estrada de terra e pegou o celular para atender enquanto descíamos uma encosta, usando uma mão para segurar o aparelho no ouvido e a outra para guiar, e eu sentado atrás estremecia a cada solavanco. Foi um alívio quando chegamos a uma casa branca, baixa, de telhado vermelho e um terraço amplo, cercada por construções rurais, onde Konagano morava.

Konagano era um dos mais conceituados adeptos da agrofloresta em Tomé-Açu. Tinha sido presidente de sua cooperativa agrícola de produtores e secretário de Agricultura de Tomé-Açu, e dava muitas palestras sobre produção agroflorestal. Estava à minha espera na varanda, um homem magro e sério, de fala mansa, na casa dos sessenta, de uma autoridade natural. Falando calmamente, com forte sotaque japonês, dava a impressão de jamais ter levantado a voz para alguém. Tinha muita coisa a dizer e o modo como falava incentivava as pessoas a prestar atenção.

Chegou ao Brasil com dois anos, quando os pais se mudaram de Kagoshima, no sul do Japão, para o Pará. Formara-se uma comunidade japonesa no que viria a ser Tomé-Açu em 1929, quando 189 pessoas — 43 famílias — chegaram para construir uma vida nova na floresta tropical amazônica atendendo a um pedido do governador do estado Antônio Emiliano de Sousa ao embaixador japonês Shichita Tatsuke. A Cooperativa Agrícola Mista de Tomé-Açu (Camta) foi fundada dois anos depois, e a região agora tinha a terceira maior comunidade japonesa no Brasil. Havia até um templo budista na cidade.

A família era pobre, e Konagano se recorda de "quase vinte anos de sofrimento". O pai bebia. A mãe, Mitico, ensinou os filhos a serem respeitosos, trabalhadores e obedientes. "Ser pobre é humilhante", disse Konagano, lembrando-se do tempo em que pescava nos rios próximos e pegava pássaros em arapucas para ajudar a alimentar a família, enquanto o pai trabalhava numa fazenda. Ele ainda se recuperava da covid e parecia um tanto frágil — os rins haviam sido gravemente afetados, e ele perdera onze quilos. No mês anterior a mãe tinha morrido de covid aos 84 anos.

Konagano contou que saiu de casa aos dezessete anos e alugou a terra de um vizinho. Comprou seu primeiro lote aos dezenove, com dinheiro emprestado pelo governo japonês, para cultivar três hectares de maracujá. Também cultivou cacau, mamão, abóbora e melão. Quitou a dívida com o banco. Acreditava no trabalho duro e em ajudar as pessoas a progredir — ensinar as pessoas a pescar em vez de lhes dar o peixe. A vida foi difícil para a família. Durante muito tempo eles se especializaram no cultivo de pimenta-do-reino, como muitos japoneses da região haviam feito ao longo de décadas. Um fungo matava as plantas, e só quando a comunidade começou a variar o cultivo num sistema de agrofloresta nos anos 1980 é que a vida ficou mais fácil. "Começamos a diversificar nossa propriedade e melhoramos a nossa situação financeira", ele disse.

Aquele homem era extremamente cuidadoso em relação a suas práticas agrícolas. Foi buscar uns gráficos de chuva traçados à mão para me mostrar como as mudanças climáticas afetaram o clima — a precipitação em julho, que é a estação seca, variou drasticamente nos últimos cinco anos. "Ninguém sabe se é inverno ou verão", comentou. "Isso é resultado da ação humana. O homem realmente bagunça a natureza." Era agosto e era de esperar que fosse a estação seca nessa região, mas Konagano sentia cheiro de chuva no vento.

Conheci sua mulher, Amélia, e as duas filhas, Noemy e Mayumi, ambas na casa dos vinte, durante um almoço que combinava pratos tradicionais brasileiros e japoneses. Havia peixe frito empanado, arroz japonês, salada de berinjela, feijão-preto e açaí frio, fresco, de um roxo vivo, consumido como suco espesso adoçado com mel da fazenda. Estava tão bom que repeti. Michinori e Amélia falaram pouco, mas as filhas conversaram à vontade.

Depois do almoço, Konagano pôs um chapéu de palha e me levou de carro para dar uma volta. Dos 850 hectares que possuía, 230 hectares eram cultivados no sistema de agrofloresta — explicou que mais ou menos metade da propriedade era reserva. Saiu do carro para mostrar que as árvores e plantas cresciam juntas em fileiras em sua plantação belamente arranjada. Para mim, não parecia tanto assim uma floresta, mas também não parecia uma fazenda tradicional. Na verdade, mais parecia um jardim. E era bem mais fresca do que os campos ao redor. "Temos aqui várias culturas plantadas ao mesmo tempo, na mesma área. Pimenta-do-reino, maracujá e melancia foram plantados aqui, abóbora, hoje temos açaí, cacau, junto com várias espécies amazônicas", disse o proprietário.

Havia árvores carregadas de cupuaçu ao lado de pimenteiras. Havia bananeiras. Ele apontou para um pequeno arbusto verde chamado gliricídia, um legume que funciona como inseticida e fertilizante, e que pode ajudar a recuperar a saúde do solo. "É um bom amigo, um amigo da natureza. Protege o solo e protege as plantas", disse. Num campo, árvores de mogno africano de quinze anos se elevavam entre os cacaueiros. Ali perto havia uma área de floresta densa e intocada. A fazenda era "semiorgânica", ele explicou. Konagano usa fertilizante orgânico e um herbicida.

Ele atravessou campos por um longo tempo, por estradas de terra desertas, e parou na frente de um celeiro que dava para uma casa de fazenda baixa, com varanda. Francisca Ezilda Lobo, uma mulher de seus quarenta e tantos anos, serviu café e suco de abacaxi produzido ali mesmo, e nos contou que o marido Francisco tinha saído para caçar com amigos. Na noite anterior, alguém tentara invadir a casa, e ela agora passaria a dormir com uma espingarda ao lado, explicou. Era evidente que Konagano e Francisca — ou d. Ezilda — se conheciam havia um bom tempo. Aquela era a pequena fazenda pertencente a ela e ao marido, e Konagano os ajudara a transformá-la. "Não podemos nos queixar da nossa produção", ela disse. "Vivemos dela e vivemos bem."

Possuíam 52 hectares, dos quais 23 eram cultivados e dez foram deixados como floresta. Antes tinham umas vinte cabeças de gado e alguma produção de frutas, mas Konagano os convenceu a investir em agrofloresta. Venderam o gado e plantaram na área da pastagem degradada. Agora cultivavam cupuaçu, cacau, pimenta-do-reino e açaí. O cupuaçu se desenvolvia melhor quando cultivado apenas com o açaí, ela explicou. O resto era tudo misturado. Havia árvores nativas da Amazônia, como maçaranduba, pequiá e castanha-do-pará. "O sr. Michinori estava sempre aqui, nos orientando. Ele nos incentivou a investir no cultivo de frutas." Konagano os apresentou à cooperativa Camta, que, além de vender produtos agrícolas frescos, tem uma pequena fábrica que faz polpa para sucos de fruta e outros produtos. Em outras palavras, eles sempre tinham um jeito de vender o que produziam.

Andamos pelo pomar até uma área onde arbustos de pitaya cresciam isolados, a não ser por uns poucos abacaxizeiros. A pitaya não se dava bem com outras frutas, ela disse. O casal migrara do Ceará, como tanta gente na Amazônia. Sua primeira casa foi um barraco de madeira; agora tinham uma casa baixa, arrumada, coberta de telhas. Durante anos d. Ezilda trabalhou como professora, e um dos seus filhos adultos, Eden, tinha estudado agronomia numa universidade federal.

"Somos gratos ao sr. Michinori, por sua experiência. Ele nos ensinou a trabalhar, a ganhar dinheiro", ela me disse. "A gente precisa saber trabalhar com a cabeça e os braços." Konagano de novo abaixou a cabeça, e lembrei de uma coisa que ele tinha dito. "A melhor maneira de convencer um agricultor é com a ajuda de outro agricultor." Trovejou, e eles correram para embalar as sementes de cacau que secavam numa lona de vinte metros de largura, antes que viesse a chuva cujo cheiro Konagano sentira no vento.

Tomé-Açu não era uma cidade bonita. Era barulhenta, suas ruas cobertas de poeira vermelha. Estava coalhada de operários — por causa da construção de uma ferrovia — que lotavam churrascarias para um jantar mais cedo. Barraquinhas de comida vendiam alimentos típicos do Pará, como maniçoba e tacacá, mas eu queria uma mesa e uma cerveja, por isso comi um hambúrguer numa pracinha. Na manhã seguinte, depois de assistir a um pitoresco e ruidoso cortejo fúnebre de carros e pessoas que passava, arrematado por uma viatura policial, corri pela rua principal para encontrar Francisco Sakaguchi na sede da Camta, passando pelo imponente arco vermelho japonês da Associação de Promoção Agrícola e Cultural de Tomé-Açu.

Da mesma idade de Konagano, Sakaguchi era menos formal. Usava camiseta de surfista, boné da Camta, e tinha um sorriso irônico. Falava devagar, com pausas significativas. Vendia cacau a um dos melhores fabricantes de chocolate orgânico da Amazônia. Era budista praticante, por "força da tradição", e para ele o aquecimento global não havia sido comprovado. Reservara 150 dos seus 350 hectares como floresta nativa, de onde só extraíra um pouco de madeira em diferentes ocasiões. "Acho melhor do que limpar e desmatar para transformar no que os seres humanos chamam de área produtiva", ele disse. "Não sei se seria mesmo produtiva, ou se um dia a natureza me cobraria por isso."

O pai dele, Noboru Sakaguchi, formou-se em engenharia florestal e veio para o Brasil de navio em 1957 com dois agrônomos, os três recém-saídos da faculdade, incentivados pela universidade em Tóquio a viajar e estudar o plantio de seringueiras no Brasil. Trabalhando em Tomé-Açu, o rapaz morou com uma família, apaixonou-se pela filha mais velha, casou e ficou. Curioso, havia trazido consigo diferentes mudas, como mamão de Taiwan e durião da Malásia. E quase toda semana ia de barco a Belém, parando nas pequenas cidades beira-rio quando necessário, fazendo amizade com pessoas de comunidades ribeirinhas para matar o tempo. "Era uma pessoa extremamente aberta", disse Sakaguchi.

Naquelas paradas, o engenheiro percebeu que os ribeirinhos sempre cultivavam uma horta onde frutas e plantas cresciam juntas, assim como ocorria na floresta. Ora, a comunidade japonesa enfrentava dificuldades porque o fungo estava matando a pimenta-do-reino. Então ele teve a ideia de adotar essa técnica e fazer todo mundo cultivar plantas diferentes no mesmo lugar. "Sua ideia era sistematizar isso e foi daí que surgiu o sistema agroflorestal", disse Sakaguchi. "Ele se inspirou na observação da vida tradicional dos ribeirinhos."

Conversamos bastante sobre essa tradição, que por sua vez tinha vindo dos povos indígenas, velhos praticantes de sistemas agroflorestais próprios — pesquisas sugerem que áreas da Floresta Amazônica foram grandemente influenciadas pelo plantio e manejo dos indígenas. O Sakaguchi pai acreditava que de 30% a 35% do solo se perdera por causa das chuvas e da exploração agrícola, e que proteger e renovar era essencial. "Ele dizia, 'a floresta nativa é muito biodiversa e essa biodiversidade na floresta virgem não ocorre à toa. Uma espécie protege a outra.'" Com seu sorriso tranquilo, Sakaguchi prosseguiu em suas recordações: "Ele dizia, 'observe a natureza e aprenda com ela'". Nos anos 1980, a comunidade japonesa em Tomé-Açu já fazia a agrofloresta funcionar.

A sede da Camta era um prédio imponente, e na sala onde conversamos havia armários de madeira com gavetas minúsculas para cada um dos 172 membros, dos quais 99% usavam sistemas agroflorestais, segundo me informou seu presidente, Alberto Ke-iti Oppata. Havia forte demanda pela pimenta-do-reino, tanto da preta como da branca. "O que produzimos é insuficiente para abastecer o mercado." Eles também lutavam para atender à demanda por cacau e açaí, cujo mercado era "imenso". A maioria dos membros da cooperativa tem cerca de cinquenta hectares, e seria inviável preservar 80% disso como reserva legal e viver da terra, disse o presidente da cooperativa.

Peguei o ônibus para Belém, refletindo sobre aquilo de que Konagano estava convencido: sistemas agroflorestais poderiam funcionar para os pequenos agricultores da Amazônia se eles tivessem apoio do governo, treinamento, sementes de qualidade e as estruturas de venda que uma cooperativa como a Camta oferecia. Um estudo mostrou que membros da Camta produzem, em áreas de dez a vinte hectares, renda equivalente à que os pecuaristas conseguiam tirar de quatrocentos a 1200 hectares. "A solução para a Amazônia é a solução para o planeta, e é o sistema agroflorestal", disse Konagano. "É essa a solução que tenho."

Estávamos ali para ver os rios gigantes, e corremos para a Reserva Sustentável Mamirauá, colossal e cinematograficamente deslumbrante, num pequeno barco de alumínio com um grande motor de popa, que deslizava sobre suas águas marrons, quase sem ninguém mais à vista. Quando a Amazônia é deixada praticamente intacta, sua natureza bruta, magnífica, é intimidante tanto em beleza como em escala. Os céus multicoloridos e o infinito perfil das árvores dominam; os seres humanos são reduzidos a pontinhos em barcos ou casas. O rio rápido e largo e as florestas fechadas fervilhavam de vida, as poucas pessoas que aqui viviam não destruíam nada. À medida que o barco rugia subindo as águas terrosas, a impressão que se tinha é que a Amazônia deveria ser assim — selvagem e serena, em seus mil tons de verde.

A bioeconomia é muito mais do que agrofloresta. Na Amazônia, ela não funciona apenas em terra e nas florestas, mas também se vale dos muitos rios. Eu estava com três homens do Instituto Mamirauá — organização social que funciona nessa região de Tefé — para saber mais sobre um dos mais bem-sucedidos programas de bioeconomia. Eles faziam uma visita de rotina a minúsculas comunidades ribeirinhas envolvidas em seu projeto de pesca sustentável, implantado havia muito, e concordaram em me levar junto. Iranir das Chagas, de uma família de pescadores daqui, me acompanhava no banco de trás. Reinaldo da Conceição, pilotando o barco, era do velho porto colonial de Óbidos, mil quilômetros a leste descendo o rio Amazonas, e Vinícius Zanatto, natural de São Paulo, sentado na frente, no banco do carona, pesquisava o desenvolvimento sustentável.

O piloto saiu do Japurá para entrar num afluente, pois havia sido informado de que a pesca ocorreria naquela tarde. A temporada tinha começado um pouco atrasada. Ele acelerou e o barco rugiu cortando a brisa.

Navegar nesses rios pode ser perigoso. Em 2017, a canoísta britânica Emma Kelty foi brutalmente assassinada numa ilha mais adiante, na mesma parte do rio Amazonas que havíamos acabado de deixar para trás. Traficantes de drogas "voavam" regularmente pelo Japurá a partir da Colômbia em barcos carregados de cocaína e maconha, e piratas fluviais navegavam por essas águas em grupos de oito a dez, usando balaclavas pretas e portando rifles automáticos, na esperança de roubar dos contrabandistas e de qualquer um que encontrassem. Assaltar traficantes de drogas parece um jeito incrivelmente perigoso de ganhar a vida, por isso eu torcia em silêncio para que não surgisse ninguém pelo caminho. Ouvira histórias assustadoras de pessoas que os viram ou que se encontraram com eles. Em todo caso, nosso barco carregava menos combustível do que o necessário para a viagem toda na esperança de torná-lo um alvo menos atraente para ladrões.

Subindo em alta velocidade o rio menor, mais perto das árvores, dava para ver muita vida ao redor. Das Chagas gritava os nomes dos pássaros quando passávamos: o cinzento alencorne, de olhos vermelhos com bico recurvado para baixo; o pequeno e estridente socoí; jaçanã vermelho-ferrugem e preto, de bico amarelo; o mergulhão diabólico, cinza e preto, de bico afiado, mergulhando em busca de peixe; ciganas grandes, marrons e carmesim, arrumando-se com suas caras cinza-azuladas e plumagem punk-rock; urubus-camiranga de cabeça vermelha, e enormes gaviões panemas, de cabeça branca, voavam muito alto. Três tartarugas marrom-cinzentadas caíam na água, que combinava perfeitamente com a sua cor, uma por uma, plop, plop, plop, à medida que nos aproximávamos. Jacarés-açus, grandes como crocodilos, espreitavam nas margens lamacentas, se jogavam dentro do rio ou passavam deslizando com ar ameaçador, olhos e ventas acima da água.

Nosso barco chegou ao lago do Cleto no meio da tarde, a tempo de assistirmos à captura dos pirarucus, que podem atingir dois metros de comprimento e pesar até trezentos quilos. Uns vinte pescadores em canoas tinham formado dois círculos com redes, cercando os peixes, e os recolhiam, um a um, entre gritos e gracejos. À medida que o círculo de redes se fechava, um homem se erguia na frente da canoa com um longo arpão e espetava o enorme pirarucu — cada um do tamanho de um homem. Outros arrastavam o peixe para fora da água e o matavam golpeando com um martelo de madeira no ponto certo da testa — o barulho do golpe era como o de alguém batendo numa superfície oca. "Os caras são bons. Conseguem acertar o peixe só com a mão", comentou Das Chagas. Os peixes restantes se debatiam violentamente enquanto a rede se fechava.

Sugeriram que eu olhasse mais de perto o círculo de redes. Entrei hesitante numa canoa estreita. O pescador João Cordeiro Neto ia na frente, sentado calmamente de pernas cruzadas sob um chapéu de palha, enquanto eu me empoleirava atrás, nervoso com as redes e cordas. Ele remava para chegar perto, com medo de que um desses peixes rosa e cinza, em seu pânico diante da morte, pudesse virar a canoa — pois, pelo visto, isso acontece. Os homens arrastaram os peixes que tinham matado para um barco maior, com teto de lona. Nesse dia tiraram 64 daquele lago, e 578 em treze dias.

Deitados na transversal, os pirarucus ultrapassavam em tamanho a largura do barco, e suas cabeças achatadas e enormes bocas abertas com pequenas fileiras de dentes serrilhados pendiam por cima da borda. Maior peixe de escamas de água doce do mundo, ele tem um corpo comprido e estreito e traseira achatada; os jovens respiram por guelras, enquanto os adultos o fazem através de uma bexiga natatória.

Sua carne nutritiva e saborosa é bastante apreciada nos países amazônicos e tem sido tradicionalmente uma importante fonte de proteína para muita gente na região. A pesca excessiva, porém, reduziu os estoques, e agora ela só é permitida em áreas com autorização especial e um plano de manejo sustentável. No estado do Amazonas, ela pode ser feita em 34 áreas, que abrigam 305 comunidades e 11 mil pescadores.

A Reserva de Desenvolvimento Sustentável Mamirauá tem um bem-sucedido e já antigo programa do gênero, o Programa de Manejo de Pesca. Implementado em 1999, é administrado pelo Instituto Mamirauá, uma organização de pesquisa e preservação sem fins lucrativos, estabelecida no mesmo ano na pequena e movimentada cidadezinha de Tefé, às margens do rio do mesmo nome. O instituto, supervisionado pelo Ministério da Ciência, Tecnologia e Inovação, tem um campus moderno e um centro de pesquisa onde é proibida a entrada de motoqueiros sem capacete. O centro abriga uma rica coleção de animais amazônicos empalhados e achados arqueológicos, raridade numa remota cidade da Amazônia. Funciona na Reserva Mamirauá, que, controlada pelo governo do estado, cobre uma área de 1,1 milhão de hectares de florestas e rios de várzea, ou planície de inundação, e também na

Reserva Sustentável Amanã, que tem o dobro do tamanho e fica ao lado.

Menos de meia hora rio abaixo do lago do Cleto ficava uma plataforma flutuante com compartimentos de madeira e barcos presos na lateral. Usando redes de cabelo, botas de borracha, uniformes brancos e máscaras, os pescadores tiraram os enormes peixes dos barcos e os dispuseram sobre uma esteira rolante. Trabalhando em duplas, eles os abriram, retiraram as guelras e as vísceras, lavaram-nos com mangueiras. Sangue jorrava pelo piso. Duas mulheres contavam os peixes enquanto eram limpos e postos no gelo dentro de um barco. Foi tudo impressionantemente rápido nessa linha de processamento de peixes gigantes no meio da floresta, a horas de barco da cidade mais próxima.

Milce Carvalho era a única mulher pescadora do grupo. Quando os peixes já estavam limpos, ela ficou em pé num deque na frente da plataforma vendo dois homens carregarem para uma canoa todas as guelras e vísceras e remarem até o outro lado do rio para descartá-las. Contei sete grandes jacarés à espreita. "Eles aparecem nessa hora. Já sabem!", ela disse, rindo. Um bando de urubus desceu e os jacarés começaram a deslizar rumo ao monte de vísceras sangrentas, viscosas. Um deles, imenso, galgou pesadamente a margem em direção às vísceras, e os urubus fugiram. A pescadora e eu rimos do drama que se desenrolava na selva do outro lado do rio. Seus quatro filhos adultos moravam numa casa que ela comprou em Tefé. "Eu não tinha grana nenhuma antes da reserva existir e o Instituto Mamirauá começar a trabalhar com a gente", disse. "Fico feliz por ganhar dinheiro para o que preciso ter, uma boa casa para os meus filhos."

De camiseta rosa e chapéu de palha, Raimundo Rodrigues contou que a batalha mesmo era conseguir um preço decente para o precioso peixe — que girava em torno de cinco reais o quilo. Os moradores tinham consciência de que mereciam ganhar mais do que os comerciantes. No Rio de Janeiro, milhares de quilômetros ao sul, um quilo de pirarucu era vendido por quase setenta reais. "Não fosse o incentivo do instituto, não teríamos essa reserva", ele disse. "Essa é a nossa casa, nós é que tomamos conta dela e decidimos o que vamos fazer."

A plataforma, financiada pelo governo brasileiro para esse setor da reserva, tinha painéis solares para gerar energia e reciclava sua água. Numa pequena cozinha, um grupo de mulheres cozinhava frango, bexiga de pirarucu, arroz e feijão. Serviram a comida em panelas sobre uma toalha. Fazia um calor sufocante. A noite caiu e Das Chagas tocou carimbó, típico do leste da região, no violão. Dormimos em redes armadas em torno de uma área ao ar livre onde, horas antes, os enormes peixes haviam sido descarregados. Acordei várias vezes à noite pensando naqueles jacarés enormes a poucos metros dali. Disseram que eles não atacavam, mas também me contaram a história de uma mulher do Instituto Mamirauá que, anos antes, fora arrastada para debaixo da água por um jacaré enquanto lavava roupa. Ela sobreviveu, mas ficou sem uma perna.

Depois de um café da manhã animado com muita conversa, biscoito salgado e café, o piloto ligou o motor e o barco de alumínio rugiu rio acima. Passamos por uma cabana à beira do rio onde três homens e uma mulher preparavam farinha de mandioca — alimento básico, rico em carboidrato, dos povos amazônicos. Espirrou água no barco quando um boto-cinza tucuxi mergulhou, e então, minutos depois, espocou um flash rosa quando um boto-vermelho fez o mesmo. Continuamos navegando. Acima de nós, na margem, havia outra comunidade. "Isto é terra firme", disse Das Chagas — ou seja, floresta em terra enxuta, em vez de planície de inundação, ou várzea de Mamirauá, e fazia parte da vizinha reserva de Amanã. A comunidade de algumas dezenas de casas chamava-se Curupira. Das Chagas disse que o nome era homenagem a um espírito, o animal da floresta.

Atracamos o barco e subimos uma encosta íngreme e gramada — um bom ângulo de 45 graus — até a ampla varanda de uma casa de madeira. Um grupo de pessoas estudava o plano de manejo sustentável do pirarucu para a comunidade de Curupira. Reinaldo da Conceição com seu notebook e Iranir das Chagas se juntaram a eles. Examinaram gráficos e tabelas e revisaram as contas da operação que havíamos presenciado na véspera, discutindo novas opções de compradores para os peixes capturados na próxima pescaria.

A casa da família tinha ripas de madeira pintadas de azul com telhado de zinco ondulado. Havia uma casinha de madeira, em cuja parte de trás funcionava o banheiro sobre um buraco no chão. Havia uma cozinha e um fogão, mas também uma sala aberta, acessível por íngremes degraus de madeira, com um tanque de água do rio de cor amarronzada para jogar sobre a cabeça e fazer a higiene pessoal. Certa tarde fui tomar banho e encontrei meia dúzia de peixes, incluindo uma piranha com seus dentes furiosos de filme de terror, enfiados pela boca numa vara. É só empurrá-los para o lado, disse o anfitrião Francisco Costa. O peixe naquele dia estava especialmente saboroso.

O grupo se movimentava pelo terraço enquanto cuidava dos detalhes: a democracia em ação é lenta e laboriosa. Não havia muitos lugares para sentar — um banco junto à mesa, algumas tábuas muito baixas e o favorito de Costa, um pequeno pedaço de madeira sobre um grande botijão de gás. A roupa estava pendurada para secar no terraço, que oferecia uma vista gloriosa do rio e da floresta. Havia porcos num cercado de madeira, um cachorrinho e um papagaio de estimação zangado e estridente. Pessoas entravam e saíam. Quando o almoço e os lanches foram servidos, todo mundo sentou no chão para comer.

Pescadores em Mamirauá me disseram que viviam basicamente de outros peixes que pescavam para comer e vender, como o tambaqui, um peixe grande e mais redondo, menor do que o pirarucu, também muito apreciado. Eles recebem um salário mínimo do governo para não pescar durante a temporada de reprodução, e muitos ali eram beneficiários do Bolsa Família. As famílias também recebiam um pagamento mensal de cem reais dos Guardiões da Floresta, do governo do estado do Amazonas.

O programa do pirarucu sustentável dava aos participantes uma quantia considerável de dinheiro extra, que era economizado para comprar o que quisessem — um novo motor de barco, ou, como Milce Carvalho, uma casa —, bens que normalmente estariam fora de seu orçamento. Mas a contrapartida era uma obrigação pesada. Os 83 pescadores tinham que monitorar constantemente os lagos onde o pirarucu vive a maior parte do tempo, expulsando pescadores invasores, reservando dinheiro de sua pesca para pagar pelo combustível. Precisavam contar os peixes antes de abatê-los — formavam filas e contavam quantos eram e qual era o tamanho. Cada pescador tinha uma cota, e os que relaxavam — por exemplo, não participando dos turnos de monitoramento, ou deixando de pagar a mensalidade — tinham suas cotas reduzidas. Quando surpreendiam alguém pescando ilegalmente, confiscavam redes e equipamento e o expulsavam.

Os pescadores eram os responsáveis pelo plano, explicou Da Conceição, que, junto com Das Chagas, estava lá para aconselhar e orientar. "As pessoas que fazem esse trabalho deviam ser mais valorizadas", ele disse. Era a maneira de proteger a Amazônia. "Acho que o desenvolvimento sustentável é possível", acrescentou. "É o caminho."

Muitos ali eram descendentes de seringueiros que tinham vindo do Nordeste durante o ciclo da borracha da Segunda Guerra Mundial — quando um programa do governo americano ajudou a pagar a migração de dezenas de milhares de pessoas — e depois. Maria das Graças — uma das pescadoras do grupo, com seu marido Vernior Batalha — me contou que o pai dela trabalhara para um patrão que tinha o monopólio de comprar a borracha que o pai extraía e lhe vendia produtos superfaturados. Esse sistema, hoje visto como um tipo de escravidão, era largamente empregado na Amazônia, e muitos seringueiros viviam num ciclo perpétuo de endividamento. Seringueiros eram assassinados se não cumprissem suas cotas. "Você tinha que dar um jeito de pagar no fim do mês", ela disse. "O patrão era meio tirano."

O projeto da pesca de pirarucu existia havia mais de uma década. Antes disso, era "bem ruim", disse Francisco Costa certa noite, sentado na cama do filho, com a tevê ligada no quarto ao lado. Forasteiros pescavam sem nenhum controle, até que os estoques ficavam perigosamente baixos e pescadores como ele eram "perseguidos" por órgãos ambientais, porque pescavam ilegalmente. "É difícil para os homens controlar as coisas. Os homens abusam da abundância que Deus lhes deu", disse Costa. "Os homens precisam de controles, senão acabam com tudo." Maria contou que adquiriu consciência ambiental ao participar de um grupo católico e mais tarde se tornou agente ambiental voluntária do Ibama. "Hoje há uma abundância de verdade, por causa do nosso trabalho", disse.

Costa e a mulher, Lucineia de Sousa, nos ofereceram o quarto de seus dois filhos adolescentes, mas preferimos armar nossas redes num barco azul-claro de dois andares, surrado. Uma grande e ameaçadora rã dormia numa fenda da qual mantive boa distância depois de saber que poderia ser venenosa. À noite as pessoas contaram histórias. O jovem Jonas Oliveira lembrou da onça-preta rara que tinha aterrorizado o vilarejo de Curupira no ano anterior, matando dezenas de galinhas, além de cães e gatos, antes que os moradores conseguissem abatê-la a tiros. E mesmo depois de três disparos, ela ainda se contorcia. "Onça é animal perigoso", ele arrematou, sorrindo.

Curupira era um lugar sossegado, bonito, atemporal, salvo quando alguém cismava de tocar música pop ou canções evangélicas no volume máximo — mas isso acontece em toda a Amazônia. A impressão era que futuro e passado existiam no mesmo lugar, que pessoas e natureza faziam parte de uma coisa só, que não travavam uma batalha eterna. O tempo, as pessoas e os barcos no rio se moviam lentamente. O senso esmagador de vastidão era ao mesmo tempo tranquilizador e um pouco inquietante. E as pessoas viam seu mundo de uma forma diferente de como eu via, como descobri uma tarde em que Francisco Rodrigues, um dos pescadores do projeto, me levou rio acima para mostrar sua plantação — a roça onde os ribeirinhos cultivam frutas e alimentos básicos como a mandioca.

Depois de dez minutos navegando em sua pequena canoa com motor de rabeta que funcionava com dificuldade, estávamos em outro mundo. Atravessamos cortinas de árvores imersas na água, um pássaro fugiu cantando melancolicamente, e emergimos num vasto, pacífico e adorável lago cercado de floresta inundada, o lago do Pintado. Diziam que ali viviam um velho invisível e uma cobra enorme. "Muita história aqui na Amazônia", disse Rodrigues.

Quando apeamos, ele me falou mais do espírito ou criatura da floresta que tinha dado nome ao vilarejo. Sempre tive dificuldade em entender o curupira, figura folclórica disseminada por toda a Amazônia, cuja história fora divulgada por um jesuíta ainda em 1560. O curupira é descrito como um espírito que protege a floresta, seus animais e árvores, condenando a que se perdessem na mata aqueles que pretendem causar danos à natureza. O nome vem da família de línguas indígenas tupi-guarani e significa "corpo de menino".

Sob as árvores, longe de outros humanos, com o vento sussurrando na folhagem, a história de Francisco Rodrigues pareceu estranhamente real. "É um animal da floresta, curupira é da natureza", ele disse. O curupira dava no ombro de um homem, e tinha os pés voltados para trás, de modo que usava os calcanhares virados para a frente para marcar um ritmo na base das árvores, enquanto assobiava de leve um melancólico "Uuuuuu! Uuuuuu!". Rodrigues fez uma demonstração do som dos calcanhares batendo na árvore — "toc, toc, toc" — e seu assobio misturou-se ao som da brisa. Ele havia visto a criatura muitas vezes.

"Nós vimos ela" — Rodrigues se referia à criatura no feminino — "se mexendo ali perto do igarapé. Estava de olho em nós. Mas é um animal muito ligeiro, que nos espia atrás dessas árvores e se esconde, e ninguém vê de novo, porque é invisível", disse. "Ela desaparece. A curupira não faz mal a ninguém", explicou, mas havia um detalhe curioso — o que explicava a referência a "ela": curupira só aparece na forma feminina. Ninguém nunca viu o macho. O pessoal mais velho dizia que seu macho era o tamanduá-bandeira. "É interessante, hein? Animal interessante", ele disse.

Enquanto eu digeria essas informações alucinantes, Rodrigues ia na frente, subindo uma pequena encosta rumo a sua plantação — um lote, cortado e escavado na mata fechada, onde ele cultivava abacate, limão, banana e manga. Para alguém de fora, a confusa mistura de árvores, arbustos e plantas podia não parecer muito diferente da própria mata, mas aquilo era uma valiosa fonte de alimento. Meu guia abriu um pouco a vegetação emaranhada para me mostrar a mandioca crescendo embaixo da terra, como batata. Ele também a chamava de roça, como se seu lote e o vegetal que fornecia uma carga de carboidratos fossem a mesma coisa.

Nem todo mundo no vilarejo de Curupira participava do Programa de Manejo de Pesca — uma meia dúzia ficava de fora. Fui ver uma dessas pessoas, e a história que ela me contou parecia dizer muito sobre o perigo de certas atividades ilegais, mas muito toleradas, na Amazônia.

Daniel de Sousa tinha 24 anos e morava com a família numa casa de madeira com uma escada íngreme, também de madeira. Era um homem bonito, em boa forma física, com uma família jovem. Tinha parado de pescar depois de "um problema", que ele não quis explicar. Passou a dedicar-se à agricultura. No ano anterior, fora garimpeiro. Juntara-se a um grupo que trabalhava numa balsa de mineração ilegal rio acima. Havia mais quatro homens, e uma mulher que cozinhava para eles. Sua função envolvia limpar a floresta com motosserra para que a balsa pudesse entrar rio adentro em uma área de reserva. Pretendia juntar dinheiro para abrir uma loja na beira do rio. Mas depois de meses foi embora.

"Confusão não é comigo, e aquilo lá é um negócio sério, tem morte. Morte acontece, tudo acontece no garimpo, e só a gente que vê sabe como é", ele disse. "Há muita prostituição, e bebidas, drogas, lá tem tudo quanto é tipo de droga."

Um barco maior, atracado perto da balsa em que ele estava, abrigava um cabaré — ou seja, um bordel e um bar. Garimpeiros são pagos em ouro e existe uma indústria de serviços rudimentar, apesar de eficiente, em torno deles. Lojistas, donos de bares e cafetões — papéis muitas vezes desempenhados pela mesma pessoa — ganham muito com os garimpeiros, cobrando preços inflacionados para fornecer o que eles precisam em lugares remotos. Sousa, como a mulher, que embalava um bebê na rede atrás de nós, era evangélico, não bebia nem fumava. (Não vi ninguém bebendo ou fumando na reserva.) Mas o cabaré era o único lugar com conexão de internet, por isso ele esteve lá algumas vezes, para ligar para casa.

"Foi lá que vi esse negócio, um cara matando o outro", ele disse. Contou catorze facadas no ataque brutal. Não houve assistência médica. "Foi muito cruel, sem a menor piedade", disse. Também viu um vídeo de celular sobre um acidente trágico numa balsa vizinha, quando um cabo se soltou e matou dois irmãos — um foi atingido no pescoço, o outro perdeu metade da cabeça. E ouviu falar de uma mulher mais velha, assassinada, ao que tudo indica um crime de latrocínio, quando dormia num barco que era também cabaré. Violência, drogas e prostituição são comuns em áreas isoladas de garimpo. Mas as cinco ou seis mortes ocorridas quando Sousa estava lá foram suficientes para assustá-lo e mandá-lo de volta para casa. Para ele, o trabalho deveria ser legalizado e fiscalizado pela polícia. "Tem muito ouro por lá", disse.

Sousa tinha apenas uma ideia superficial dos danos que o mercúrio empregado na mineração ilegal causava tanto aos garimpeiros como a comunidades amazônicas. Nem sabia muito bem o que era mudança climática: para ele, era alguma coisa sobre o que se falava muito nos noticiários da tevê, que ele raramente via. Tentei lhe explicar. "Hum", ele disse, sem muito interesse. Proteger a floresta era importante, mas as pessoas também precisam de emprego — e emprego por ali era difícil de aparecer, ele constatou. Tinha planejado subir o rio novamente para receber a metade do salário que não lhe havia sido paga, mas mudou de ideia depois de ouvir mais histórias de violência — dessa vez envolvendo guerrilheiros colombianos que atravessaram a fronteira próxima. Meses depois, um programa de tevê entrevistou a viúva de um garimpeiro na mesma região, cuja balsa fora invadida por guerrilheiros colombianos — ela foi obrigada a cozinhar para eles, e o marido foi levado embora, e depois morto numa troca de tiros. Segundo as autoridades brasileiras, guerrilheiros colombianos vêm tentando dominar a extração ilegal de ouro. Em 2022, um estudo mostrou que o garimpo havia destruído 531 hectares da reserva na qual Sousa trabalhava desde 2019.

Sousa tinha um crédito de 145 gramas de ouro, cerca de 30 mil reais. Parecia ter desistido de um dia receber essa dívida. "Não foi a vontade de Deus", ele disse, enquanto os filhos pequenos brincavam, fazendo barulho. "Nós temos nossos planos e Deus tem os dele."

Nosso barulhento barco de alumínio fez escalas em outras comunidades na viagem de volta para Tefé. Tomamos café na varanda da casa de Raimunda Meirelles, de onde se descortinava um panorama espetacular do rio. Ela estava na cozinha limpando peixe, uma mulher sagaz, de fala mansa, simpática, de cinquenta e muitos anos, que vivia ali desde 1982, e adorava. "Aqui tem muito peixe, tudo é de graça", disse. Mãe de cinco filhos e avó de dez netos, coordenava o projeto de pesca naquele setor. Explicou como funcionavam os turnos de monitoramento em seu lago de pirarucu. Os pescadores passavam três dias numa base flutuante, em grupos de duas, três ou quatro pessoas. Convencer os pescadores ilegais a irem embora era tarefa árdua e perigosa. Alguns saíam sem criar problemas, outros se zangavam e ameaçavam matá-los. "Não é fácil não, às vezes a gente sente a faca no pescoço", ela disse.

Como Maria das Graças, ela também era agente ambiental, e também tinha feito um curso de treinamento no Ibama. Agentes como ela não têm poder, não aplicam multas e trabalham de graça — um trabalho acima de tudo educativo. O trabalho voluntário ficou mais difícil depois que o Ibama fechou o escritório em Tefé e deixou de patrulhar a reserva. "Se pudéssemos aconselhar todo mundo a fazer o que precisa ser feito seria muito melhor. Mas ainda tem gente que não entende isso e sempre temos dificuldade para fazer as pessoas entenderem", ela disse. "O Ibama foi embora e nós, agentes ambientais, ficamos órfãos."

A agente tinha uma ótima razão para explicar a necessidade de proteger a floresta — ela refresca tudo, o que fica imediatamente óbvio para qualquer um que já tenha saído do sol ofuscante da Amazônia para o interior da mata. "Sem a mata, todo mundo estaria acabado, o clima é muito quente", ela disse. Desde que conversamos, novas pesquisas confirmaram o que moradores da Amazônia, como Raimunda Meirelles, estão cansados de saber: que as florestas mantêm a Terra pelo menos meio grau mais fria, ajudando a preservar a umidade do ar. Nos trópicos, o efeito de resfriamento de florestas como a amazônica é de mais de um grau. Como tantos outros moradores com quem conversei, a agente sentia a mudança climática pelo sol que batia no cangote. "Antes, a gente ia para a roça e trabalhava o dia inteiro. Agora não dá mais. Às nove da manhã, quando o sol já está alto, não aguentamos mais", queixou-se.

Eu queria saber como e por que os moradores da reserva achavam que aquele espaço era tão bem protegido, sendo enorme e natural como era, e como manter e aperfeiçoar essa proteção. As respostas eram reveladoras, tanto pela simplicidade como pelo bom senso.

Fizemos uma visita a João Cordeiro Júnior, filho do homem cuja canoa me levou perto do pirarucu, em sua comunidade de casas flutuantes, a Nova Jerusalém. Ele era adepto da responsabilidade coletiva e da liderança individual. Homem tenso, dinâmico, sorridente, de 26 anos, ele me contou que ser pescador era uma obrigação de família — tinha treze irmãos e irmãs. "É como se não tivéssemos escolha", disse. Ele dava muito valor a pescar com o pai, os irmãos e outros parentes. "Para proteger a Amazônia, você precisa de um líder na comunidade", afirmou, descrevendo a rede de presidentes e vice-presidentes de associação. "Há uma rede lá que vive discutindo a melhor maneira de preservar a floresta."

A última parada foi em Jurupari, um vilarejo que se alcançava subindo um igarapé lamacento — que não era parte da reserva, mas estava ligado a suas redes de pesca sustentável. Ali, numa pequena casa de madeira sobre palafitas, de propriedade de Maria Cecília da Silva — parteira voluntária, entre outras coisas — e o marido Raimundo Gomes, ambos na casa dos sessenta, nós nos sentamos no chão da pequena cozinha para comer ensopado de bodó, um peixe de carapaça dura, espinhosa e pontuda, que exigia atenção para não ser engolida, pois podia ficar presa na garganta e sufocar — o que não impediu a criancinha sentada ao meu lado de devorá-lo.

Todas as casas eram construídas sobre palafitas devido às enchentes sazonais, e um bando de meninos corria pelas bordas gramadas do vilarejo, se acabando de rir, no que para eles devia ser um playground gigante e livre de carros. Perguntei a Romário da Silva, um professor arguto e falante, na casa dos vinte e filho de pescador, qual era, na sua opinião, a melhor maneira de continuar protegendo aquele lugar. Mais ajuda, ele sugeriu. "Apoio do Ministério do Meio Ambiente e do governo local. Hoje nos sentimos sozinhos na preservação disso aqui, nosso único parceiro é o Instituto Mamirauá, que nos ajuda muito", disse. "Parceria, certo? É fundamental."

4. Parem o desenvolvimento destrutivo: Por uma urbanização controlada

Manaus, Amazonas

Dom Phillips

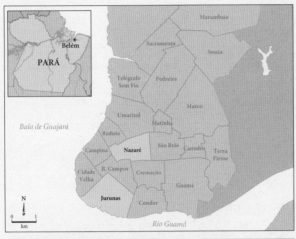

"A ARTE TEM O PODER DE VIRAR A CHAVE NA SUA CABEÇA."

David dos Santos, de apenas dezessete anos, estava deitado de costas na terra, com as pernas e os braços abertos, e uma multidão em volta de seu corpo morto. Os espectadores disseram que ele tentou correr quando homens armados apareceram naquele beco em Mutirão, um bairro pobre na metrópole amazônica de Manaus, numa noite de sábado. Uma tia disse que ele frequentava uma igreja evangélica; um vizinho disse que ele já havia se envolvido com o tráfico de drogas. Em um lugar como Mutirão, onde violentas facções rivais disputavam o controle, ninguém com quem falei quis se identificar.

Os parentes de David se apoiavam uns nos outros, chorando e lamentando enquanto o corpo do rapaz era posto sobre uma bandeja de metal e levado para o caminhão do necrotério por um homem de shorts e um policial forense com um chapéu de caubói preto na cabeça e um facão no cinto. A perita forense Isabella Erthal disse mais tarde que ele fora atingido nas costas por uma bala que quebrou sua clavícula e saiu pelo peito. Uma notícia da mídia local chamou-a de bala perdida. Outra disse que os assassinos estavam procurando outra pessoa, mas o adolescente estava no mesmo grupo e acabou sendo o único morto a tiros.

A jornalista Nayara Felizardo e eu estávamos andando pela rua quando de repente começaram uma movimentação súbita e uma explosão de gritos enquanto as pessoas fugiam do som de um disparo. Nós corremos também e nos amontoamos no carro de outro repórter. Uma das parentes de David veio até a janela da porta do passageiro. "Chamem a polícia. Eles estão invadindo", ela disse.

Os dois repórteres que estavam no banco dianteiro tatearam em busca de um telefone. Nayara estava rabiscando furiosamente em seu bloquinho. Josemar Antunes, o repórter policial com quem viemos nos encontrar, conseguiu falar com os policiais. "Houve outro tiroteio aqui", ele disse. Atrás de nós, a uns cem metros, um carro preto apareceu, com os faróis acesos. Ele parou. O tempo parou. Pensei que naquele momento estávamos muito vulneráveis, que ele poderia simplesmente parar ao nosso lado e um atirador crivaria de balas nosso carro com facilidade. E pensei que havia sido eu quem nos colocara naquela situação. O carro passou por nós devagar. "Sempre fico nervoso quando vejo um carro preto como aquele", disse Josemar. "Viu quanto tempo demora? Se estivéssemos nos Estados Unidos, a polícia já estaria aqui."

Ficamos no carro por cerca de dez minutos tensos até que uma luz da polícia apareceu na rua e Josemar disse que se sentia seguro o suficiente para ir até seu carro e sair dali. Eis uma lição importante na rotina do crime, ele me disse: fuja da cena do crime assim que a polícia tiver ido embora, se não antes.

Manaus tem tantos crimes relacionados a drogas — e tanto interesse nelas — que há uma rede de mídia pujante para cobrir a violência. Um exemplo é a série *Bandidos na TV*, da Netflix, sobre o político manauara Wallace Souza, que apresentava o programa investigativo *Canal Livre* na TV Rio Negro. Ele sempre chegava primeiro à cena do crime — e foi depois acusado de planejar os episódios que relatava para aumentar sua audiência.

Manaus fica a 1200 quilômetros do mar, onde dois grandes rios se encontram: o Solimões (curso superior do rio Amazonas) e o Negro. É a maior cidade da Amazônia, com uma população de cerca de 2,1 milhões de habitantes. O primeiro assentamento europeu foi um forte construído em 1669, e a cidade passou por uma série de altos e baixos desde então. Entre 1890 e 1910, prosperou junto com o comércio da borracha. O Teatro Amazonas foi construído, e Manaus foi uma das primeiras cidades brasileiras a ter eletricidade e um sistema telefônico. Os barões da borracha ficaram tão ricos que, segundo rumores, alguns deles mandavam lavar suas roupas na Europa.

Mas a indústria da borracha dependia de seringueiras silvestres, e, em 1876, o britânico Henry Wickham contrabandeou 70 mil sementes para a Inglaterra. Em poucas décadas, as plantações de borracha no Sri Lanka e na Malásia acabaram com o boom da borracha brasileira. Manaus só começou a se recuperar de verdade depois que se tornou uma zona de livre comércio, em 1967. As fábricas invadiram a cidade e agora produzem bens de consumo como celulares, televisores e motocicletas. As isenções fiscais tornam a fabricação 35% mais barata do que no resto do país, de acordo com a consultoria Ernst & Young.

Mas isso não melhorou a situação do povo, muito pelo contrário. De acordo com o IBGE, em 2019, 38% dos domicílios ganhavam o salário mínimo mensal de 998 reais ou menos; a cidade ocupava a 3021ª posição entre as 5570 do Brasil e tinha o salário mais baixo de todos os 62 municípios do extenso estado do Amazonas. De acordo com um estudo do Projeto Amazônia 2030, os trabalhadores da zona industrial ganhavam 5% do faturamento das empresas, em comparação com os 11% que recebem em média no resto do país.

Em cidades e vilas da Amazônia brasileira, os níveis de serviços gerais de infraestrutura, como coleta de lixo, energia e esgoto, são piores do que em cidades e vilas do mesmo tamanho no resto do país. Isso me pareceu evidente nessa viagem de 2018, quando passei três noites andando de carro com Josemar pelos bairros mais pobres de Manaus. Foi como um tour do crime. E meu companheiro, um repórter prático e de fala grossa, cheio de histórias macabras, foi um excelente guia. Cada esquina parecia desencadear uma história de tiroteio ou assassinato horrível. Foi ali que encontraram um corpo numa mala, ele me contou, apontando para uma margem gramada enquanto pisava fundo para acompanhar o caminhão do necrotério que partira em alta velocidade, verificando constantemente as mensagens em seu celular. Ele era rápido e eficiente e conhecia sua rotina. Parecia trabalhar bem sob adrenalina, rugindo em seu velho carro amassado enquanto contava sagas de facções. Quadrilhas de traficantes em guerra estavam por trás da maioria dos assassinatos, ele disse.

No dia de Ano-Novo de 2017, 56 pessoas foram mortas num presídio num massacre brutal que gerou manchetes chocantes no mundo todo, quando a facção local Família do Norte (FDN) atacou prisioneiros do Primeiro Comando da Capital (PCC), de São Paulo, a maior facção do tráfico de drogas da América do Sul. Cinco dias depois, pelo menos trinta prisioneiros foram assassinados numa prisão de Boa Vista, no estado vizinho de Roraima, naquilo que foi noticiado como um ataque de vingança ou um conflito interno dentro do PCC. A violência aumentou. Entrei em contato com policiais e especialistas em segurança em cidades da Amazônia, e em meu WhatsApp pipocaram vídeos horríveis de cabeças decapitadas, corpos mutilados e até mesmo um coração largado no chão de um presídio. Outros brasileiros começaram a compartilhar imagens, assim como as facções. Um policial de Manaus me enviou o vídeo de um homem de olhos arregalados pouco antes de sua cabeça ser cortada por um facão. Um vídeo da matança na prisão de Roraima mostrava um instrumento de metal afiado sendo enfiado no olho de um homem ferido que gritava.

Em outubro de 2021, voltei a Manaus e me encontrei com Josemar. Ele ainda estava trabalhando na cobertura criminal, mas vivia saindo ou sendo demitido de um portal de notícias e entrando em outro. Agora na casa dos quarenta, com cinco filhos, inclusive uma menina de quatro anos com sua mais recente parceira, Eliane, uma caixa de supermercado, e depois de doze anos visitando cenas de crime, ele estava sentindo a tensão. Antes de se tornar repórter, trabalhava para uma fábrica de eletrônicos e sempre foi fascinado pelo trabalho da polícia e pelo crime. Costumava assistir avidamente ao programa de Wallace Souza.

"Eu não diria que era viciado nisso, mas sempre gostei da ideia de trabalhar com acidentes e assassinatos", ele me confessou, sentado do lado de fora do Departamento de Homicídios da polícia enquanto o trânsito passava. Alguns repórteres se esquivavam de crimes mais macabros, mas isso não o afetava: "Já cobri muitas mortes aqui em Manaus. Isso nunca me abalou". Mesmo diante de cadáveres em putrefação, enquanto colegas vomitavam, ele se recusava a usar máscara. "Para mim, aquele era apenas mais um ambiente", disse. Seus colegas lhe deram um apelido: "Príncipe da Morte". Ele gostou.

Josemar adotava uma linha dura contra o crime. Um amigo que trabalhava no necrotério havia perdido o filho, morto a tiros por membros do Comando Vermelho (CV) por pintar "FDN" num poste de luz. O pai jurou vingança e também foi morto. Josemar perdeu um sobrinho que se envolveu no tráfico de drogas e depois foi liquidado por membros de uma facção rival. Outro sobrinho era monitorado por uma tornozeleira eletrônica, um terceiro tinha problemas com drogas. "É difícil", ele disse. "Foi triste."

Eram as drogas que impulsionavam a violência: "O Brasil inteiro é um país violento hoje por causa do tráfico", ele disse. "O que me deixa triste, numa situação de crime, é quando vejo uma criança sendo abusada, isso mexe comigo, ou um idoso que é atropelado ou assassinado por uma bala perdida. Isso mexe comigo porque são pessoas vulneráveis."

Gente envolvida no tráfico de drogas, isso era outra coisa. Josemar nunca havia fumado um cigarro, muito menos experimentado qualquer droga. Estava focado na história. E Manaus ficava ainda mais violenta: em 2019, 657 pessoas foram assassinadas na cidade, mas em 2021 esse total pulou para 1060. Em maio de 2022, em dez horas, dez pessoas foram mortas. Agora a dinâmica das facções havia mudado. A FDN estava seriamente enfraquecida e o Comando Vermelho, com base no Rio de Janeiro, era a organização dominante.

Alguns relatos diziam que o CV estivera envolvido em outro homicídio que noticiamos em 2018. Estávamos nos confins de União, outra área pobre, caminhando ao lado de barracos de madeira erguidos junto a um canal poluído, onde um homem chamado Carlos Bruno Miranda havia sido baleado pelo menos sete vezes. Vestido com uma camiseta cor-de-rosa, de jeans e tênis Adidas, a vítima estava caída diante de um barraco, coberta de sangue, com um pedaço de papel sobre seu corpo com os nomes "Fábio" e "Régis". Miranda tinha 26 anos e usava uma tornozeleira eletrônica. Havia sido posto em liberdade enquanto cumpria uma pena de cinco anos depois que ele e outros quatro indivíduos assaltaram à mão armada um casal e roubaram o carro deles.

Uma multidão se reunira em volta do corpo. Dois seus amigos chegaram para levá-lo embora. "Acho que ele usava cocaína, mas parou", disse um deles. "Ele se envolveu aos dezoito anos. Estava com uma tornozeleira eletrônica por roubar um carro. Ele passou muito tempo aqui." Achavam que sua morte era um "acerto de contas". Calçaram luvas de plástico e puxaram sua camiseta manchada de sangue sobre seu rosto. Um repórter de TV foi junto, transmitindo ao vivo. Eu o segui com Ney Gama, um policial com quem eu conversara antes no Departamento de Homicídios, agora com uniforme de combate preto. Gama me contou que a polícia lutava para controlar o crime violento desenfreado. "Primeiro, falta gente, e depois, falta equipamento e estrutura", ele disse. Agora, enquanto essa procissão macabra seguia ao lado dos barracos com suas janelas sem vidro e antenas parabólicas, ele me mostrou fotos de sua filha. "Homicídios demais por aqui", disse uma mulher enquanto o corpo era carregado no caminhão.

Manaus parecia sofrer de uma espécie de crise de identidade. Era como se nunca tivesse desejado ficar no meio de uma selva, e por isso seus moradores mais ricos insistiram em construir um teatro no estilo europeu e bebiam champanhe francês. Essa impressão foi confirmada quando visitei a Galeria do Largo, bem em frente ao opulento Teatro Amazonas. No andar de cima, em exposição permanente nessa galeria administrada pelo governo estadual estava a *Cidade de Santa Anita*, uma cidade em miniatura criada por Mário Ypiranga Monteiro havia mais de cinquenta anos. Feita com riqueza de detalhes, *Santa Anita* me lembrou as criações dos entusiastas de modelos ferroviários, com suas ruas elegantes, pequenas figuras, ônibus, carros, placas de trânsito, casas, igrejas e, é claro, ferrovias.

Era de fato impressionante, embora um pouco perturbadora em sua atenção aos detalhes. Mas dois aspectos dessa maquete que ocupava uma sala inteira se destacavam. Um, era que não se parecia em nada com a Manaus de agora ou de então, lembrava mais uma cidade do Centro-Oeste dos Estados Unidos. O outro era que, em vez de mostrar a floresta tropical exuberante que cerca Manaus, e apesar de uma bandeira brasileira em miniatura, Monteiro havia escolhido recriar uma floresta de pinheiros, colinas nevadas e até mesmo uma pista de esqui. A referência mais próxima à floresta tropical que pude detectar foram pequenos tratores carregando troncos minúsculos.

No andar de baixo, a galeria compensava a estranheza incongruente de Monteiro com uma exposição contemporânea exuberante e vívida que retratava cenas indígenas e mensagens políticas, como uma imagem de grafite com o slogan "Demarcação agora!", que clama pela criação de mais territórios indígenas. Dois visitantes, uma jovem e um rapaz, tiravam selfies em frente às suas pinturas favoritas. Eles não tinham ideia do que havia no andar de cima, embora já tivessem estado ali antes, me disseram, mas gostaram mesmo das obras coloridas sobre a vida e a cultura indígenas.

"Gostei de como está organizado, é algo moderno, então tem muito mais chance de atrair a atenção dos jovens", disse Amanda Magal, 24 anos. Vitor Silva, 23, gostou de como mostrava "nossa cultura, nossa vida cotidiana, nossas raízes indígenas", ele disse. A *Cidade de Santa Anita* me sugeriu que o modelo de desenvolvimento de Manaus havia sido distorcido desde o início. Ele não havia acabado com a pobreza, tampouco impedira que jovens pobres entrassem para quadrilhas por dinheiro fácil — ali eles faziam mais do que numa fábrica isenta de impostos.

"A preservação é algo que queremos e buscamos no nosso dia a dia, com coisas básicas, com água, reduzindo aqui e ali, mas é uma questão muito maior", disse a jovem. "A questão da Amazônia está nas mãos dos políticos; sempre esteve."

Numa manhã quente de agosto segui Renato Rosas e dois colegas que, carregando grandes sacolas de fraldas descartáveis, cruzavam vielas estreitas e apertadas que passavam entre casas erguidas sobre palafitas no rio Guamá, em Belém do Pará. Em um dos setores mais pobres e perigosos da extensa favela Jurunas, tudo havia sido construído com tábuas de madeira, e talvez por isso essas vielas apertadas fizessem curvas fechadas e em ângulo reto. As pequenas casas eram tão próximas umas das outras que através das janelas sem vidro era possível ver o interior delas. Cabos e fios pendiam baixos, em volta de nossas cabeças. Dava para sentir o cheiro do rio e do esgoto abaixo. Havia lojas e barracas que vendiam açaí misturado com peixe, frango ou carne. Rosas apontou baldes de plástico com pedras de açaí que poderiam ser usadas para fazer tijolos — outro de seus projetos sustentáveis. As pessoas estavam sentadas em varandas minúsculas. Uma motocicleta passou com facilidade. "É a pobreza mais extrema", dissera Rosas sobre a favela um ano antes, quando conversei com ele pela primeira vez.

Músico e vendedor biomédico que virou líder comunitário, Rosas tem uma personalidade imponente. Pode-se ver que há um artista nele. E talvez um político, dada sua popularidade óbvia aqui nos becos. Ele cumprimentava as pessoas o tempo todo, gritando piadas e "ei, como vai, beleza?". Tinha algo a dizer para quem quer que fosse. Mais tarde me contou que entre os moradores que saudou estava um membro da facção de traficantes de plantão. Um rapaz com quem ele também conversou era filho de um famoso músico local, que agora trabalha para a prefeitura, a qual tinha uma equipe no lugar coletando nomes de pessoas para garantir que estivessem recebendo benefícios.

"Em Belém, as favelas são conhecidas como "baixadas" — e com cerca de 60 mil pessoas morando nela, Jurunas é uma das maiores nessa cidade de 1,3 milhão de habitantes. Belém tem uma longa história colonial, registrada em alguns de seus edifícios imponentes, tráfego barulhento e movimentado, e o famoso mercado Ver-o-Peso, que começa a pulsar com vida, pessoas e produtos nas primeiras horas da manhã.

Belém também conta com muitos subúrbios pobres e favelas. Eu havia estado na cidade alguns anos antes, para escrever sobre o massacre de dez jovens executados por um grupo de homens de preto depois do assassinato de um policial desonesto conhecido como Pet, que comandava uma milícia. A Assembleia estadual produziu logo depois um relatório detalhado sobre milícias que envolviam policiais. Aqui em Jurunas, estávamos a menos de três quilômetros do bairro nobre de Nazaré, com suas ruas largas e tranquilas, cafeterias caras, mas poderíamos estar em outro universo. As pessoas que vivem aqui só vão a lugares como

Nazaré para trabalhar em casas de família ou em cafeterias e restaurantes de luxo.

Ambas na casa dos quarenta anos, as irmãs Lucia e Lucilene Dias trabalharam como empregadas domésticas, mas ficaram sem serviço durante a pandemia. Rosas e seus colegas vieram doar as fraldas para a mãe delas, Maria, que tinha 89 anos e estava acamada havia cinco após um derrame. Ela estava deitada numa cama na área de baixo, onde havia uma cozinha, sala de estar e chuveiro, totalmente à vista de qualquer pessoa de fora através da janela aberta. Um irmão, seu companheiro, os filhos de Lucilene e uma neta também moravam ali. Ninguém trabalhava, eles se viravam com bicos e o Bolsa Família que Lucilene recebia. "Ninguém sabe o que estamos passando, só Deus", disse Lucilene. "Uma crise."

Durante a pandemia de covid-19, pessoas como Lucilene ficaram sem renda e, em muitos casos, sem comida, em especial antes da aprovação do auxílio emergencial. Grupos e associações sem fins lucrativos arrecadaram dinheiro para comprar cestas básicas de alimentos, produtos de limpeza e higiene e depois entregá-los. Renato Rosas, então com 38 anos, tinha um projeto de música e educação, o Farofa Black, que se tornou uma das redes de distribuição de alimentos. Falei com ele pelo celular àquela época, enquanto escrevia uma matéria sobre essas redes de apoio que surgiam. Ele enviou fotos da distribuição de alimentos nas palafitas, e de uma enorme sucuri enrolada no quarto de alguém. Segundo ele, elas eram comuns.

Agora, sua organização, Ocas (Organização Comunitária de Adesão Social), ajudava os moradores em muitas frentes, desde treinamento profissional até instrução e entregas de itens necessários como fraldas. Essa doação era "muito importante, mesmo", disse Lucilene. Ambas as mulheres frequentavam igrejas evangélicas. Mas enquanto Lucilene apoiava Jair Bolsonaro, sua irmã

Lucia, não. E essa não era a única diferença de opinião entre elas. Lucilene nunca tinha ouvido falar das discussões sobre conservação e desenvolvimento na Amazônia, ao passo que Lucia estava a par do assunto por assistir à televisão. "Não acho que a Amazônia deva ser desmatada", ela disse. "Acho que é errado."

Perguntei-lhe que tipo de impressão tinha da Europa, da Inglaterra. "Vejo na televisão quando está ligada. Hmm. É lindo, hein. É diferente do Brasil", ela comentou. Muito diferente, eu disse. "Saneamento básico, principalmente", ela acrescentou. E aqui? "Praticamente não há nenhum. Lixo na rua, esgotos a céu aberto, bueiros." Para mim, sua resposta foi um pequeno vislumbre dos enormes desafios envolvidos em viver numa comunidade como aquela. A primeira coisa que lhe veio à mente quando pensou na Inglaterra foi um sistema de esgoto adequado e água encanada. A delas tinha de ser bombeada do rio por uma bomba elétrica que mal tinham dinheiro para manter funcionando.

Naquela mesma manhã, eu havia observado um pequeno grupo de moradores de lá enquanto eles ouviam Ana Claudia Conceição em silêncio num espaço aberto, à beira do rio, num local que costumava ser palco de shows ao vivo e DJs. O espaço contava com paredes de madeira, vasos de plantas, um mezanino e um telhado de ferro corrugado, ao lado de uma oficina de barcos. Conceição estava explicando que a Ocas fora criada para educação, para treinar pessoas empregadas e desempregadas, mas acabou entregando cestas básicas aos moradores durante a pandemia. Ela usava uma camiseta amarela com o nome da organização e trabalhava para uma universidade administrada pelo governo estadual, mas vivera toda a sua vida naquele bairro. "Sempre gostei de ajudar as pessoas", ela disse.

Mulher séria e calorosa, ela exalava capacidade, tato e bom senso. Trabalhara por quinze anos num centro comunitário, mas havia sido atraída pelo projeto de Rosas porque ele tinha como foco educar as pessoas. "Seu principal objetivo é capacitar moradores com cursos, oficinas, palestras, para que a gente possa tentar ter um negócio próprio", ela explicou. "Eles vão precisar de capacitação para voltar ao mercado de trabalho." Assistindo-a falar, fiquei impressionado com a importância de organizações de base como a dela para comunidades carentes, onde a presença do Estado raramente é sentida, os níveis de instrução em geral são baixos e as pessoas foram escanteadas pela sociedade desde que nasceram. A dezena de moradores que eu ouvia parecia sentir isso. Eles prestavam atenção e todos usavam máscaras, o que era incomum nas ruas de Belém, mesmo em agosto de 2021.

Havia faixas atrás dela. Uma dizia: "Jurunas, nosso bairro, nossa casa". Outra, "Favelas G10". A G10, que recebeu o nome em referência às reuniões internacionais de países ricos, é uma rede nacional de favelas criada por Gilson Rodrigues, um ativista e líder comunitário da enorme favela de Paraisópolis, em São Paulo. Ela realizou sua primeira reunião em novembro de 2019, da qual Rosas participou. Rodrigues e seus colegas de Paraisópolis lideraram o movimento com doações de alimentos e medidas contra a covid — a favela tinha até sua própria ambulância e agentes locais para aconselhar os moradores sobre medidas preventivas. Outros grupos de moradores de favelas adotaram algumas das estratégias organizacionais de Paraisópolis. Agora, Rosas queria seguir o exemplo de Rodrigues e se tornar um empreendedor social, ajudando as pessoas da comunidade em que cresceu e fazendo carreira nisso.

Homem carismático, efervescente e criativo, Rosas também tinha senso de disciplina. Seu avô lutara na Segunda Guerra Mundial na Itália e acreditava que apenas uma conexão militar poderia salvar sua família de cair nas tentações criminosas do bairro. Seu pai era gerente de manutenção numa companhia aérea, o que lhes possibilitava viajar. Rosas estudou biomedicina e se tornou vendedor e, ao mesmo tempo, músico, que organizava festas na favela Jurunas, onde cresceu. Membros da facção que comanda a favela vinham às festas para vender drogas.

"Teria sido fácil para mim me tornar um cara totalmente envolvido nesse tipo de negócio marginal — facções, tráfico de drogas. Quando comecei a promover festas, era basicamente impossível não ter algum tipo de envolvimento porque eram pessoas que jogavam futebol com a gente, pulavam no rio com a gente", ele contou. "No mínimo, tínhamos de ter uma relação com eles."

A música vinha da família. Rosas toca estilos tradicionais, como o carimbó do Pará e o pop e hip hop modernos, fazendo shows em casamentos e eventos culturais. Ele conhece Gaby Amarantos, a cantora e atriz de Jurunas que popularizou o som tecnobrega da região. Rosas é coautor de uma de suas músicas.

Em 2019, ele ensinava adolescentes e jovens a discotecar e fazer rap por meio de seu projeto Farofa Black quando conheceu Gilson Rodrigues. Um mês depois, criou a Ocas. "Ele me mostrou outra visão, que isso poderia se tornar um grande negócio social e que as grandes empresas basicamente têm a obrigação de ajudar um projeto como esse. O que eu vi foi a sustentabilidade da nossa biodiversidade", explicou. "O principal problema é o saneamento."

Agora, seu plano era fazer festas tocando música tradicional porque ele acreditava que os moradores da Amazônia precisavam reviver seus costumes tradicionais, de quando viviam na floresta e nos rios sem destruí-los ou poluí-los. Na infância, ele costumava nadar e brincar no rio, até surgir um surto de cólera, em 1991. "O que nos traz esperança de que a floresta pode continuar viva é o empoderamento de nossas comunidades com o modo de vida tradicional. Não podemos perder os padrões, as formas, os processos que fizeram da floresta o sustento desses povos", ele disse.

Rosas sabia sobre a pobreza, a tentação do crime e como isso impactava famílias como as duas que visitamos. Ele falou da banalidade da exploração sexual de menores, de como qualquer coisa estava à venda em uma terra sem lei. O que a comunidade precisava era de educação e uma chance. Ele havia estado numa comunidade ribeirinha de um estado próximo que planejava fazer sabão de coco. Desde então, ajudou a montar um projeto de mulheres jovens que usam um aplicativo a fim de encontrar transporte fluvial para uma ilha próxima. Ele tinha seu plano de produzir tijolos de pedras de açaí e encontrou um local para um loteamento comunitário. Estava cheio de planos grandes.

"Eu não sabia que era possível fortalecer meu nome a ponto de ser alguém que se tornasse uma referência para receber fundos capazes de criar projetos sociais", disse. "Porque a arte tem o poder de virar a chave na sua cabeça." Depois que nos conhecemos, ele expôs sua visão numa postagem no Instagram. "Um dia sonhamos em ser uma plataforma para gerar projetos de impacto social e sermos capazes de mudar a vida das pessoas por meio da arte", ele escreveu. "Percebemos que nossa oportunidade de causar impacto social é infinita."

Pensando em Jurunas e pessoas como Rosas e Conceição, isso parece muito claro. Se o futuro da Amazônia ficar nas mãos dos políticos, ela provavelmente está condenada: como em muitos países, a classe política está mais preocupada em aumentar sua própria riqueza e poder do que em beneficiar seu país, seu povo ou sua natureza. O longo prazo não é um conceito com o qual estejam familiarizados na busca por mais dinheiro e contatos. Nessa jornada, me deparei cada vez mais com pessoas com perspectivas mais abrangentes, e todas elas tinham uma conexão totalmente diferente com suas comunidades. Elas não viviam atrás de grades. Elas viviam dentro delas.

Dom chegou até este ponto do livro na época de seu assassinato, em 5 de junho de 2022. Deste ponto em diante, seus amigos trabalharam a partir de suas anotações para completar os capítulos que faltavam.

5. Um cemitério de árvores: A infraestrutura como catástrofe

Altamira, Pará

Eliane Brum* e Dom Phillips

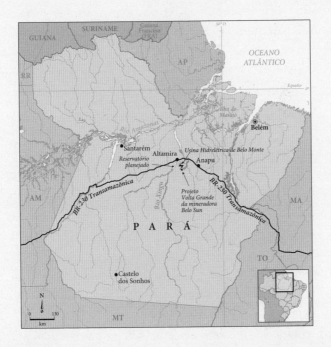

* Eliane Brum é escritora, jornalista e documentarista baseada na Amazônia. É idealizadora, cofundadora e diretora da plataforma trilíngue Sumaúma — Journalism of the Center of the World, colunista do jornal espanhol *El País* e uma das mais premiadas jornalistas do Brasil. Em 2022 foi reconhecida com o prêmio Maria Moors Cabot, da Universidade de Columbia, pelo conjunto de sua obra. Três de seus livros foram traduzidos para o inglês: *Banzeiro òkòtó — Amazon as Center of The World* (Indigo/Graywolf), *The Collector of Leftover Souls* (Granta/Graywolf) e *One Two* (Amazon Crossing). Em 2025, foi escolhida a Top Thinker do ano pela conceituada revista britânica *Prospect*.

"ESTÃO NOS MATANDO AOS POUCOS, LOGO NÃO VAI TER NINGUÉM VIVO PARA REIVINDICAR."

Lembro dos olhos muito azuis numa pele costurada pelo sol. Era agosto de 2021, mês de verão na Amazônia, o que significa uma sensação térmica de mais de quarenta graus e escassas chances de uma nuvem no céu. Eu acompanhava um protesto liderado pelo camponês Erasmo Theofilo em frente à Vara Agrária da cidade de Altamira, no Pará. Era mais um capítulo da batalha pela criação de um assentamento em Anapu, o município que engoliu o corpo da missionária estadunidense Dorothy Stang, assassinada com seis tiros em 2005 por sua luta para garantir a terra para os pequenos agricultores em projetos de agroecologia. Dom e eu disputávamos um fio de sombra na parede do outro lado da rua.

Eu o conhecera três anos antes, em 2018, na beira da praia, no Rio de Janeiro. Dom, sua companheira, Alessandra, Jonathan Watts e eu fomos tomar um chope carioca. Eu já morava em Altamira, e Dom me perguntara por que eu repetia que era preciso descolonizar a Amazônia.Naquele momento, a floresta parecia distante de Dom, e seria difícil imaginar que eu o encontraria numa jornada em busca de respostas para salvar a maior floresta tropical do planeta. Mais tarde, ele iria ao meu casamento e de Jonathan em Londres, porque era amigo do noivo.

E então, de repente, estávamos ali, numa das cidades mais violentas do Brasil, olhando para a mesma cena. Dom me perguntou se poderia conversar comigo para o seu livro, eu disse que poderíamos nos encontrar no dia seguinte. Mas ele já teria ido embora. E foi assim que nunca mais nos vimos. Lembro de ter apenas pensado que os olhos dele eram exatamente da cor daquele céu abusado do verão amazônida, o que talvez fosse a única conexão entre aquele homem povoado de boas intenções do noroeste da Inglaterra e a brutalidade do que acontecia debaixo daquele azul.

Como adivinhar que aqueles olhos seriam encerrados a tiros em outra Amazônia, menos de um ano depois, fechando-se em azul para sempre?

Não há como habitar o corpo de Dom para seguir a escrita que nasce de um olhar que só a ele pertencia. Será preciso seguir com meus olhos da cor do tronco das árvores ou da casca da castanha ou ainda da terra onde vi tantos serem sepultados com o corpo furado à bala. Conheço o que ele viu. Já entrevistei muitas vezes as pessoas com quem ele falou, escrevi dezenas de reportagens e meu próprio livro sobre a Amazônia. O que vejo e o que escuto podem ser diferentes — e é preciso que os leitores saibam disso.

Se eu tivesse me encontrado com Dom para conversar sobre seu livro, eu possivelmente diria que a Amazônia não era salva, mas sim defendida todos os dias por gente como Erasmo Theofilo, por gente como Raimunda Gomes da Silva, por gente como Antonia Melo, por gente como Juma Xipaia. Eu possivelmente diria que não somos nós que salvamos a floresta, mas ela que nos salva todos os dias. Não essa entidade imaginária vendida como uma massa verde, mas sim a conversa barulhenta de seres de todas as formas e matérias, entrelaçados e interdependentes, abaixo e acima da terra. Eu possivelmente diria que a floresta não é sobre indivíduos nem sobre grupos, mas sobre relações. Eu possivelmente sugeriria que ele mudasse o título do livro.

Mas não nos encontramos. E coube a mim pegar a caneta neste capítulo, logo após a interrupção brutal por tiros que não ouvimos, mas sentimos.

ANAPU: A SEMEADURA DE CORPOS DE CAMPONESES

Raimunda Gomes da Silva, a quem Dom visitou, tem muito a dizer sobre canetas. Ela começou a trabalhar aos dez anos como uma escrava contemporânea doméstica na casa de brancos ricos. O primeiro ensinamento foi sobre como pisar no chão sem ser ouvida, e nem foi dos patrões, mas do pai. Meninas negras precisavam andar sobre o mundo sem fazer barulho, sem perturbar as madames, sem chamar a atenção. Raimunda ainda hoje anda como se flutuasse, mas o pai deve ter esquecido de dizer a ela para fechar a boca, e ela então faz um barulho enorme mundo afora denunciando a Usina Hidrelétrica de Belo Monte. Tem uma voz um pouco esganiçada e fala rápidomuitorápidoengolindoalgumasílabas. Ela diz que as canetas destroem — e ela tem toda razão.

A Amazônia se aproxima rapidamente do ponto de não retorno por causa das canetas. No Brasil, o avanço sobre a floresta começou bem antes, mas só se tornou uma ideologia pela caneta da ditadura militar que oprimiu o país por 21 anos, de 1964 a 1985. Nos anos 1970, a ditadura construiu um projeto e um imaginário sobre a Amazônia que persistem até hoje. "Floresta sem homens para homens sem terra" era um dos slogans que podia ser lido nos jornais da época, nos programas de tevê, nas propagandas antes dos filmes no cinema. "Deserto verde" era outro. Às vezes também "deserto humano". A floresta era um corpo a ser dominado, violado, explorado e esvaziado. A floresta era um corpo de mulher na mentalidade patriarcal que ditava as regras. Os povos indígenas, que não só a habitavam havia pelo menos 13 mil anos como comprovadamente também plantaram parte da floresta, eram para os generais menos que humanos, apenas mais um obstáculo a ser vencido. Nada poderia impedir "a marcha do progresso" — derrubar a mata para construir estradas, barrar rios para fazer hidrelétricas, arrancar o minério das entranhas da terra para exportação, botar vastas monoculturas como a da soja, fazer pasto para milhares de bois e vacas, criar cidades sobre as ruínas da floresta. O Brasil inteiro foi chamado a louvar e participar do grande projeto que marcaria o domínio da ditadura.

"Nestas margens do Xingu, em plena selva amazônica, o senhor presidente da República dá início à construção da Transamazônica, numa arrancada histórica para a conquista e a colonização deste gigantesco mundo verde." Estas foram as exatas palavras da placa na solenidade presidida pelo ditador Emílio Garrastazu Médici ao colocar o marco inicial da Transamazônica no município de Altamira, em 9 de outubro de 1970, planejada para atravessar mais de 3 mil quilômetros da floresta. O início das obras foi marcado pela derrubada de uma castanheira com mais de cinquenta metros de altura, como símbolo da conquista da selva. O general comandou o período mais sangrento da ditadura, o que mais sequestrou, torturou e matou opositores. Pelo menos 8 mil indígenas foram assassinados, grande parte deles na Amazônia. O local dessa inauguração tão fálica do homem de farda ficou conhecido na cidade como "o pau do presidente", num jogo de duplo sentido. Nas notas da letra quase indecifrável de Dom estava lá: "joke — the President's wood/cook".

A Transamazônica foi imposta pela caneta dos generais, e as canetas levaram as motosserras, as retroescavadeiras e as armas. A rodovia perfurou e trespassou a floresta e seus povos humanos e não humanos, e foi assentada primeiro com sangue. É essa estrada de cadáveres invisíveis que Dom percorre ao deixar Belém. Assim ele descreve seu plano para este capítulo: "[...] a infraestrutura é sempre vendida ao público como desenvolvimento, mas é apenas máscara para a conquista e a destruição. Os principais beneficiários são os ricos das cidades distantes".

Dom passa primeiro por Anapu. E lá encontra as missionárias católicas Jane Dwyer e Katia Webster, companheiras de Dorothy e tão arretadas quanto ela. Depois que Dorothy foi assassinada, Anapu viveu uma década de suspensão das mortes porque a cidade tinha entrado no noticiário do mundo e as instituições do Estado finalmente haviam alcançado a região. E então a insuficiência da democracia brasileira ficou exposta nas manifestações de rua de 2013, numa sequência de acontecimentos que culminaram no impeachment de Dilma Rousseff (PT), em 2016 — para parte da esquerda um golpe executado pelo Congresso, com o apoio de seu vice e substituto Michel Temer (MDB).

Um ano antes de Dilma ser expulsa do poder que ocupava pelo voto, os corpos voltaram a tombar em Anapu, porque os predadores da floresta são como tubarões, mas em vez de sentirem o cheiro de sangue farejam a fragilidade da democracia encurralada, e concluem que o Estado deixou de ser um entrave. Em seus últimos anos, Dilma se aproximou mais e mais do agronegócio predatório, assim como expoentes do PT. Quando Temer assumiu, a desenvoltura da grilagem se tornou evidente literalmente da noite para o dia. O sangue retornou a Anapu com ainda mais força do que no tempo de Dorothy.

Nesse cenário de guerra movida contra a natureza, as missionárias católicas Jane e Katia, ambas nascidas nos Estados Unidos, mas que escolheram o Brasil e a Amazônia para a vida e para a luta, são raízes de um tempo em que a Igreja católica era forte na região amazônica. Uma parte significativa das antigas e das atuais lideranças da floresta foi formada nas comunidades eclesiais de base, no contexto da Teologia da Libertação. Em seu longo papado, o conservador João Paulo II combateu o movimento que se enraizou na América Latina a partir dos anos 1960 e interpretava os ensinamentos de Jesus Cristo pela vertente da libertação socioeconômica dos oprimidos. O cardeal ultraconservador Joseph Ratzinger, que em 2005 se tornaria papa e em 2013 renunciaria, foi incumbido de fazer advertências a seus expoentes — o que na prática significou destruir o movimento. Essa decisão, pelo menos no Brasil, é parte da explicação do avanço das igrejas evangélicas neopentecostais, que aumentam rapidamente sua influência nos costumes e na política — na Amazônia mais do que em qualquer outra porção do Brasil.

Na região de Anapu, assim como em outras, a Igreja católica ainda mantém redutos de influência pela ação de missionárias como Jane e Katia. Os grandes bispos ligados à Teologia da Libertação e à luta pela floresta e seus povos ou morreram ou tiveram que se aposentar, como o mais notável deles, dom Erwin Kräutler, bispo do Xingu por mais de três décadas e com escolta policial ao longo de pelo menos uma delas, porque estava ameaçado de morte. Hoje forçosamente "aposentado", ele se tornou "bispo emérito do Xingu". O "emérito" é o aviso de que aquele bispo já tem pouco poder. São sobretudo as freiras e as missionárias que mantêm o movimento vivo, mas mesmo no papado do progressista Francisco têm menos apoio do Vaticano do que seria necessário, porque são mulheres.

A cada 12 de fevereiro, Jane e Katia organizam com a comunidade um ritual político-religioso para lembrar o "martírio de Dorothy", que serve principalmente para manter ativa a luta pela reforma agrária e pela floresta. Na missa em homenagem à missionária, algumas vezes há uma dezena de padres, além do bispo. No palco só homens embatinados, mas quem comanda todo o espetáculo são as duas religiosas nos bastidores.

Junto ao túmulo da missionária assassinada há uma cruz onde vão se enfileirando os nomes dos que foram executados depois dela na região de Anapu. Entre os anos sangrentos de 2015 e 2019, período em que a Comissão Pastoral da Terra registrou dezenove assassinatos no município, era comum que alguns daqueles que rezavam diante daquela cruz num 12 de fevereiro no ano seguinte só existissem como mais um nome gravado nela. Agora, os nomes de Bruno Pereira e Dom Phillips também são lembrados durante a missa. Como Dom poderia imaginar, ao visitar o túmulo de Dorothy em 2021, que menos de um ano depois estaria ao lado dela como um dos mártires da Amazônia? E ainda assim ele nos encara de um cartaz na parede perto do santuário.

O impasse político-religioso da Amazônia é que a maioria das freiras e missionárias que mantêm as comunidades católicas vivas já passa dos setenta anos, caso de Katia, ou mesmo dos oitenta, caso de Jane. E não há substitutas à vista com a mesma força. A floresta vai se tornando mais e mais evangélica, em sua maioria um evangelismo neopentecostal com foco no mercado e no lucro, conectado à exploração predatória da floresta. Religião e política são fios entrelaçados na Amazônia — e em todo o Brasil.

Um exemplo: em fevereiro de 2024, o mundo se chocou com a notícia de que o assassino do ambientalista e seringueiro Chico Mendes (1944-88), maior mártir da história recente da floresta, tinha se tornado pastor evangélico e presidente do Partido Liberal, o mesmo de Bolsonaro, no município de Medicilândia. Na Transamazônica, a 85 quilômetros de Altamira, na cidade homenageada com o nome do general mais sanguinário da ditadura, Darci Alves Pereira evocava Deus e fundava igrejas enquanto pregava as ideias da extrema direita.

Os personagens que hoje se movimentam para matar e para morrer no entorno da Transamazônica são herdeiros da ideologia da ditadura para a floresta. As grandes obras de infraestrutura são parte determinante desse projeto de "desenvolvimento". Décadas depois, os megaprojetos seriam retomados pelos governos do PT, com o Programa de Aceleração do Crescimento. Mas nos anos 1970 era a Transamazônica a obra mais representativa dessa visão sobre a natureza. Naquele momento, a região foi dividida em dois polos, "Transa Oeste" e "Transa Leste". A primeira porção — destinada à colonização oficial e à produção agrícola — vai de Altamira até Placas e recebeu uma maioria de assentados da Região Sul do Brasil. Já na Transa Leste, entre Altamira e Marabá, predominou uma colonização espontânea, daqueles que são sempre es-

194

quecidos nos programas públicos oficiais, com migrantes vindos principalmente do Nordeste brasileiro, que não tiveram apoio oficial para ocupar terras consideradas menos "produtivas". Sem esquecer que todas as terras, a leste e a oeste, tinham sido por milênios a casa de povos indígenas.

A Transamazônica e "a conquista e colonização desse gigantesco mundo verde" começam, portanto, com um genocídio indígena e seguem com a renovação da política de branqueamento da população brasileira, cujo primeiro capítulo ocorreu ainda no período imperial. É importante lembrar que o Sul do Brasil foi colonizado, mais uma vez, sobre o corpo dos indígenas, por imigrantes trazidos da Europa, principalmente da Alemanha e da Itália, no século XIX e início do século XX. Não só os indígenas foram expulsos de suas terras e grande parte deles exterminada como, na hora de decidir qual era a população que deveria substituí-los, o Estado importou imigrantes brancos europeus.

No final do século XIX, o Brasil foi o último país das Américas a abolir formalmente a escravidão, depois de quatro séculos como palco do maior comércio de seres humanos do mundo. A abolição não significou, porém, nenhum tipo de inclusão. Depois de traficar com o corpo de milhões de negros africanos por séculos, a preocupação de parte das elites era garantir que a população brasileira ficasse mais branca. A primeira política pública de inclusão dessa população só chegou no século XX, num processo que se iniciou no governo de Fernando Henrique Cardoso, do PSDB, e se concretizou nos governos do PT — mas que é resultado de fato da pressão dos movimentos negros, que assumiram um protagonismo crescente nas últimas décadas.

Na construção da Transamazônica, os novos colonizadores foram recrutados no Sul do Brasil, a maioria descendente dos imigrantes europeus vindos um século antes, cuja principal ambição era a propriedade privada da terra. Nem foi fácil para os imigrantes europeus que chegaram ao Sul do Brasil no final do século XIX, nem foi fácil para seus descendentes que alcançaram a Transamazônica nos anos 1970. Foi uma saga ao se descobrirem com menos apoio do que a ditadura havia prometido, numa floresta desconhecida, que demandava outro modo de vida, com indígenas lutando para existir. Mas foi muito mais difícil para os nordestinos que foram sem convite e sem apoio do governo, em busca do sonho da terra própria para se livrar do aluguel do corpo para os grandes latifundiários.

Nessa mesma região da Transamazônica, a ditadura implantou uma política de concentração da terra, com títulos provisórios para lotes de 3 mil hectares oferecidos preferencialmente para pessoas de fora da Amazônia. Com frequência, os contratos eram acompanhados de financiamentos da Superintendência do Desenvolvimento da Amazônia (Sudam), uma sigla que ficou famosa pelos escândalos de corrupção. Para que pudessem ganhar o título da terra, os candidatos a proprietários tinham que comprovar, em cinco anos, a instalação de empresa agropecuária. Muitas dessas terras foram vendidas a terceiros antes do título definitivo. Em muitos casos, o Estado nunca tomou providências.

Terras públicas e financiamento público produziram e alimentaram um mercado de especulação fundiária na Amazônia e um ciclo de grilagem e de pistolagem que perdura até hoje, intimamente conectado com as grandes obras de infraestrutura. A palavra "grilagem", sem a qual não se compreende a destruição da Amazônia, vem do truque usado por esses ladrões de terras públicas para forjar documentos de propriedade da terra: botavam grilos em uma caixa com o falso título de posse para que os insetos dessem o tom amarelado e produzissem pequenos buracos para dar aparência de antigo ao documento forjado. Com a cumplicidade bem remunerada de donos de cartórios, uma casta que controla toda a burocracia no Brasil, das certidões de nascimento, casamento e morte às de propriedade da terra e de imóveis, a fraude era legalizada. Até os anos 1980, os cartórios eram passados de pai para filho, na mesma lógica das monarquias hereditárias.

Mais uma vez a caneta que destrói de que nos fala Raimunda Gomes da Silva. O documento escrito, mesmo que falso, valia mais do que o testemunho oral, verdadeiro, dos indígenas que viviam na floresta havia milhares de anos — ou dos quilombolas, descendentes de escravizados que se rebelaram, cujos antepassados viveram em regiões da Amazônia há quatro séculos, ou ainda dos beiradeiros, povos da floresta há mais de cem anos vivendo na beira de rios amazônicos.

A Anapu que sepultou Dorothy Stang é marcada por esse massacre perpetrado por grileiros de terra e suas milícias de pistoleiros — com frequência com a cumplicidade e a cooptação de policiais. É uma disputa entre aqueles que se apropriam de vastas porções de terras públicas para especulação e os pequenos agricultores que buscam a terra para dela se alimentar e produzir alimentos para o país. Como as forças são desproporcionais, a disputa se torna um massacre.

Em 2018, circulava uma lista de marcados para morrer em Anapu com a mesma naturalidade das listas de material escolar. "Meu filho foi falar com o chefe dos pistoleiros para saber se o nome dele tava na lista, e ele garantiu que não", me contou perplexa uma agricultora, apenas alguns dias depois de o filho ser executado em sua própria casa, o terceiro a morrer na mesma família. Dias depois, bateram na porta da casa dela para dar o seguinte recado: "Vim avisar que vão matar mais dois da sua família". Todos deixaram o território. A paisagem que Dom Phillips conheceu menos de um ano antes de ser ele mesmo tombado à bala foi produzida a partir da construção da Transamazônica e da ideologia que a impôs sobre a floresta.

O grileiro primeiro derruba a mata e vende a madeira, em

seguida coloca alguns bois para garantir a posse da terra e fingir que produz. Se não conseguir legalizar o roubo por meio dos conluios com os cartórios ou outros expedientes, sempre pode contar com a aprovação de uma lei no Congresso que, sob a desculpa de fazer a "regularização fundiária", lhe dará a posse definitiva. Só nesse início de século, foram duas: uma no segundo mandato de Lula e outra no de Michel Temer. Assim passam de ladrões de terras públicas a proprietários rurais legais. Obviamente, não há melhor negócio do que se apropriar de uma terra e depois vendê-la: fora o gasto com trabalhadores em regime análogo à escravidão, portanto muito baratos, motosserras e pistolagem, só há lucro. Dorothy Stang foi assassinada porque ajudava os camponeses a permanecer legalmente em terras disputadas por grileiros. Assim como outras lideranças que, por serem pobres e não terem cidadania estadunidense ou britânica, tiveram menos holofotes ao serem executadas.

Para os povos da floresta, o desenvolvimento e a infraestrutura são movimentos predatórios. Na língua portuguesa, o prefixo "des" significa deixar de ser ou de fazer algo, marca o contrário do que vem depois. Des-envolver, portanto, significa "deixar de se envolver" — com a floresta, com seus povos, com a vida, com as consequências de seus atos, com os impactos dos projetos de infraestrutura. Dorothy e as lideranças da floresta — tanto as que tombaram como as que ainda vivem — reivindicam "envolvimento" — se envolver com a floresta, se conectar, se implicar, se reconhecer interdependente. São dois projetos de vida radicalmente diferentes. É esse o embate na Amazônia e em todos os biomas — os que se envolvem morrem pelas mãos dos que desenvolvem.

Quando encontrei Dom no protesto dos camponeses, ele acompanhava Erasmo Theofilo, naquele momento uma das lideranças mais importantes da região de Anapu. Erasmo é uma pessoa humana bastante impressionante — e é assim mesmo que ele se define, buscando evitar a determinação de gênero à qual a palavra "homem" o prenderia. Teve paralisia infantil na infância e só pode se mover fisicamente numa cadeira de rodas. Ou, como ele prefere, numa cadeira de plástico ordinário, daquelas que se encontram em bares baratos, que ele converte numa parte do próprio corpo para praticamente correr. Além de ser uma pessoa com deficiência num território em que é impossível ignorar o corpo como nas cidades, porque o corpo é chamado todo o tempo a comparecer, Erasmo se assume bissexual em terra de "machos" armados.

Naquele momento, Erasmo já estava ameaçado de morte. No Natal de 2019, primeiro ano do extremista de direita Jair Bolsonaro no poder, ele e sua então companheira, a quilombola Natalha, tiveram que deixar Anapu para que Erasmo pudesse virar o ano vivo. É assim que as coisas são nas linhas de frente da guerra movida contra a natureza. Como no Natal e no Ano-Novo as instituições entram em regime de plantões e as grandes organizações socioambientais em férias coletivas, a escassa proteção para os ameaçados acaba. Enquanto a maioria das pessoas viaja para encontrar suas famílias para passar as festas, e a publicidade evoca o consumo nos presentes, na comilança, nas bebidas e nas roupas do réveillon, na floresta as lideranças precisam deixar suas casas e suas famílias e seus territórios para salvar suas vidas. Todo ano é assim. As festas são o momento mais perigoso e sofrido para quem defende a Amazônia com seu corpo na linha de frente.

Erasmo e Natalha puderam retornar apenas em fevereiro, para o ritual de homenagem a Dorothy Stang, onde ele temia ter seu nome escrito na cruz dos mártires da floresta. Chegou atrasado porque naquela madrugada os grileiros tentaram incendiar um trator. A cada ano, depois de sofrerem atentados dentro de sua casa, Erasmo e Natalha precisaram fugir para salvar suas vidas por períodos maiores, levando com eles os quatro filhos de

Natalha, forçados a abandonar a escola. Em 15 de abril de 2021 nasceu Eduardo, filho dos dois, em meio a uma das fugas. O menino já nasceu exilado em seu próprio país. O refúgio foi descoberto e sofreram um atentado por homens encapuzados. Eduardo pouco conhece do seu território de origem, já que, em 2022, Erasmo e Natalha tiveram que deixar Anapu porque receberam uma ameaça de que suas crianças seriam mortas para "tocar o coração" de Erasmo. A volta de Lula ao poder, em 2023, pouco mudou a situação de violência.

O massacre da floresta é o massacre das pessoas humanas que defendem a floresta. Quando o Estado fracassa — deliberadamente, como no caso do governo Bolsonaro — em proteger quem protege a Amazônia, as lideranças são obrigadas a deixar os territórios para não virarem mártires, como aconteceu com Dorothy Stang e tantos outros. Destituída de liderança, a resistência é enfraquecida e as comunidades se tornam mais vulneráveis. Para quem é obrigado a deixar seu território e sua luta, é o mesmo que trocar uma morte por outra. Desenraizados da comunidade onde tinham lugar, afastados da luta que dava sentido às suas vidas, sozinhos em lugares estranhos e invariavelmente em precárias condições de existência, são aqueles que mais protegem a floresta os mais punidos, mesmo quando não morrem à bala. Alguns deles tentam o suicídio.

Os predadores da floresta compreenderam essa realidade muito bem. Hoje eles sabem que, mais do que matar, o que pode trazer as instituições do Estado para perto e atrapalhar os negócios, é mais efetivo expulsar. Em 10 de janeiro de 2024, a escolinha de palha de babaçu construída pela comunidade para as crianças estudarem foi queimada pela segunda vez. Os grileiros atacam a escola para expulsar os adultos — e, ao mesmo tempo, traumatizam as crianças, que crescem com medo. Algumas delas já viram os pais com armas na cabeça dentro de suas casas, muitas não conseguem voltar para a escola que testemunharam queimar. Essa estratégia é cuidadosamente pensada e executada — e atinge o coração dos movimentos. Compromete também a sucessão das lideranças, ao fragilizar as novas gerações. Tudo isso acontece dentro da esfarrapada — e sempre em risco — democracia do Brasil.

Pessoas humanas como Erasmo defendem a floresta para toda a humanidade, para cada leitor deste livro de Dom Phillips. Essa rotina de ameaças, mortes e violações de direitos é a vida deles porque a omissão de grande parte dessa mesma humanidade é uma forma de ação. Dom buscava "soluções" para salvar a Amazônia. No caso da guerra fundiária da região de Anapu e de várias outras na porção brasileira da floresta tropical, a solução passa obrigatoriamente pela reforma agrária.

Parte dos ecologistas e das organizações socioambientais no Brasil considera os camponeses uma espécie de "invasores" da floresta. É um equívoco que tem custado a vida das lideranças. Os agricultores familiares estão na Amazônia e nela vão ficar. Se não tiverem apoio, vão virar empregados dos grileiros ou se unir às facções do crime organizado que avançam rapidamente sobre a floresta. Em várias regiões, os camponeses são a única barreira para impedir o desmatamento de vastas porções para especulação imobiliária, monoculturas de soja e pasto para boi. É preciso que os assentamentos agrários sejam reconhecidos, criados e apoiados para que as famílias possam permanecer na terra desde que cumpram o compromisso de trabalhar dentro dos princípios da agroecologia e sem uso de agrotóxicos, exclusivamente para a produção de comida. A agricultura familiar brasileira é a oitava produtora global de alimentos. Mas parte das mulheres e dos homens que plantam para alimentar o Brasil está morrendo à bala junto com a floresta.

A caneta do Estado, mais uma vez nos lembra Raimunda Gomes da Silva, precisa deixar de ser usada para destruir e sim, no caso de Anapu, servir para assinar os documentos da reforma agrária e dos projetos que tornarão realidade a permanência dos pequenos agricultores na terra, em colaboração com a floresta. As escolas precisam parar de queimar — e crianças não podem ter arma na cabeça. Ao contrário. As meninas e meninos camponeses precisam ser cuidados para poder pegar a caneta para escrever o futuro em salas de aula seguras numa floresta protegida.

ALTAMIRA: A CONVERSÃO DE POVOS-FLORESTA EM POBRES

Entre Anapu e Altamira há uma distância de 137 quilômetros pela Transamazônica e uma balsa para transpor o rio. Altamira, com 126 mil habitantes, é a cidade-polo dessa região do sudoeste do estado do Pará, um dos mais violentos e desmatados da porção brasileira da Amazônia. É também o maior município do Brasil e um dos maiores do mundo, com 160 mil quilômetros quadrados, maior que metade dos países do mundo. Para uma ideia melhor desse desvario amazônico, basta imaginar que Castelo dos Sonhos, um dos distritos de Altamira conhecido por uma escalada de violência assombrosa até mesmo para os padrões da Amazônia, fica a cerca de mil quilômetros da cidade-sede. Mil quilômetros de estrada nem sempre nas melhores condições e sem aeroportos no caminho. Se as políticas públicas são precárias em todo o Brasil e mais ainda na Amazônia, imagine se e como chegam a lugares como Castelo dos Sonhos. Já contei a história desse povoado pelas relações entre os mortos do cemitério, às vezes com a vítima ao lado do pistoleiro, que por sua vez foi morto por outro pistoleiro, que também já está semeado alguns palmos abaixo do chão. Um cemitério onde o coveiro tinha a diligência de deixar pelo menos um par de covas abertas porque sabia que logo elas seriam ocupadas.

Esse município com tamanho de país é um dos epicentros da destruição da Amazônia, com frequência município campeão de desmatamento e de fogos criminosos. É também o centro de duas das obras mais simbólicas da política do Estado brasileiro para a Amazônia. Paradoxalmente, em dois momentos radicalmente diferentes: na ditadura militar, a Transamazônica; e a Usina Hidrelétrica de Belo Monte nos governos mais à esquerda da história da democracia brasileira, ao longo dos treze anos do Partido dos Trabalhadores no poder, com Lula (2003-10) e Dilma Rousseff (2011-6). O paradoxo é a prova do que Tom Jobim dizia ao definir seu país: "O Brasil não é para principiantes". Altamira e Belo Monte provam que Jobim poderia ter acrescentado que o Brasil também não é para profissionais. Mesmo acadêmicos e jornalistas muito experientes fracassam em compreender um país de dimensões continentais que abriga mundos muito diversos dentro de seu corpo geopolítico.

O projeto concebido pela ditadura militar sobreviveu à própria ditadura. E foi reeditado nos sucessivos governos democráticos — e até hoje. A Amazônia continua a ser vista como um corpo a ser dominado, violado, explorado e esvaziado mesmo pelos governos mais afinados com a esquerda. Tanto que, no início do terceiro mandato de Lula como presidente, os principais embates na área socioambiental foram o projeto de abrir uma nova frente de exploração de petróleo na Amazônia, a construção de uma rodovia para transportar soja e outros grãos em meio à floresta e a pavimentação da BR-319, uma estrada que cruza uma das últimas áreas intactas da floresta, entre Porto Velho e Manaus. Tudo isso mesmo sabendo que a construção de uma estrada é sempre o prenúncio de grande destruição, como Dom anotou em seus cadernos.

O ano de 2023, o primeiro do terceiro mandato de Lula, marcou o que um grupo respeitável de cientistas do clima chamou de a entrada da humanidade "em território desconhecido". Com a temperatura média em 1,4 grau Celsius acima do período pré-industrial e o título de "ano mais quente nos últimos 125 mil anos", 2023 teve um número recorde de eventos extremos em todo o planeta. A floresta sofreu a maior seca lembrada por seus moradores, alterando tanto o ecossistema que um povoado do estado do Amazonas desapareceu como se tivesse sido engolido. Naquele mesmo ano, o governo Lula colocou a Floresta Amazônica e a exploração de combustíveis fósseis na mesma frase.

Em 2024, foi ainda mais grave. A Floresta Amazônica viveu a pior seca de sua história, e o Rio Grande do Sul, no extremo sul do Brasil, sofreu a maior inundação desde que há registros. O mundo viveu o primeiro ano com temperatura superior a 1,5 grau Celsius comparado aos níveis pré-industriais. Cientistas respeitados, como o brasileiros Carlos Nobre, declararam-se desesperados.

A hidrelétrica de Belo Monte, então chamada Kararaô, palavra na língua do povo Kayapó, foi projetada na ditadura militar para barrar o Xingu, um dos mais poderosos rios da floresta, afluente do Amazonas. Porém, a ditadura encontrou uma resistência feroz dos povos indígenas e dos movimentos sociais da região afetada. A imagem-símbolo dessa resistência ocorreu no Encontro dos Povos Indígenas do Xingu em Altamira, no ano de 1989: a indígena Tuïre, uma mulher Kayapó, encostou seu facão no rosto do diretor da Eletronorte, na época uma estatal de energia, e pronunciou as seguintes palavras: "A eletricidade não vai nos dar a nossa comida. Precisamos que nossos rios fluam livremente. O nosso futuro depende disso. Nós não precisamos da sua represa".

Essa resistência adiou a hidrelétrica até o início do primeiro mandato de Lula, quando recomeçaram os estudos para sua construção. Com a posse do grande líder do Partido dos Trabalhadores, ao qual eram filiadas muitas das lideranças dos movimentos sociais, algumas delas, como Antonia Melo, fundadoras do próprio partido na região, houve um alívio geral. Os apoiadores locais acreditavam que o Xingu estava a salvo do fantasma da hidrelétrica, sempre assombrando a cada entrada de novo governo, mesmo após a redemocratização do país. As lideranças baixaram a guarda, e o projeto da usina foi refeito para supostamente afetar menos o delicado ecossistema. Com o nome de Belo Monte, a hidrelétrica foi leiloada em 2010, último ano do segundo mandato de Lula, numa operação com vários indícios de fraude. As obras começaram em seguida, executadas por um consórcio de empreiteiras.

Em 2015, essas empreiteiras foram denunciadas por corrupção em diferentes projetos pela Operação Lava Jato, da Polícia Federal. A operação botou vários donos de grandes empreiteiras na prisão — e também Lula. Pela primeira vez na história do Brasil uma investigação anticorrupção tocou no cartel das empreiteiras, presente nas grandes obras feitas na Amazônia desde a ditadura militar, e aqueles que enriqueceram com a corrupção associada aos projetos de infraestrutura do país foram enviados para a prisão. No entanto, as ilegalidades cometidas a serviço da lei, incluindo a participação controversa e abusiva de parte do Ministério Público Federal e do ex-juiz Sergio Moro, que no final de 2018 deixou a magistratura para ser ministro da Justiça de Jair Bolsonaro, comprometeram os acertos da Lava Jato.

Belo Monte foi construída. Em 2015, ano em que a hidrelétrica recebeu a licença de operação, Altamira tornou-se a cidade com mais de 100 mil habitantes mais violenta do Brasil. A usina barrou o Xingu, alterando toda a dinâmica do rio e de seus afluentes; expulsou centenas de famílias ribeirinhas que viviam em ilhas e beiradões que foram afundados para fazer o reservatório da usina; alterou radicalmente o modo de vida de povos indígenas, alguns deles de recente contato, como os Arara de Cachoeira Seca.

A expansão do crime organizado se acelerou. Em 29 de julho de 2019, a cidade foi palco do segundo maior massacre do sistema carcerário da história do Brasil, com 58 mortos. Outros quatro presos foram executados durante a transferência para Marabá, na Transamazônica, totalizando 62 vítimas. Diante do Instituto Médico Legal, mães, esposas, irmãs e filhas desesperadas, várias delas carregando crianças pelas mãos ou nos braços, tinham diante de si apenas uma dúvida: se a pessoa que amavam tinha sido decapitada ou queimada viva.

No início do ano seguinte, pouco antes da primeira morte por covid-19 na cidade, Altamira viveu uma série de suicídios, a maioria de crianças e adolescentes. Entre janeiro e abril de 2020, quinze pessoas se suicidaram na cidade: nove delas eram jovens entre os onze e os dezenove anos, uma tinha 26 anos e os outros cinco variavam dos 32 aos 78 anos. Dois adolescentes se atiraram de uma torre da cidade, a maioria se enforcou. O número só não foi maior porque um grupo de mães de adolescentes assassinados, outra tragédia que se alargou com Belo Monte, organizou uma operação de emergência para detectar nas redes sociais indícios de possíveis suicidas. Houve dias em que até três tentativas de suicídio chegaram a ser impedidas por essa rede de salvamento formada às pressas sem nenhum apoio do poder público.

A conclusão dos especialistas em saúde mental foi unânime: a principal hipótese para a série de suicídios era a transfiguração da cidade e dos modos de vida provocada por Belo Monte. Os adolescentes que se matavam eram crianças quando a construção da usina alterou radicalmente a realidade das famílias e da cidade, corroendo a qualidade das relações cotidianas, multiplicando a violência (inclusive a doméstica), os casos de alcoolismo e de outras drogas pesadas, as doenças (também as mentais), sem que o poder público desse resposta à altura de uma mudança dessa magnitude. Os coletivos organizados da juventude enviaram uma carta perfurante às autoridades: "Dizem que nós somos o futuro do país, mas como seremos o futuro se nós não temos um presente?".

O impacto de Belo Monte sobre os povos indígenas foi avassalador — e seus efeitos perduram até hoje. Durante cerca de dois anos, os indígenas receberam mensalmente salgadinhos, refrigerantes, açúcar, macarrão instantâneo e outros produtos ultraprocessados, assim como camas boxe, barcos a motor, TVs de tela plana. Alguns caciques receberam até caminhonetes. Várias comunidades deixaram de fazer roças e alteraram radicalmente seu modo de vida.

Em vez de o dinheiro ser investido na redução e na prevenção dos impactos, foi usado na compra dos espelhinhos desse milênio. Segundo dados do "Dossiê Belo Monte: Não há condições para a Licença de Operação", publicado em 2015 pelo Instituto Socioambiental com a colaboração de especialistas de diversas áreas, essa operação deflagrou "um dos processos mais perversos de cooptação de lideranças indígenas e desestruturação social promovidos por Belo Monte". Em documento, o Distrito Sanitário Especial Indígena de Altamira, subordinado ao Ministério da Saúde, afirma: "A partir de setembro de 2010, com a construção da Usina Hidrelétrica de Belo Monte, os indígenas passaram a receber cestas de alimentos, compostas de alimentos não perecíveis e industrializados. Com isso os indígenas deixaram de fazer suas roças, de plantar e produzir seus próprios alimentos. Porém, em setembro de 2012, tal 'benefício' foi cortado, os indígenas ficaram sem o fornecimento de alimentos e já não tinham mais roças para colher o que comer, o que levou ao aumento do número de casos de crianças com Peso Baixo ou Peso Muito Baixo Para a Idade, chegando a 97 casos ou 14,3%".

Em outro ponto do documento, o órgão responsável pela saúde indígena relaciona o aumento dos casos de "doença diarreica aguda" em 2010 à atuação nas aldeias da Norte Energia, concessionária da hidrelétrica: "Em 2010 registramos um aumento considerável, já que numa população de 557 crianças menores de

5 anos ocorreram 878 casos, o equivalente a 157% dessa população ou 1576,3 para cada 1000 crianças. [...] Mudanças nos hábitos alimentares com a introdução de alimentos industrializados oriundos de recursos financeiros das condicionantes para construção da hidrelétrica de Belo Monte é outro fator contribuinte para o alto índice existente". Segundo dados do dossiê, a desnutrição infantil aumentou 127% entre 2010 e 2012. Um quarto das crianças estava desnutrido. No mesmo período, ainda segundo o documento, o atendimento de saúde a indígenas cresceu 2000% nas cidades do raio de impacto de Belo Monte.

Essa ação da empresa, que produziu efeitos em cadeia, era oficialmente o plano de mitigação dos danos causados pela usina, o que torna tudo mais perverso.

E mesmo assim o governo de Dilma Rousseff deu a licença de operação da hidrelétrica em novembro de 2015. Belo Monte foi construída "com uma mistura entre o Empreendedor (a concessionária Norte Energia) e o Estado", nas palavras da procuradora da República Thais Santi, que entrou com uma ação por etnocídio indígena. Parte das medidas de prevenção que condicionavam a sua implantação até hoje não foi cumprida.

Raimunda Gomes da Silva conheceu ali o peso da caneta que destrói. Ela vivia com seu marido João numa das dezenas de ilhas do Xingu. Para compreender essa geopolítica é necessário saber que as ilhas dos rios amazônicos são o último refúgio dos povos da floresta. Assim como no passado os ancestrais dos atuais indígenas foram se embrenhando mais e mais na mata para escapar das botas, das armas e dos vírus dos colonizadores, também nas últimas décadas as populações tradicionais foram deixando a beira dos rios a cada vez que a grilagem avançava e fazendo morada nas ilhas onde acreditavam estar a salvo. Belo Monte provou que não estavam.

Otávio das Chagas estava em sua ilha com sua mulher Maria

e seus nove filhos quando os prepostos da Norte Energia chegaram para anunciar o fim do mundo. Disseram a ele que, se não assinasse o papel e deixasse o lugar onde passou a vida, seria expulso sem um centavo. Otávio, assim como muitos ribeirinhos, só era letrado em rio. Nada sabia do alfabeto. Coagido, com medo, o pescador de pouco mais de metro e meio assinou com o dedo um documento com palavras de advogados que não era capaz de decifrar. E foi assim que se descobriu, de repente, em 2014, na periferia de Altamira, que a cidade logo se tornaria a mais violenta de um dos países mais violentos do mundo. Como compensação pela perda de sua ilha, seu modo de vida, sua possibilidade de pescar e de plantar, deram a ele 12 mil reais. Hoje, os ossos do pai de Otávio das Chagas estão esmagados pelo paredão de Belo Monte.

Como ele, centenas de famílias foram jogadas longe do rio pela força da caneta, em bairros planejados pela empresa e de imediato dominados por diferentes facções do crime organizado, em casas de material barato com uma arquitetura incompatível com seu modo de vida. Separadas de sua comunidade, assistiriam à total dissolução de tudo o que conheciam. Muitas pessoas adoeceram, algumas morreram.

Raimunda Gomes da Silva viu seu marido João Pereira da Silva se tornar, nas palavras dela, um "morto-vivo". Ele entrou no escritório da Norte Energia para "negociar" um valor pela casa que perdia. A palavra negociar, usada pelos senhores da usina, era mais uma indignidade do processo, já que não há negociação quando um dos lados não tem escolha. João me contaria mais tarde que, ao lhe informarem o valor irrisório da indenização por tudo o que ele tinha conseguido na vida, percebeu que morreria de fome, porque aos 63 anos já não tinha forças para recomeçar. Naquele momento, ele decidiu que mataria o preposto da empresa. "Eu sacrificaria a minha vida, mas chamaria a atenção do mundo para o que estavam fazendo com o povo." Mas João não é um assassino. E então a voz de João travou, as pernas travaram, e ele teve que ser tirado do escritório carregado. Mais tarde, seria diagnosticado um AVC. E depois ele ainda teria outro.

Enquanto João, ainda com pouca mobilidade nas pernas, repetia que só via "escuridão", Raimunda navegou pelo Xingu para tentar salvar seus pertences na ilha. Mas bem antes de chegar, já viu a fumaça se erguendo no céu. Quando finalmente alcançou seu pedaço de chão no Xingu, já estava tudo queimado. Em meio às cinzas da floresta, Raimunda cantou para suas plantas, pedindo perdão por não as ter salvado do fogo. Quando ela voltou para a cidade, depois de registrar o crime na Polícia Federal, João pediu a Raimunda para navegarem até a ilha queimada com as filhas e se matarem todos. Explicou: "Para que o mundo saiba que Belo Monte nos matou".

Quando Dom Phillips visitou Raimunda, ela já estava assentada junto ao reservatório da usina, onde o rio é morto e os peixes não vingam — num pedaço de floresta que ela chamou de "Terra Prometida". Conseguiu um canto do mundo porque lutou muito ao lado dos ribeirinhos para que a caneta pelo menos uma vez escrevesse linhas de justiça. Mas até hoje sente-se constantemente ameaçada. No início de 2022, acompanhei-a à Delegacia de Polícia para que registrasse uma ameaça de morte feita quando ela sacava a aposentadoria numa agência bancária de Altamira. Raimunda é do Conselho Ribeirinho, criado pelas famílias atingidas com o apoio do Ministério Público Federal e da Sociedade Brasileira para o Progresso da Ciência, para reivindicar que a empresa crie um Território Ribeirinho junto ao reservatório a fim de que a população tradicional possa recuperar seu modo de vida.

No barco a caminho da casa de Raimunda, Dom ficou horrorizado com as árvores mortas por Belo Monte, um bosque de cadáveres nas águas do reservatório ao longo de todo o percurso. Escreveu: "As árvores mortas são como braços apontando acusadoramente para o céu". Dom então pediu ao piloto da voadeira que se aproximasse delas, e ele respondeu: "Veremos muito mais logo adiante. É tudo por causa da barragem".

Ele concluiu em seu caderno de notas para o capítulo que nunca escreveu: "Belo Monte é um cemitério coletivo de árvores, cujos troncos servem como suas próprias lápides. Um desfile interminável de madeira morta, morta para que pessoas a milhares de quilômetros de distância possam ter eletricidade mais barata do que pagam aqui. Esse é o custo total do desenvolvimento da Amazônia brasileira: um cemitério interminável de árvores mortas".

Como os cientistas previram e denunciaram antes de sua construção, Belo Monte produz bem menos energia do que sua capacidade instalada, porque o Xingu é um rio que tem pouca água durante o verão amazônico, a estação da seca. Depois, no inverno, que é o período de chuvas, volta a encher. Durante a seca, com frequência apenas uma ou duas das dezoito turbinas da hidrelétrica estão funcionando.

Após a licença para sua operação, Belo Monte passou a produzir um ecocídio na Volta Grande do Xingu, uma região de 130 quilômetros, com grande biodiversidade, lar de três povos indígenas e várias comunidades ribeirinhas, onde o rio faz uma curva. Ao sequestrar 70% da água do rio para suas turbinas, Belo Monte está secando a Volta Grande do Xingu e, ano após ano, impedindo a reprodução dos peixes, a base da alimentação da população da floresta. Nessa mesma curva do rio, uma empresa de mineração canadense está tentando levar adiante os planos de construir uma mina de ouro gigante — Belo Sun —, que se conseguir se instalar vai devastar mais terras e poluir as águas já reduzidas do Xingu. Projetos de infraestrutura geram mais infraestrutura — e multiplicam a destruição.

Em 2024, apesar de ações do Ministério Público Federal e da luta das comunidades atingidas, a administração irresponsável da água seguia provocando a morte da Volta Grande do Xingu. O Território Ribeirinho ainda estava longe de ser uma realidade, e os que tinham sido assentados reclamavam da precariedade das condições, incapazes de retomar o modo de vida anterior. "Levaram cinco anos para construir a usina e estamos há oito esperando que façam o Território Ribeirinho", diz Maria Francineide Ferreira dos Santos. Ribeirinha, evangélica, forjada na luta por justiça, Francineide assim compreende a demora: "Estão nos matando aos poucos, logo não vai ter ninguém vivo para reivindicar". A cada ano aqueles que esperam adoecem, outros desistem. Vários já morreram nessa espera.

Raimundo Berro Grosso é um dos ribeirinhos que teve um AVC esperando por justiça. Expulso do rio para um dos bairros planejados da Norte Energia, botou uma canoa na sala da casa, navegando no seco. Como todos eles, descobriu na cidade como era viver tendo que pagar para comer — e sem dinheiro para pagar para comer. "Riqueza é não precisar de dinheiro. E pobreza é não ter escolha", diz Berro Grosso, cuja voz que lhe rendeu o apelido hoje perdeu a força, sequestrada pelo sofrimento e pela doença. "Eu era rico, Belo Monte me fez pobre."

Raimundo Berro Grosso definha, mas sabe o que diz. As grandes obras, os megaprojetos como Belo Monte, são máquinas de converter povos da floresta em pobres urbanos. Ao perderem o território físico, perdem também sua identidade. E com ela seus direitos. Deixam de ser indígenas, ribeirinhos, quilombolas, povos com direitos próprios reconhecidos na Constituição brasileira, para se transformar em uma categoria genérica chamada "pobres" nas periferias e favelas das cidades — onde restam como restos, ruínas da floresta também. Essa conversão é a forma mais eficaz de avançar sobre a Amazônia porque elimina a resistência.

Dom Phillips queria buscar soluções. Existe uma peça de teatro que correu mundo chamada *Altamira 2042*, dirigida por Gabriela Carneiro da Cunha. Ela foi criada com os sons das pessoas da floresta, as humanas e as não humanas, no processo de luta contra Belo Monte. É de Raimunda Gomes da Silva a voz central. Ao final da peça, todos que a assistem são convidados a destruir a barragem com mãos e marretas, numa cena de máxima catarse.

Libertar o Xingu é o sonho de todas as pessoas que botam seu corpo na linha de frente para lutar pela Amazônia. Mas, enquanto isso não é possível, é preciso que a caneta do governo se mova para produzir justiça e reparação, obrigando a Norte Energia a completar a criação do Território Ribeirinho, cumprir as obrigações que jamais saíram do papel e fazer uma administração da água que permita a vida da Volta Grande do Xingu. É preciso a assinatura de um compromisso de Estado — para além de governos específicos — de que nenhuma nova hidrelétrica será construída na Amazônia. Hidrelétrica na Amazônia não é energia limpa — é energia suja de sangue.

Porque as balas não podem silenciar Dom, seu livro foi terminado. A última palavra, pelo menos neste capítulo, é de Raimunda Gomes da Silva, que representa a floresta. Ao final de 2023, ela mesma pegou a caneta e lançou seu próprio livro, abrigado dentro de uma bolsinha de ervas medicinais colhidas na sua Terra Prometida. Assim escreveu: "De tanto pensar que eu queria ser uma águia, um dia eu sonhei que estava voando. Voando alto. Via todas as árvores. Só quando eu ia descer, eu não sabia como descia. Sabia subir, mas descer eu não sabia. Aí eu pensei comigo a outra frase: se eu queria subir, por que eu quero descer? Eu vou ficar aqui".

6. Rebrotar e se proteger: Os defensores indígenas

Terras Indígenas Yanomami e Raposa Serra do Sol

Tom Phillips* e Dom Phillips

* Em duas décadas como correspondente internacional, Tom Phillips cobriu quase trinta países, entre os quais Brasil, China, El Salvador, Haiti, Indonésia, México, Nicarágua, Filipinas, Coreia do Sul e Venezuela. Começou a carreira no Rio de Janeiro e foi o correspondente do *The Guardian* em Beijing e na Cidade do México antes de voltar ao Brasil em 2020, na posição de correspondente internacional do jornal na América Latina. Ele trabalhou extensamente na Amazônia desde a sua primeira ida até lá, há 25 anos, inclusive na região do vale do Javari, onde Dom e Bruno foram assassinados.

"YA TEMI XOA!" [AINDA ESTOU VIVO!]

O menininho Iecuana agarrou as costas do assento de Dom e desandou a chorar quando o Cessna monomotor mergulhou no céu sobre a cidade de Boa Vista e se inclinou a oeste, na direção do maior território indígena do Brasil. Mas os soluços do menino logo cessaram quando a savana ressecada de sol em volta do aeroporto deu lugar a uma paisagem espetacular de selvas que pareciam não ter fim, e rios cor de caramelo que serpenteavam entre as matas como uma caligrafia. Dom e o garoto olhavam em silêncio pelas janelas a estibordo do avião, fascinados com a beleza natural de um dos recantos menos explorados da América do Sul.

"Mil tons de verde… floresta virgem intocada", escreveu Dom num dos cadernos de capa bordô que tinha levado em sua missão mais recente na Amazônia, em novembro de 2019. "A sua grandiosidade dá um frio na barriga… Por que alguém iria querer destruir isso? O que poderia justificar um ato tão monstruoso?"

O avião estava a caminho de Uaicá, uma aldeia ao longo do rio Uraricoera na Terra Indígena Yanomami, onde viviam cerca de 150 pessoas do povo Iecuana — entre elas Raimon, o aflito companheirinho de voo de Dom, cujo tio, Edmilson Estevão, tinha concordado em servir de guia ao jornalista.

Na época da visita de Dom, a aldeia Uaicá estava no olho de um furacão perigoso e cada vez mais veloz: uma corrida do ouro do século XXI que viera ganhando impulso desde que Jair Bolsonaro se tornara presidente do país quase doze meses antes, em janeiro de 2019. Na véspera da posse, Dom havia conversado com o xamã e líder Yanomami Davi Kopenawa, que manifestou uma profunda preocupação quanto ao futuro de seu território isolado, onde moravam cerca de 30 mil Yanomami e Iecuana, inclusive alguns com pouco ou nenhum contato com o mundo exterior.

Kopenawa alertou sobre o governo de direita que assumia o

poder: "Eles não querem respeitar onde vivemos. A floresta é um local sagrado para o povo Yanomami... não queremos que os brancos destruam".

Quase um ano depois, quando o avião de Dom sobrevoava Roraima, era exatamente isso que estava acontecendo. Milhares de garimpeiros estavam invadindo terras Yanomami, incentivados pela retórica e pelas políticas antiambientais e anti-indígenas de Bolsonaro, entre as quais constava o desmonte das agências de proteção que deveriam defender tais áreas. Financiados por patrões criminosos multimilionários que moravam em casas luxuosas e tinham ligações políticas, alguns desses garimpeiros pobres usavam barcos de alumínio para subir furtivamente rios como o Uraricoera até centenas de minas ilegais. Outros usavam aviões e helicópteros para chegar a poços de mina isolados na selva, onde minérios como o ouro e a cassiterita eram saqueados de terras que, quando o território indígena fora criado quase trinta anos antes, o governo prometera proteger. O governo Bolsonaro, de modo geral, simplesmente dava de ombros ou, no caso do presidente, incentivava abertamente o garimpo.

A corrida do ouro do período Bolsonaro era, em muitos aspectos, uma reencenação de uma acirrada disputa histórica por minérios que devastou as comunidades indígenas da mesma região quando Kopenawa era jovem. A decisão da ditadura militar de colonizar a Amazônia brasileira nos anos 1970, passando tratores pelas selvas para abrir estradas, desencadeou uma corrida caótica e sangrenta por terras e recursos que continua até hoje. Nos anos 1980, a disparada dos preços do ouro e uma forte crise econômica viram nada menos do que 1 milhão de garimpeiros se espalhando pela região rica em minérios, na esperança de fazer fortuna nas minas de ouro das selvas brasileiras. "A corrida amazônica de fato ultrapassa o boom do ouro no Klondike e na Califórnia no século passado [xix], tanto em termos de produção quanto no número de pessoas empregadas", escreveu o pesquisador britânico Gordon MacMillan, que na época morava com os mineiros de Roraima, em seu relato de 1995 sobre o período, *At the End of the Rainbow?* [No fim do arco-íris?].

MacMillan descreveu o boom do ouro na Amazônia dos anos 1980 como "um evento muito importante na história mundial da mineração". Para os Yanomami — cujas terras ficavam sobre alguns dos depósitos mais cobiçados —, foi uma calamidade. Pelos cálculos do autor, pelo menos 15% daquela população relativamente pequena foi liquidada entre 1988 e 1990 por doenças inadvertidamente levadas por grupos nômades de garimpeiros. A ONG indígena Survival International estimou que em apenas sete anos morreram 20% dos Yanomami. "São comedores de terra cheios de fumaças de epidemias", como depois escreveu Kopenawa em suas memórias.

A crise — e o ativismo incansável de figuras como Kopenawa e grupos de apoio como a Comissão Pró-Yanomami — despertou a indignação mundial. Figuras públicas como o príncipe de Gales, atual rei do Reino Unido, abraçaram a causa. "Os Yanomami do Brasil estão sendo levados à extinção pelo sarampo, por doenças venéreas e o envenenamento por mercúrio após a invasão ilegal de suas terras por prospectadores de ouro", alertou o futuro rei em 1990, num discurso sobre as formas de salvar da "destruição total" as florestas tropicais do mundo.

Diante dos protestos e pressões internacionais crescentes, o governo brasileiro decidiu agir. Milhares de garimpeiros foram expulsos da região durante uma grande operação de segurança que dinamitou pistas de pouso ilegais e evacuou os garimpeiros em aviões cargueiros militares. Em 1992, exatamente quinhentos anos depois da primeira chegada de colonizadores europeus à América do Sul, com terríveis consequências para suas populações indígenas, os Yanomami receberam um território protegido de 9,6 milhões de hectares, medida à qual Bolsonaro — então um político do baixo clero conhecido por suas ideias malucas e estilo belicoso — se opôs sem sucesso. Quase trinta anos depois, Kopenawa e muitos outros assistiram temerosos à história se repetindo sob Bolsonaro, que se vangloriara de ter sido garimpeiro antes de entrar no Congresso no começo dos anos 1990 e era famoso por sua hostilidade contra os direitos indígenas. Num discurso de 1998, ele elogiou a "competência" da cavalaria que havia "dizimado" as populações indígenas na América do Norte e lamentou que não tivesse acontecido o mesmo no Brasil. A inequívoca implicação era que, do seu ponto de vista, poderia não ter sobrado nenhum povo Yanomami atrapalhando o caminho do desenvolvimento econômico brasileiro se os soldados tivessem "cumprido melhor" a sua tarefa.

Ao entrar de avião no território dos Yanomami, uma área do tamanho de Portugal, Dom, junto com seu amigo, o fotógrafo brasileiro João Laet, tinha uma dupla missão.

O que ele pretendia era sobretudo documentar e expor a corrida criminosa atrás de riquezas que a chocante eleição de Bolsonaro desencadeara em territórios indígenas por toda a Amazônia. Os ativistas da Hutukara, associação indígena que Kopenawa ajudara a fundar em 2004, haviam convidado os jornalistas para uma rara visita a fim de noticiar a devastação no *Guardian*, a qual talvez fizesse com que o governo Bolsonaro tomasse providências.

Durante os oito dias de viagem para a reportagem, Dom e Laet planejaram visitar alguns dos locais mais gravemente atingidos do território e conversar tanto com os líderes indígenas quanto com os garimpeiros na linha de frente da crise que se avolumava. "Sabíamos dessa grande sombra perigosa pairando no ar", Laet me disse mais tarde.

Mas Dom também estava em busca de possíveis soluções para incluir em seu livro. Como, ele se perguntava, territórios indígenas como esse conseguiriam repelir os ataques cada vez mais elaborados e tecnológicos por parte de garimpeiros, madeireiros, pecuaristas, invasores, grileiros e missionários?

Como se poderiam proteger as vidas, as culturas, as línguas e as Terras Indígenas do influxo maciço de forasteiros que eram instigados por políticas do governo e pela retórica populista de políticos como Bolsonaro?

Como o lar indígena amazônico poderia ser salvo da destruição aparentemente inevitável? Ou o território Yanomami e, na verdade, a própria Amazônia — que nos últimos cinquenta anos encolhera quase 20% — já estavam condenados?

Dom esperava que os Uaicá pudessem oferecer algumas sugestões. Afinal, a aldeia deles era uma das várias no território Yanomami envolvidas num incipiente projeto de plantio de cacau, mantido pelo Instituto Socioambiental, com o objetivo de gerar renda para essas comunidades com a venda do fruto para fabricantes de chocolate orgânico em partes mais ricas do país. Moreno Saraiva, um antropólogo participante dessa iniciativa, disse a Dom: "Estamos tentando construir um outro futuro possível".

O projeto de grãos de cacau fazia parte de um movimento mais abrangente para encontrar formas sustentáveis de se beneficiar da enorme biodiversidade da Amazônia — tida como lar de 14 mil a 50 mil espécies vegetais diferentes —, assim garantindo que as florestas remanescentes teriam mais valor continuando de pé do que sendo derrubadas. Poucas semanas antes de ser assassinado, Dom entrou em contato com um dos principais defensores da biodiversidade no Brasil, o cientista especializado em clima Carlos Nobre, na esperança de discutir essa questão. "Não creio que seja possível salvar a Amazônia", insistiu Nobre quando nos falamos por telefone para fazer aquela entrevista que Dom fora impedido de fazer.

Ativistas como Nobre e os envolvidos no projeto do cacau Yanomami esperavam que, se o projeto desse certo, programas afins poderiam servir de modelo inicial para que as comunidades indígenas e tradicionais na Amazônia se protegessem de décadas de extrativismo destrutivo e predatório.

Essas aspirações devem ter soado como música aos ouvidos de Dom, quando ele partiu para a Amazônia em busca de ideias sobre como salvá-la. Depois de visitar os Uaicá, ele descreveu os pés jovens de cacau que tinha visto por lá como "brotos verdes de esperança numa terra com as cicatrizes da violência, da poluição e da destruição trazidas pela prospecção ilegal de ouro".

Mas, quando Dom estava no voo enervante de uma hora de Boa Vista até o aflitivo campo de pouso cheio de mato da aldeia dos Uaicá ("Do ar parecia minúsculo demais"), o que decerto mais ocupava seus pensamentos era a ameaça imediata às comunidades indígenas. Por toda a Amazônia, os descendentes dos habitantes originais do Brasil estavam preocupados com os efeitos que a ascensão ao poder de um conservador entusiasta da ditadura militar como Bolsonaro causaria sobre a vida deles.

O caráter brutal da corrida por recursos desencadeada pela vitória de Bolsonaro ficou evidente poucas horas depois de Dom desembarcar em Uaicá, que fica no centro de uma das partes do território Yanomami mais afetadas pela mineração. Ele e Laet passaram por dois garimpeiros que, do lado de fora do posto de saúde da aldeia, envolviam o cadáver de um homem numa rede de pano xadrez. A vítima estava com um calção preto de futebol, com o emblema do Corinthians, de olhos escancarados, e havia uma bandagem branca em cima de um orifício de bala no peito.

Os homens alegaram, de forma muito pouco plausível, que o rapaz de 21 anos havia se suicidado.

Giselle Dornellas, uma jovem enfermeira do serviço público que atendia aos moradores indígenas da região, falou para os jornalistas que havia passado horas tentando salvá-lo. "Ela fez respiração boca a boca. Bombeou o coração dele. Usou gotejamento. Tentou parar o sangramento", relembrou Laet. "Ele delirava e levou [quatro] horas para morrer... foi uma cena pavorosa."

Dornellas estava com a aparência exausta ao reconhecer finalmente que não conseguira salvar o mineiro, que seria enterrado algumas horas depois numa sepultura improvisada na floresta. "Aqui é uma guerra", ela disse a Dom.

Passadas algumas horas — depois que os anciãos Iecuana cachimbando em roda autorizaram a ida a uma das maiores e mais conhecidas minas de ouro da região —, Dom e Laet subiram o Uraricoera para ver com os próprios olhos os danos que os garimpeiros estavam causando.

Foram acompanhados por Edmilson Estevão, um ativista indígena nascido na aldeia Uaicá que chegara lá com Dom e Laet (e o sobrinho soluçante) no dia anterior. Homem de maneiras afáveis, com 33 anos, cuja boa disposição parecia desmentir um passado tumultuado, Estevão havia perdido o pai, que afundara em sua canoa quando foi resgatar o teto de uma cabana abandonada de garimpeiro que ele pretendia reutilizar na aldeia.

"Lembro vagamente, como se fosse um sonho", ele disse sobre aquele período, quando o encontrei em Boa Vista em agosto de 2023, quase quatro anos depois da visita de Dom. Estevão falou que, quando era menino, eram raros os indígenas que se envolviam na prospecção de ouro. "A gente não falava tão bem o português naquela época", ele disse sobre os Iecuana, que representam cerca de 2,5% — cerca de 760 pessoas — da população do território Yanomami. Mas não era mais assim, ele contou a Dom.

Havia cada vez mais rapazes Iecuana trabalhando como canoeiros, transportando os garimpeiros até seus poços de mina isolados e barcaças e dando apoio logístico. Alguns tinham até as próprias minas.

Estevão relembrou a reação de Dom a essa revelação: "Ele ficou chocado".

"Posso citar você quando for falar disso?", perguntou com cautela o jornalista britânico, preocupado que isso pudesse causar problemas para seu guia brasileiro perante os pares dele que colaboravam com garimpeiros frequentemente armados.

"Pode", respondeu Estevão, que decidira alertar a respeito da crise enfrentada por seu povo.

Depois de duas horas rio acima, partindo do pequeno porto de Uaicá, a lancha se aproximou de seu destino, um extenso centro de garimpo chamado Tatuzão. Naquele dia, o Tatuzão — normalmente uma comunidade ribeirinha movimentada, com bares, bordéis, uma farmácia e até uma igreja — estava estranhamente tranquilo. Algumas semanas antes, a Polícia Federal tinha lançado uma rara operação de repressão, queimando totalmente o povoado clandestino antes de se retirar, deixando atrás de si um punhado de moradores de mau humor.

A letra bem torneada no caderno de Dom foi ficando cada vez mais atropelada conforme ele anotava às pressas detalhes do elenco eclético que encontrou no acampamento cheio de lixo.

Havia os garimpeiros rabugentos que tinham se bandeado em massa para o Tatuzão, vindo de grotões rurais desertificados, querendo melhorar a sorte de suas famílias. "Eu sei que é ilegal", falou um deles dando de ombros e dizendo se chamar Bernardo Gomes, mas admitindo que nas minas as pessoas nunca usavam seus nomes verdadeiros.

Havia o dono do bar, Antônio Almeida, que minimizou os

danos que os garimpeiros causavam à natureza: "Não tem como conseguir matar tudo".

E havia as profissionais do sexo seminuas, que, relembrou o guia, ficaram fascinadas com os olhos azuis penetrantes de Dom. "Você tem uns olhos lindos", exclamou uma delas, levemente embriagada depois que o jornalista desceu do barco.

"Dom só ficou parado ali, anotando tudo", acrescentou Estevão com uma risadinha.

Alguns minutos rio acima, Dom e Laet encontraram as minas. Numa delas, um pequeno grupo de garimpeiros já tinha retomado a prospecção, apesar da repressão recente.

"Três homens com lama até a cintura operam uma mangueira jorrando água por baixo de uma árvore desenraizada. A lama escorre por um canal rústico de madeira, enquanto um motor a diesel ensurdecedor vomita fumaça negra: um inferno industrial operado manualmente em meio à beleza tropical selvática", mais tarde escreveu Dom no *Guardian*, ao lado de uma das fotografias apocalípticas de Laet. Na imagem, vê-se o trio de garimpeiros enlameados se deslocando penosamente por uma trincheira gigantesca, cor de barro, parecendo uma área vazia bombardeada onde antes ficava a floresta tropical.

No ar, o drone de Laet capturou uma cena ainda mais perturbadora: uma vasta mancha ocre que se estendia por vários quilômetros na direção do horizonte, cheia de poças d'água estagnada e árvores caídas. "Era uma cena de guerra — um campo de batalha", rememorou Laet. "O tipo de lugar que eu via nos filmes sobre... a Primeira Guerra Mundial. Aquelas trincheiras. Todos aqueles rombos. Todo aquele lamaçal."

Um impacto ainda mais pernicioso era invisível aos olhos: o uso generalizado de mercúrio, que envenena os rios e os peixes de que dependem as comunidades indígenas, aqui e em toda a Amazônia.

Apesar de toda a destruição que Dom e Laet testemunharam naquele dia de novembro, Estevão me falou que, olhando em retrospecto, aquilo tinha sido apenas o começo. Nos três anos seguintes, outros milhares de garimpeiros afluíram às terras Yanomami, usando tecnologias cada vez mais sofisticadas para saquear bilhões de dólares em ouro e cassiterita, cujo estanho é empregado em ligas utilizadas em celulares e outros aparelhos eletrônicos.

Em dezembro de 2022, quando voltei à região com Sônia Guajajara, uma das ativistas indígenas mais conhecidas do Brasil, calcula-se que mais 30 mil garimpeiros haviam invadido a área. Descobrimos que quadrilhas tinham até construído uma estrada ilegal de 120 quilômetros, que estavam usando para contrabandear maquinário pesado até o interior das selvas do território Yanomami, para acelerar suas operações.

"Aquela é a estrada para o caos", me falou o ativista Danicley Aguiar, do Greenpeace, quando nós três sobrevoamos aquela estrada clandestina no avião de vigilância da sua organização — um aeroplano com que os jornalistas que cobrem a crise ambiental na Amazônia estão familiarizados. "E este é o caos", acrescentou Aguiar, apontando um enorme buraco escancarado na floresta, onde escavadeiras amarelas tinham cavado uma mina em mais um dos rios da região, o Catrimani.

Ainda pior, a catástrofe ambiental contribuíra para uma pavorosa emergência de saúde pública. Ativistas disseram que centenas de crianças Yanomami haviam morrido prematuramente desde o começo do governo Bolsonaro, devido a uma mescla letal de inação governamental, corrupção e aumento explosivo da mineração ilegal, assustando e afastando os trabalhadores da saúde, e ajudando o alastramento da malária. Ao que se disse, grupos do crime organizado, como o Primeiro Comando da Capital (PCC) de São Paulo, estavam cerrando o seu controle sobre as minas de ouro da região, com a ajuda de atiradores maciçamente armados.

Dom (*à esq.*) com os irmãos Gareth e Sian, em Bebington, Inglaterra, 1972.

Em Bristol, no escritório da *New City Press*, publicação que Dom ajudou a fundar em 1988.

Com a esposa, Alessandra Sampaio, no último aniversário antes de sua morte. Praia do Forte, Bahia, 2021.

No território indígena Yanomami, em 2019, com seu onipresente caderno.

A Amazônia é a maior floresta tropical do mundo e abriga uma de cada dez espécies conhecidas do planeta.

Na ilha de Marajó, como em grande parte da região amazônica, a vida acontece na água e sobre a água.

A Amazônia abriga mais de 350 etnias. Aos pés de uma majestosa samaúma, as famílias de Wewito Piyãko, Francisco Piyãko e Moisés Piyãko, líderes e fundadores da aldeia Ashaninka Apiwtxa.

Barragem de Belo Monte, Altamira, 2019. Grandes projetos de infraestrutura e mineração impulsionam a devastação ambiental e social na Amazônia.

Gado pastando em uma fazenda dentro da reserva protegida da Floresta Nacional do Jamanxim. A pecuária fornece carne bovina para os mercados globais e é a maior causa do desmatamento.

Uma rara foto de Dom e Bruno juntos. Tabatinga, Amazonas, a caminho do vale do Javari, 2018.

Num café da manhã para jornalistas no Palácio do Planalto, Dom questiona o então presidente Jair Bolsonaro. Brasília, 2019.

Bruno Pereira no vale do Javari, 2018.

Expedição da Funai pelo vale do Javari liderada por Bruno Pereira (*canto superior direito*) que Dom (*de vermelho*) acompanhou.

O desaparecimento de Dom e Bruno gerou protestos no mundo todo, a exemplo deste, em São Paulo, e pressionou as autoridades brasileiras a intensificar as buscas e, depois da confirmação dos assassinatos, a fazer justiça.

"Foi um governo de sangue", disse Júnior Hekurari Yanomami, líder Yanomami envolvido no combate à crise na saúde, quando fui visitá-lo em Boa Vista em dezembro de 2022.

Felizmente para os Yanomami, àquela altura os quatro anos de governo bolsonarista estavam chegando ao fim. Poucas semanas antes, Bolsonaro fora derrotado nas eleições presidenciais por Lula, que prometera reverter a calamidade ambiental causada por seu predecessor negacionista da mudança climática. "Vamos pôr um fim completo a qualquer tipo de mineração ilegal", me disse o presidente na véspera da sua vitória, prometendo tornar a crise climática "uma prioridade absoluta".

Um mês depois de sobrevoarmos o território Yanomami, Sônia Guajajara se tornou a primeira ministra indígena da história no Brasil, e o governo Lula lançou o que foi anunciado como uma importante ofensiva para expulsar os garimpeiros da terra Yanomami, semelhante à campanha no começo dos anos 1990. O novo presidente foi até Roraima para denunciar o que qualificou de genocídio premeditado cometido sob o governo Bolsonaro. Iniciou-se uma investigação policial. "É impossível entender como um país como o Brasil negligencia tanto os nossos cidadãos indígenas", disse Lula a jornalistas.

No entanto, os problemas que os Yanomami — e, na verdade, a Amazônia como um todo — enfrentam não começaram com Bolsonaro e não terminariam com a sua derrota política.

Quando voltei a Roraima, em agosto de 2023, a campanha de expulsão do garimpo parecia estar perdendo impulso devido a uma falta crônica de recursos e a um flagrante desinteresse do Exército e das Forças Aéreas, que não implantaram uma No-Fly Zone, zona de exclusão aérea, que os especialistas em segurança consideravam fundamental para fechar as minas. Os garimpeiros, que tinham ficado na moita durante os meses iniciais das medidas de combate, estavam voltando à reserva Yanomami para desenterrar seus equipamentos e reabrir suas minas.

Fui ver Estevão na sede da associação iecuana, a Wanasseduume, em Boa Vista, para ouvir sua análise da situação e me atualizar sobre o projeto de cacau ao qual ele apresentara Dom quase quatro anos antes. Estevão comentou otimista as medidas de fechamento de Lula e falou que as forças especiais do Ibama haviam destruído várias das minas mais poluentes da região. "O rio agora está limpo", ele disse, se referindo ao Uraricoera — e as fotos aéreas mostravam que ele havia mudado de cor, passando de um marrom terroso para um castanho mais saudável. "Antes, a gente não conseguia pescar à noite sem lanterna. Era impossível ver o fundo do rio. Agora dá."

Mas Estevão temia o que poderia acontecer na próxima eleição se Bolsonaro ou alguém parecido voltasse ao poder. "Não sabemos quem vai vir depois do Lula", ele disse. E também estava preocupado porque havia rapazes Iecuana que continuavam a ser atraídos para o garimpo, apesar das tentativas do projeto de cacau de lhes dar outras opções.

Para uma viagem de quatro dias de ida e volta, transportando garimpeiros ou profissionais do sexo, a tarifa vigente estava por volta de 5 mil reais. Um canoeiro indígena conseguia fazer cinco dessas viagens por mês. "É um monte de dinheiro", admitiu Estevão, embora muito pouco em comparação às dezenas de milhares de reais que os pilotos de avião e helicóptero podiam faturar contrabandeando garimpeiros, equipamentos e carregamentos de ouro, indo e voltando das minas.

Estevão estava preocupado com o crescente envolvimento de jovens indígenas no garimpo, que estava destruindo gradualmente a cultura e as tradições Iecuana. Os jovens adotavam os hábitos dos garimpeiros, consumindo bebidas fortes como a cachaça, em vez da bebida fermentada tradicional conhecida como caxiri. A violência estava aumentando.

Os ativistas e os anciãos das aldeias insistiam que os jovens indígenas mantivessem distância dos garimpeiros, mas, lamentou Estevão, eles muitas vezes não davam ouvidos. Então qual era a solução? "A solução é não ter mineração", respondeu prontamente Estevão. "Sem mineração, eles não vão se envolver. Se tem mineração ilegal, eles acabam se envolvendo."

A história mostra que isso é muito mais fácil de falar do que de fazer numa região tão grande e inóspita como o lar montanhoso e coberto de florestas dos Yanomami. Quando o governo brasileiro lançou uma investida maciça para remover os garimpeiros no começo dos anos 1990, o presidente da época, Fernando Collor de Mello, tomou a iniciativa ousada de separar mais de 1% da área total do país para os Yanomami, para a indignação dos chefes militares que abraçavam a ideia conspiratória de que havia agitadores estrangeiros tentando instigar um movimento separatista indígena para assumir o comando da Amazônia. Ambientalistas e ativistas indígenas comemoraram a iniciativa de Collor — mas em poucos anos os garimpeiros estavam de volta, percebendo que os lucros possíveis ultrapassavam em muito os riscos de serem apanhados.

Agora, sob Lula, as promessas do governo de livrar as comunidades indígenas das quadrilhas da mineração ilegal pareciam mais uma vez não se cumprir, com os garimpeiros desafiando as tentativas do governo de removê-los das terras Yanomami. Em outras áreas gravemente afetadas pela mineração ilegal, como os territórios dos Mundurucu e dos Caiapó, em larga medida a atividade prosseguia da forma que sempre fora.

Essa triste realidade estava levando as comunidades indígenas da Amazônia à mesma conclusão: na ausência de uma ação do Estado eficiente e continuada, elas precisavam começar a se proteger a si mesmas. Para isso, estavam montando equipes de patrulhamento e autodefesa próprias, como a Equipe de Vigilância da Univaja, grupo que Bruno Pereira ajudara a criar e que Dom estava cobrindo quando ambos foram assassinados. A sigla EVU também fazia referência ao primeiro presidente indígena da Bolívia, Evo Morales, por quem Bruno tinha admiração. Outras comunidades, como a Uru-eu-wau-wau em Rondônia e a Guajajara no Maranhão, também haviam formado grupos de autodefesa, sendo que os Guajajara se designavam como Os Guardiões da Floresta. Os Yanomami e os Iecuana ainda não tinham um grupo próprio de autodefesa — embora Estevão achasse que seria uma boa ideia e que estavam pensando nisso.

No leste de Roraima, na direção da fronteira montanhosa com a Guiana, os moradores do segundo território indígena mais populoso, a Raposa Serra do Sol, haviam criado um grupo desses, chamado Grupo de Proteção e Vigilância Territorial Indígena (GPVTI). Em agosto de 2023, resolvi visitá-los com Laet, para ver se o trabalho deles podia fornecer uma das respostas que Dom estivera procurando.

Uma tarde, quando batia um sol feroz em Boa Vista, saímos do nosso hotel, que ficava na frente de uma estátua de alumínio de sete metros de altura homenageando os garimpeiros de Roraima, e pegamos a estrada 174 para o norte, na direção da fronteira com a Venezuela — a mesma usada pelos garimpeiros para chegar a um dos portos fluviais secretos de Uraricoera e entrar clandestinamente em terras Yanomami. Mas, em vez de virar a oeste rumo àquela área, cortamos a leste para a Raposa Serra do Sol, um território indígena quase do tamanho do País de Gales que abriga cerca de 26 mil pessoas de cinco etnias diferentes: os Macuxi, os Wapichana, os Ingarics, os Taurepangue e os Patamona.

A paisagem lá era marcadamente diferente do território Yanomami: substituindo uma fascinante extensão de florestas cobertas de névoa e impressionantes picos rochosos, trilhas pedregosas e ressecadas de sol serpenteavam entre longas áreas de savana e colinas ondulantes onde habitavam enormes jaburus, também chamados de tuiuiús, e gatos selvagens noturnos conhecidos como maracajás. Mas, embora a topografia fosse diferente, os territórios enfrentavam ameaças semelhantes. Os ativistas na Raposa Serra do Sol disseram que também estavam sob o cerco de garimpeiros de ouro e diamantes, e acreditavam que muitos mineradores tinham se transferido para lá desde que se iniciara sob Lula a sua expulsão das terras Yanomami em fevereiro de 2023.

Uma tempestade inclemente nos impediu de chegar ao nosso destino no primeiro dia da viagem, obrigando-nos a pendurar nossas redes numa escola úmida e fria, infestada de escorpiões, no lado ocidental do território. Dom tinha se hospedado lá alguns anos antes, quando cobria uma reunião de cúpula indígena, mas não mencionara seus anfitriões de oito patas.

Na manhã seguinte, chegamos a Tabatinga, uma aldeia no alto de um morro onde ativistas do GPVTI haviam se reunido para nos contar a história de sua resistência. Receberam-nos na entrada da aldeia, numa barricada que bloqueava uma estrada de terra que levava a uma das maiores minas ilegais. Os homens portavam arcos, flechas e cacetes de madeira. O ar fedia a álcool: na tarde anterior eles haviam quebrado na grama muitas dezenas de garrafas de bebida barata confiscadas de contrabandistas indígenas.

"Por favor, levem a [nossa] mensagem pelo mundo para as pessoas entenderem que a nossa luta não é fácil — nada fácil", rogou o cacique da aldeia, de 81 anos de idade. "E as coisas estão piorando."

Passamos a semana seguinte percorrendo as bordas orientais da Raposa Serra do Sol com a equipe de vigilância indígena. Vimos um xamã Acuxi gotejar um pouco de pimenta-malagueta dentro dos olhos dos ativistas, para protegê-los e fortalecê-los ao partirem numa missão no rio Maú. Corremos atrás dos "guerreiros" do GPVTI enquanto eles perseguiam um contrabandista guianense que pedalava um quadriciclo para atravessar a fronteira com uma carga de bebida brasileira para as comunidades indígenas na Guiana. Vimos essas pessoas usarem drones para obter informações sobre as minas ilegais, que, segundo eles, estavam poluindo os seus rios e destruindo a sua cultura.

"Defender o nosso território faz parte da vida e faz parte da nossa cultura", me disse um dos patrulheiros mais jovens, Marco Antônio Silva Batista, descrevendo o grupo como parte de uma história multissecular de resistência indígena.

Num bloqueio da estrada na fronteira com a Guiana, Jedeão Pereira Batista, um ativista de 21 anos, disse que estava decidido a resistir aos "inimigos da natureza", como chamava os garimpeiros. "São veneno", ele declarou ao sair do seu posto de controle.

Apesar de todo o entusiasmo dos jovens ativistas do GPVTI, eu me sentia dividido. Era óbvio que esses grupos desempenhavam um papel fundamental para impedir que os criminosos ambientais invadissem seus territórios. Podiam fornecer informações às agências do governo encarregadas de proteger da destruição essas comunidades amazônicas, mas que sofriam de falta de verba e de pessoal. Podiam fornecer a jornalistas em cidades distantes informações e imagens capazes de chamar a atenção para os crimes cometidos em regiões tão remotas e com pouca cobertura. Mas o trabalho deles era altamente perigoso, como os assassinatos de Dom e Bruno tinham deixado muito claro. No nosso último dia no GPVTI, Silva Batista admitiu que, poucas semanas antes, garimpeiros armados de facões tinham tentado sequestrá-lo enquanto ele procurava reunir informações sobre uma pedreira perto de Tabatinga.

"A gente não tem mais medo. A gente se acostumou com as ameaças de morte. A gente não se importa mais. Se acontecer alguma coisa, é essa a nossa tarefa — a gente está apenas tentando defender o nosso território", disse, com tranquilidade, o rapaz de 21 anos.

Não muito antes, a caminhonete 4×4 do grupo tinha sido alvejada numa viagem a Boa Vista. Toda noite, quando íamos para as nossas redes em Tabatinga, guerreiros do GPVTI armados de paus e cacetes tomavam posição em volta dos nossos alojamentos, de guarda contra um possível ataque. Eram de uma dedicação admirável e mortificante, mas de jeito nenhum se poderia esperar que esses grupos fossem capazes de vencer sozinhos essas enormes ameaças muito bem financiadas.

Antes de pegar um avião de Boa Vista para casa, visitei uma mulher muito mais conhecedora do garimpo do que a maioria das pessoas, para lhe perguntar se ela via alguma solução. Marina Cantão dos Santos passou décadas trabalhando em minas por toda a Amazônia — inclusive em Serra Pelada —, antes de abrir um restaurante de peixes nas margens do rio Branco, frequentado por turistas e membros da elite mineradora de Roraima.

Durante um almoço de tambaqui e mandioca, Santos nos regalou com casos dos seus tempos como garimpeira, escapando da morte por um fio. A senhora de 67 anos contou que, certa vez, sobreviveu a um acidente aéreo com um piloto de aviãozinho muito temerário que tinha o apelido de "Pé na Cova".

Quando nos preparávamos para sair, perguntei a Santos se ela achava que algum dia seria possível acabar com o garimpo. Ela abanou a cabeça: "Só se jogar todos eles na cadeia ou matar". Não era um pensamento muito animador, e desconfiei que ela tivesse razão.

De volta ao Rio, vasculhei as anotações de Dom procurando uma dose de otimismo que viria muito bem a calhar — e reli a passagem em que ele mencionava a sua vontade de entrevistar

Carlos Nobre. Resolvi procurá-lo. Quando lhe falei do meu pessimismo, ele me repreendeu educadamente.

"Quando eu tinha a sua idade, eu era superpessimista", ele disse, lembrando sua primeira viagem à Amazônia em 1975 e como tinha se sentido absolutamente desanimado sobre o futuro de uma região que a ditadura parecia inflexivelmente decidida a destruir. Esse pessimismo o acompanhou durante grande parte da sua carreira. Veio a se tornar um dos cientistas pioneiros em formular a ideia sem dúvida desanimadora de que haveria um ponto de inflexão da Amazônia, depois do qual suas florestas tropicais sofreriam um colapso irreversível, com consequências terríveis para a humanidade.

Nesses dias, porém, Nobre se sentia mais animado. "Existem vários estudos mostrando que a pessoa, quando chega aos 65 anos, vira otimista. E como agora estou com 72, então é isso… só falei: 'Não sei quantos anos mais vou viver, então sejamos otimistas.'"

Nobre organizou sua esperança em torno de um projeto para o desenvolvimento sustentável da Amazônia que ele e seus colegas batizaram de Amazônia 4.0. O site da iniciativa informava aos visitantes que ela se dedicava a criar "alternativas inéditas para reduzir o desmatamento da Amazônia" e, com isso, enfrentar a emergência climática.

"Novos caminhos devem ser traçados e nós estamos trabalhando nisso!… estamos trabalhando para desativar uma bomba", declarava o site.

Segundo a concepção de Nobre, o futuro da Amazônia dependia da capacidade das pessoas de criar uma próspera "bioeconomia" amazônica, com alternativas econômicas sustentáveis para o tipo de destruição no curto prazo que Dom presenciara durante sua viagem a Uaicá e ao Tatuzão. Nobre julgava que só seria possível alcançar essa mudança de paradigma abandonando um modelo multissecular de desenvolvimento que ignorava a imensa biodiversidade das Américas e a sabedoria tradicional dos seus povos originários. Para ilustrar sua ideia, o cientista invocou o explorador italiano Américo Vespúcio, que mais tarde daria nome à região das Américas.

Vespúcio chegou à área que agora é o Rio de Janeiro no começo dos anos 1500 e ficou assombrado com as coisas que viu ao encontrar integrantes do povo Tupinambá nas florestas atlânticas da região. O navegador italiano depois discorreu liricamente sobre as "florestas densas e extensas, que são quase impenetráveis e repletas dos mais diversos animais silvestres", além de "uma variedade fantástica de ervas, plantas, sementes e frutas"."Se fossem propriedade nossa, não duvido que seriam úteis ao homem", ele escreveu.

Tragicamente, disse Nobre, tais ideias não foram adotadas. Os colonizadores europeus tinham preferido durante séculos impor suas próprias tradições e técnicas agrícolas na região, rejeitando as riquezas naturais e a sabedoria do povo que já ocupava a terra. "Quando os portugueses, os espanhóis, os franceses e os ingleses chegaram às Américas, era o lugar de maior biodiversidade na Terra", disse Nobre. "E o destruíram."

Esse modelo de desenvolvimento persistia até agora e, se fosse para salvar a Amazônia, seria preciso mudá-lo, afirmou o cientista, que via iniciativas como o projeto do cacau Yanomami como pequenas peças dessa nova bioeconomia.

Nobre disse que estava procurando um financiamento de 1,2 milhão de dólares para construir uma fábrica de chocolate num território indígena habitado por um povo chamado Paiter Suruí, mais ao sul, em Rondônia. Seria "uma fábrica de chocolate de primeiríssima qualidade — e a primeira fábrica moderna numa aldeia indígena desde que os portugueses chegaram aqui, quinhentos anos atrás", ele disse, entusiasmado.

Nobre considerava que outra peça do quebra-cabeça era um projeto chamado Arco do Reflorestamento, um plano de reflorestamento amazônico maciço envolvendo a recuperação de 24 milhões de hectares de floresta destruída ou degradada — área do tamanho do Reino Unido —, entre agora e 2050. Ele estava convencido de que tal programa de restauração ajudaria a criar milhões de empregos para comunidades indígenas e tradicionais, bem como para garimpeiros. "É um desafio. Claro que é um desafio", ele comentou. Mas considerava-o absolutamente viável.

Quatro anos depois da visita de Dom, também viam sinais de esperança os ativistas por trás do projeto do cacau em Uaicá e na região circundante, contando agora com quinze aldeias ao longo do rio Uraricoera e cinco mais ao sul, ao longo do rio Toototobi.

Em novembro de 2023, Ronei de Jesus Silva, agrônomo nascido na Amazônia que está ajudando a impulsionar a iniciativa do cacau, conseguiu entrar de avião no Uaicá pela primeira vez em dois anos. Nos anos imediatamente posteriores à visita de Dom em 2019, a questão da segurança, devido à presença de garimpeiros, estava perigosa demais para que Silva e os colegas fossem visitar a área. "Estava um caos… foi o ano em que as comportas se abriram", disse Silva, lembrando que sobrevoara Uaicá a caminho de outras aldeias e vira o turbilhão na área. "Você via todas as máquinas [de mineração]. Montes de barcos. O garimpo em ação realmente perto da comunidade." Mas a investida, ainda que incompleta, de Lula contra os garimpeiros tinha restabelecido certo grau de normalidade e segurança. Silva disse que se sentiu encorajado pelo que viu em Uaicá — e acreditava que Dom, se vivo, também se sentiria.

Nos quatro anos desde que Dom passara por lá, os aldeões cultivaram três pomares com cerca de 3 mil cacaueiros. Ainda não haviam faturado com a iniciativa, mas esperavam começar a comercializar os frutos após a colheita de 2024. "A comunidade está se recuperando… e é uma coisa realmente boa de se ver", disse Silva. "As coisas agora estão melhor. Foram infligidas muitas feridas — mas a natureza vai curar."

Outra pessoa que eu queria ouvir era Davi Kopenawa, que vinha fazendo uma campanha incessante pela sobrevivência do seu povo desde que eu nasci. Minha impressão era que a história de vida de Kopenawa, em muitos aspectos, oferecia uma resposta à pergunta de Dom sobre a forma de salvar a Amazônia. Sem sua luta incansável e seu ativismo mundo afora, talvez o território Yanomami nem tivesse sido criado. Talvez seu povo já tivesse sido relegado aos livros de história, como acontecera com tantos outros grupos indígenas nos cinco séculos desde que os exploradores portugueses alegaram ter "descoberto" o Brasil.

Quando conversamos no final de 2023, Kopenawa — que, como Nobre, agora estava com mais de 65 anos — também emanava otimismo, apesar de sua crescente frustração com o retorno dos garimpeiros ao território Yanomami depois do esmorecimento da campanha de expulsão promovida por Lula. Algumas semanas depois, o ícone indígena de 67 anos iria ao Rio para participar dos desfiles de Carnaval com uma escola de samba cujo tema era dedicado à defesa da causa Yanomami e às décadas de resistência de Kopenawa.

O refrão do samba era um grito de desafio Yanomami: *"Ya temi Xoa!"* [Ainda estou vivo].

Ao final da nossa conversa, Kopenawa me convidou para visitar seu território e ver o recrudescimento da destruição — tal como Dom fizera quatro anos antes. "Preciso que vocês vejam de perto", ele disse, prometendo nos mostrar "as máquinas grandes que deixam o povo da floresta doente". Ficamos ansiosos em fazer a visita, mas infelizmente nosso plano foi frustrado quando as Forças Armadas brasileiras nos recusaram autorização para fazer uma série de voos pela área, durante os quais pretendíamos documentar a situação.

Kopenawa acreditava que o jornalismo também fazia parte da solução para os problemas que estavam destruindo o território do seu povo e a Amazônia como um todo: "Vocês jornalistas usam uma arma diferente, a arma de anunciar as notícias... para os que não sabem do nosso sofrimento". E explicou: "Então eu espero que vocês jornalistas, que vivem tão longe da minha comunidade, sigam em frente. Quero que vocês continuem pressionando o Estado brasileiro... para que ele nos respeite, para o bem de todos nós".

A exortação ressoou profundamente dentro de mim, sobretudo depois que Dom foi assassinado por ter feito exatamente isso.

"O que eu sei é que temos de continuar lutando juntos. Estamos juntos e temos de continuar lutando juntos", disse Kopenawa em relação aos ativistas e jornalistas engajados na Amazônia. "Esses invasores que ameaçam a nossa vida não vão parar. Vão continuar abusando [da Amazônia]. E vocês e nós, o povo Yanomami, nós continuaremos a nos manifestar."

7. O preço do futuro: Turismo e pagamentos por serviços ambientais

Costa Rica

Stuart Grudgings* e Dom Phillips

* Stuart Grudgings foi chefe de sucursal da Reuters e cobriu política, economia e meio ambiente durante duas décadas, como repórter e editor, no Japão, Filipinas, Brasil, Malásia e Washington. Escreveu sobre ameaças à floresta tropical amazônica e possíveis soluções durante o tempo que foi correspondente no Rio de Janeiro, de 2008 a 2011.

"PERCEBEMOS QUE HAVIA UMA IMENSA FALHA DE MERCADO."

Victor Merella subiu com passos leves a trilha íngreme de floresta, com a extrema atenção de um caçador experiente. "Olhe, uma jaguatirica passou por aqui", ele sussurrou, apontando para rastros de felino, quase apagados, na lama onde eu ia pisar.

Durante uma hora de caminhada pela mata fechada e lamacenta da península de Osa, na Costa Rica, foi um dos muitos sinais que vimos de que a vida selvagem se desenvolvia numa selva que apenas vinte anos antes era pasto para gado.

Merella, um homem jovial de quarenta anos com os cabelos presos em um longo rabo de cavalo, já havia apontado para pegadas recentes que indicavam a presença de outros mamíferos, como cutias, quatis e antas. Em algum lugar por ali havia um bando de queixadas, cuja carne é consumida em toda a região — e são uma espécie ameaçada de extinção.

A mata ao redor era um paraíso para caçadores. Mas havia mais de uma década que Merella não matava um animal da floresta para comer. Trabalhava como guia e monitor de vida selvagem, levando turistas em caminhadas diurnas e noturnas, e ajudando a administrar um projeto financiado pela Bélgica de estudo e proteção da cobra venenosa surucucu-pico-de-jaca. Nas últimas décadas, Merella e sua comunidade, Rancho Quemado, passaram por notável transformação, de destruidores a protetores da floresta, movimento que reflete uma mudança ocorrida em toda a Costa Rica.

"Antes nós matávamos qualquer coisa que se mexesse", me disse ele, que foi criado caçando animais e derrubando árvores para formar pastagens nos anos 1980 e nos anos 1990.

Até mesmo o nome da comunidade está intimamente ligado à exploração da floresta: consta que os primeiros colonos acidentalmente queimaram seu rancho quando a gordura de um fogão lotado de carne de caça provocou um incêndio.

Ir à Costa Rica foi essencial para Dom em sua busca, além das fronteiras do Brasil, por lições que pudessem ajudar a Amazônia. Atravessou o país no começo de 2021, conversando com autoridades, fazendeiros e ambientalistas. Além disso, andou pela floresta com Merella para tentar entender as forças sociais, econômicas e políticas que podem convencer uma comunidade a transformar sua relação com a floresta. Ao conversar com costa-riquenhos numa mistura de espanhol deficiente e português fluente, ele às vezes manifestava uma mescla de espanto e exasperação ante a atitude das pessoas em relação à floresta e ao meio ambiente em geral. Estava acostumado a atitudes mais indiferentes.

"No Brasil, as pessoas veem a floresta apenas como lugar para caçar e criar gado — não existe esse tipo de pensamento", ele disse a Merella, quando o ex-caçador lhe explicou que a comunidade de Rancho Quemado agora ensinava as crianças a preservar a floresta para garantir um futuro sustentável.

A Costa Rica, país da América Central com 5 milhões de habitantes, é famosa mundialmente por ser especialista em reverter o desmatamento — título conquistado ao construir uma economia bem-sucedida, estável, impulsionada pelo turismo. Isso era quase impensável quatro décadas antes, quando Merella nasceu. Assim como o Brasil tem feito nos últimos anos, a Costa Rica então destruía sua floresta tropical a taxas incomparavelmente rápidas. Inspirado nos ideais de reforma agrária que se disseminaram pela América Latina na segunda metade do século passado, o país tinha adotado, em 1961, uma política formal de expropriação e redistribuição de terras consideradas improdutivas. O objetivo era ampliar a fronteira agrícola, expandir a produção e desenvolver os mercados de exportação. O governo se valia de subsídios agrícolas e garantias de preços para impulsionar a produção agrícola, enquanto os bancos incentivavam os agricultores a limpar mais terras em troca de crédito. Quase não se dava atenção ao impacto ambiental dessas políticas.

A península de Osa, de 1800 quilômetros quadrados, que adentra o Pacífico na costa meridional do país, foi, em muitos sentidos, um ponto de partida. A região tem sido considerada o lugar biologicamente mais rico da Terra, abrigando 2,5% da biodiversidade do mundo, desde as onças que vagueiam pelo Parque Nacional do Corcovado às quase setecentas espécies de árvore e às baleias jubarte que criam filhotes em sua baía protegida. As pastagens de gado circundantes aos poucos cedem lugar a uma floresta tropical fechada, ininterrupta, encostada em trechos de praia praticamente desabitados.

Mas dos anos 1950 aos anos 1990, a floresta desapareceu velozmente sob pressões hoje conhecidas na Amazônia. Uma empresa de propriedade americana, a Osa Forest Products, comprou 47 500 hectares em 1957 e pôs-se a trabalhar limpando a floresta e dragando os rios em busca de ouro. Milhares de famílias se estabeleceram em pequenas propriedades na antiga floresta tropical, para garimpar ouro com bateias em seus rios.

Marjorie Gamboa Vargas, agricultora de 63 anos que era adolescente quando a família migrou do sul para a região, lembra-se de quando o presidente do país fez uma visita e distribuiu títulos formais de terra para os colonos. Sua propriedade de 27 hectares nos arredores do parque nacional — a mais ou menos uma hora de carro de Rancho Quemado — tem menos de um quinto da cobertura florestal ainda intacto. O resto é pastagem entremeada de nesgas de árvores e colinas ondulantes.

"A terra é de vocês! A Costa Rica precisa de arroz, feijão e milho", ela ouviu do presidente Rodrigo Carazo, que governou o país de 1978 a 1982. "Ele nos mandou começar a trabalhar. Achávamos que quanto mais entrássemos na mata, melhor."

No fim dos anos 1980, o custo dessas políticas tinha ficado óbvio em toda a Costa Rica. Quanto mais terras eram convertidas em fazendas de criação de gado e em lavouras para exportação, como café e banana, mais espécies nativas de plantas e animais desapareciam, e o solo outrora rico se degradava. O país perdeu pelo menos 30 mil hectares de floresta a cada ano das décadas de 1970 e 1980. Em 1986, a cobertura florestal estava reduzida a cerca de 25%, dos mais de 70% em 1950.

Mas no fim dos anos 1980 houve uma guinada. A opinião pública quanto à preservação começou a mudar, bem como o discurso político, graças a uma medida radical tomada pelo país décadas antes, em 1948, quando ele aboliu o Exército e começou a investir em educação — mais de 6,5% do PIB, um dos mais altos compromissos financeiros assumidos por qualquer país da OCDE. A Costa Rica tinha uma taxa de alfabetização de 98% em 2021, quatro pontos acima da média latino-americana e caribenha. Biodiversidade e preservação faziam parte do currículo ensinado nas escolas.

E a Costa Rica é um país com longa história de estabilidade democrática, adesão ao estado de direito e busca de consenso político em questões difíceis. Havia espaço para um debate público ponderado sobre o uso de recursos naturais, influenciado pela preocupação global com as florestas tropicais. Líderes políticos se puseram a analisar uma ideia radical — atribuir um valor econômico à natureza. Começaram pelo sistema de parques nacionais.

Em 1970, o governo deu início à criação de um vasto sistema de parques nacionais, inspirado nos Estados Unidos. O Parque Corcovado, de 425 quilômetros quadrados (incluindo 34 quilômetros quadrados de reserva marinha), foi fundado em 1975, atraindo turistas com suas cachoeiras, praias e a abundante fauna.

E os parques se multiplicaram: em 1990, cerca de 17% do território do país estava protegido, uma das mais altas proporções do mundo. Emergiam os contornos de um modelo alternativo de olhar as florestas.

Carlos Manuel Rodríguez, três vezes ministro do Meio Ambiente, contou a Dom que os custos cada vez mais óbvios das velhas políticas — incluindo o declínio de biodiversidade e da qualidade do solo — foram tais que os políticos se deram conta de que as forças do mercado não estavam ajudando em nada. "Percebemos que havia uma imensa falha de mercado", disse Rodríguez, diretor dos parques nacionais no começo dos anos 1990. "O mercado era incapaz de refletir os benefícios das áreas de floresta para os seres humanos, para a Costa Rica, para a economia."

O país operava sem um modelo — nenhum outro país tropical tinha se recuperado do desmatamento. O Centro de Ciência Tropical fez um estudo pioneiro de valoração, atribuindo um preço a mais de duas dezenas de serviços ambientais, incluindo produção de água, benefícios climáticos, biodiversidade e conservação do solo. A Fundecor, uma ong criada para promover o desenvolvimento sustentável na região vulcânica central da Costa Rica, deu início a um programa que consistia em fazer pequenos pagamentos a agricultores que preferissem preservar a floresta a derrubá-la. O sucesso do plano abriu caminho para a adoção de pagamentos por serviços ambientais em escala nacional — a pedra angular da notável história de reflorestamento da Costa Rica.

A mudança na opinião pública ficou óbvia em 1994, quando da eleição do presidente José María Figueres, que fez da preservação o elemento central do seu mandato de quatro anos. Os legisladores então aprovaram a histórica Lei Florestal de 1996, proibindo a conversão das terras florestais restantes para qualquer outro uso e reconhecendo quatro serviços ambientais cruciais fornecidos pelas árvores: armazenamento de carbono, água, proteção da biodiversidade e beleza da paisagem. Nos termos do programa de Pagamentos por Serviços Ambientais da lei, conhecido como PSA, os proprietários de terra podiam pedir a um órgão governamental pagamentos anuais pela prestação desses serviços.

Em 2023, isso equivalia a cerca de setenta dólares por hectare/ano. Não parece muita coisa. Mas o PIB per capita na Costa Rica é de 16 600 dólares por ano e, nas áreas rurais, bem menos. Portanto, esses pagamentos têm sido suficientes para deter o desmatamento. Para financiá-los, o governo adotou o princípio de "poluiu, pagou", cobrando um imposto nacional de 3,5% sobre combustíveis fósseis.

"Sabemos que o pior inimigo da preservação é a pobreza", Mario Piedra, o chefe da Fundecor, disse a Dom. "Quanto mais pobre, mais propenso a liquidar seus bens. É da natureza humana."

Até 2021, o programa investiu mais de 500 milhões de dólares em contratos, cobrindo mais de 1,3 milhão de hectares — mais ou menos um quarto da área do país. E a transformação que ele impulsionou fica muito clara quando se comparam imagens de satélite tiradas em 1997 àquelas tiradas em 2015. Grandes trechos de paisagem seca, amarela e marrom das primeiras dão lugar a uma vegetação verde-escura, exuberante, recuperando grande parte do país. Cerca de 60% do território está novamente coberto por florestas.

O maior dividendo dos pagamentos de incentivos e do vasto sistema de parques nacionais tem sido o turismo. O país tornou-se sinônimo de natureza intocada, tendo atraído mais de 2,75 milhões de turistas em 2023 — o que equivale a 8% do PIB.

"O ecoturismo tornou-se fator importante" de reflorestamento, disse Rodríguez, que desempenhou papel preponderante na implementação do plano de pagamentos e agora chefia o Fundo Global para o Meio Ambiente, um fundo ambiental multilateral sediado nos Estados Unidos. "É a grande fonte de empregos na zona rural."

O PSA também se tornou ferramenta importante de inclusão social. As mulheres proprietárias de terras recebem tratamento preferencial no sistema de pagamentos, assim como os povos indígenas do país, que são cerca de 100 mil. Povos indígenas como Bribi, Cabécar e Boruca, que vivem majoritariamente nos planaltos central e meridional, sempre foram ricos em terras e pobres em dinheiro vivo.

No território montanhoso meridional de Salitre, Guillermo Elizondo, líder da associação Bribri, disse a Dom que de 5 mil a 6 mil hectares — metade das terras indígenas — foram cobertos por contratos do PSA. Isso corresponde a pagamentos totais, na região, de 385 mil dólares por ano. Para os Bribi, o verdadeiro mandamento para proteger a natureza vem do deus Sibu, que está "em tudo — na chuva, no nascer do sol, nas estrelas".

"O PSA não é o motivo de preservação para eles", disse Elizondo, então com cinquenta anos. "Existe há apenas quinze ou vinte anos. E nós preservamos a terra há milhares de anos."

Mas o PSA pela primeira vez atribui um alto valor econômico aos esforços preservacionistas dos Bribri. Os pagamentos financiam todo o orçamento da associação comunitária, incluindo educação, moradia, água e eletricidade.

Dom descobriu que o PSA não é um sistema perfeito. À medida que foi sendo implementado, seus defeitos apareceram e alguns costa-riquenhos ficaram frustrados. Andrea Herrera trabalhava como "regente" florestal, ou engenheira — funcionário que confirma detalhes dos contratos do PSA com os proprietários de terra e verifica se os termos estão sendo cumpridos. Ela disse que muita burocracia e os altos custos administrativos dificultam o acesso ao programa por parte dos proprietários de baixa renda, com terrenos menores. É comum famílias gastarem centenas de dólares para solicitar fundos do PSA, e acabarem sendo rejeitadas, ou tendo que esperar até um ano pela aprovação.

"O custo de solicitar o PSA é alto", disse Herrera, que agora é diretora-executiva de uma ONG que apoia esforços comunitários de preservação e ajuda proprietários de terra a ter acesso ao plano de pagamentos. "Para pessoas que têm um ou dois hectares, não vale a pena."

Marjorie Gamboa Vargas, a agricultora de Osa, concorda. Os quatro ou cinco hectares de floresta intocada que ela tem em seus 27 hectares conseguiriam apenas de 280 a 350 dólares por ano em pagamentos, valor que segundo ela não compensa as dores de cabeça burocráticas e os custos da solicitação.

Apesar disso, é significativo que, em suas conversas sobre o programa do PSA, os costa-riquenhos prefiram discutir o que fazer para aperfeiçoá-lo, em vez de eliminá-lo. A discussão é sobre ampliar o acesso e combinar o PSA com outros planos de preservação.

O programa de pagamentos ajudou a impulsionar o reflorestamento, mas a Costa Rica deu outro passo importante que tem ajudado a fomentar a biodiversidade nos parques nacionais e em dezenas de outros habitats protegidos, de mangues a planaltos vulcânicos e reservas florestais. O governo fez parcerias com ONGs e comunidades para estabelecer uma rede de 44 corredores biológicos, que cruzam de norte a sul e da costa do Atlântico à costa do Pacífico. Essas vias florestais permitem que mamíferos-chave, como queixadas, antas, macacos e onças, atravessem diferentes biosferas, espalhando as sementes de espécies essenciais de árvores e plantas.

Um dos corredores mais ambiciosos está sendo construído em Osa, com a ajuda de agricultores e comunidades como Rancho Quemado. A diretora do comitê de monitoramento de Rancho Quemado, Yolanda Rodríguez, contou que, na infância, quando via uma queixada de mancha branca, ela costumava estar morta no lombo do cavalo de um caçador.

Ariscas, as queixadas, parecidas com javali, andam em bandos de algumas centenas, desempenhando papel vital na engenharia do ecossistema, engolindo e espalhando sementes em suas rotas de migração. Mas a caça intensa as empurrou para o coração da floresta, e elas deixaram de aparecer perto de Rancho Quemado, até que a comunidade começou um grande esforço para as proteger e monitorar, em 2018. Agora, mais de trezentos *chanchos* são presença permanente na área, com outros tantos migrando de e para o Parque Corcovado, como me contou Rodríguez na cozinha de sua modesta casa.

Ela lacrimejou quando lhe contei que Dom havia sido assassinado na Amazônia. Apontou para uma pequena árvore no jardim e me disse que dois anos antes ele a entrevistara à sombra daquela árvore.

O programa de proteção das queixadas e outros esforços comunitários de preservação recebem fundos de uma permuta de "dívida por natureza" — um acordo para reduzir a dívida externa em troca de um compromisso interno para investir em preservação — assinada entre a Costa Rica e os Estados Unidos em 2007. Os fundos também são sustentados por parcerias científicas com ONGs e universidades, bem como por um fluxo constante de ecoturistas e observadores estrangeiros de pássaros.

No entanto, quando perguntei a Rodríguez qual seria a chave do sucesso de Rancho Quemado, ela destacou dois fatores não financeiros — organização comunitária e amor. "Precisamos amar o que fazemos", ela disse. "Se o ambiente onde minha comunidade e minha família vivem não for saudável, ninguém será. O amor é fundamental."

Para os agricultores que trabalham na região, porém, a preservação precisa ter um retorno econômico mais direto. Cira

Sánchez Sibaja, de 58 anos, herdou sua fazenda de 370 hectares na península de Osa quando o pai morreu, duas décadas atrás. Mas ela nunca passou muito tempo ali, até que o diagnóstico de um câncer a levou a deixar a capital San José em busca de uma vida mais saudável. Quando começou a transição em 2008, foi um susto: ela não tinha experiência alguma em fazendas, mas agora precisava administrar um horizonte infinito de pastagens. O lugar não tinha eletricidade, nem acesso à internet.

"Achei que estava doida. O que é que eu poderia fazer?"

Acabou progredindo ao adotar uma abordagem diferente daquela empregada pela geração de seu pai. Conversou com preservacionistas locais que a convenceram da possibilidade de criar práticas pecuárias mais sustentáveis, produtivas, atraindo, ao mesmo tempo, ecoturistas.

Diferentemente dos postes de madeira e do arame farpado que, na maioria das fazendas da região, impede o gado de avançar, muitos campos de Cira são cercados por árvores — as chamadas "cercas vivas", que contêm o gado e ao mesmo tempo fornecem sombra, protegem fontes de água e oferecem aos pássaros lugar para fazer ninhos e aos mamíferos um corredor para passar.

Com a ajuda da Conservação de Osa, grupo ambiental sem fins lucrativos, ela planeja plantar 40 mil árvores nos próximos anos em quatro hectares destinados ao reflorestamento. A renda dos turistas é outro incentivo para a preservação. Hoje, ela pode acomodar até vinte visitantes em cabanas simples, oferecendo-lhes cavalgadas na praia e passeios de caiaque na baía do golfo Dulce.

"Ainda tenho o mesmo número de vacas, mas agreguei valor", disse Sebaja, mulher atarracada e dinâmica, de jeans e chapéu de vaqueiro. "Não precisei interromper nenhuma das minhas atividades."

A preservação numa área rural pobre como Osa só funciona

se estiver concentrada sobretudo em aumentar a produção e a renda das pessoas, ela disse. "Caso contrário, as pessoas vão comer o quê? Folha?"

Dom sempre ficava impressionado com a capacidade demonstrada por fazendeiros costa-riquenhos como Sebaja — apesar de muitas vezes descrentes de iniciativas governamentais e de não serem, nem de longe, ambientalistas do tipo que abraça árvore — de enxergar o valor de longo prazo da preservação, em contraste com os ganhos econômicos de curto prazo. "Fazendeiros falando da importância da preservação, em vez de tocarem no tema superficialmente, coisa tão diferente do Brasil", ele disse numa entrevista. "No Brasil, é só um requisito legal que precisam cumprir."

Com a Costa Rica se aproximando dos limites da quantidade de floresta que é capaz de proteger diretamente, ambientalistas buscam maneiras de promover a preservação e a biodiversidade dentro do arcabouço das economias locais. Em Osa, isso significa assegurar a confiança dos proprietários de terra e fornecer apoio educacional e financeiro que os ajude a ver esse valor produtivo de longo prazo na preservação.

Estabelecer uma conexão profunda com fazendeiros como Sebaja e Vargas é essencial para a visão "da serra aos recifes" da Conservação de Osa. O objetivo é restaurar florestas degradadas e, com isso, aumentar a conectividade das espécies de Corcovado com a cordilheira central de Talamanca, cerca de oitenta quilômetros a leste. Em três anos, a organização recrutou 346 fazendeiros para o seu sistema de restauração.

"Nós não procuramos os fazendeiros para falar sobre meio ambiente", disse José David Rojas, o coordenador de restauração de terras baixas do grupo, que se formou regente florestal. "Falamos sobre produtividade primeiro, e depois escutamos o que eles têm a dizer." Rojas trabalha em estreita colaboração com funcionários do Ministério da Agricultura para apresentar aos fazendeiros um plano que ofereça formas de aumentar a produtividade e a resiliência — e de promover a preservação. Pode ser plantando árvores para proteger as fontes de água e evitar a erosão, criando cercas vivas para o gado, ou usando técnicas como a pastagem rotativa para reduzir a degradação da terra. Ou pode ser ajudando-os a diversificar a produção mediante o plantio de árvores de baunilha e cacau, que vão produzir renda enquanto promovem a biodiversidade e a conectividade.

O grupo plantou mais de meio milhão de árvores nos últimos anos e agora tem cinco viveiros onde cultiva mais de 100 mil árvores nativas por ano para uso na restauração de áreas degradadas. Isso também atende ao objetivo de dispersar espécies vegetais raras e ameaçadas de extinção numa área mais ampla.

O governo da Costa Rica de certa forma facilita a grupos ambientalistas como a Conservação de Osa a execução de seu trabalho, muitas vezes como parceiro ativo — o que nem sempre ocorre nos países em desenvolvimento. Carolina Soto-Navarro, então diretora de preservação do grupo, tinha trabalhado antes no Sudeste Asiático, onde, ela dizia, havia pouquíssimo apoio governamental à preservação e a ONGs internacionais. O Brasil tem uma longa história de hostilidade contra esses grupos que trabalham na Amazônia, alimentando a suspeita de que não passam de fachada para interesses estrangeiros que querem assumir o controle de seus recursos. "Todas as nossas operações [na Costa Rica] só são possíveis porque temos relações muito, muito boas com a estrutura governamental", disse Soto-Navarro.

A Conservação de Osa está testando um programa que permite aos fazendeiros que atingirem metas de biodiversidade — como qualidade do solo e da água, e tamanho da população de pássaros — obter benefícios em empréstimos de 5 mil a 15 mil dólares num período de três anos. Andrew Whitworth, diretor-executivo da Conservação de Osa, diz que projetos de biodiversidade como esse ajudam a resolver uma fraqueza fundamental no histórico ambiental da Costa Rica — a grande e contínua dependência de monoculturas de exportação, como o abacaxi e o óleo de palma. Essas monoculturas em escala industrial podem valer como cobertura florestal para o PSA — matas de teca, por exemplo. Mas reduzem a biodiversidade, e sua produção depende muito de pesticidas químicos — o uso de pesticidas na Costa Rica é um dos mais intensos do mundo.

"O PSA foi excelente: aumentou a cobertura vegetal, mas boa parte dessa cobertura florestal não é, necessariamente, bom habitat para a fauna", disse Whitworth. Promover mais biodiversidade não é bom apenas para os animais selvagens, acrescentou — ajuda os fazendeiros a se tornarem mais resistentes aos altos e baixos dos preços das commodities no mercado global. Na verdade, multiplicam-se as provas de que misturar árvores à agricultura, a chamada agrofloresta, é uma solução vantajosa tanto para a produção agrícola como para o meio ambiente. Um estudo da agrofloresta realizado em 2020 na África subsaariana, por exemplo, revelou ganhos substanciais no rendimento agrícola em fazendas que empregaram práticas como a rotação de culturas. A sombra refrescante das árvores, assim como a proteção que seu sistema de raízes oferece contra a erosão do solo, ajuda a fortalecer a resistência às mudanças climáticas. Um estudo na Costa Rica realizado ao longo de dezoito anos e publicado em 2023 mostrou que espécies de pássaros conseguem prosperar em pequenas fazendas com características de paisagem natural, em nítido contraste com o que ocorre nas monoculturas.

O programa PSA e outros esforços para garantir apoio à preservação em comunidades em torno dos parques nacionais têm sido parte integrante do êxito da Costa Rica. Com o tempo, a cobertura de árvores e a biodiversidade se expandiram ao redor dos parques. Aqui é onde há um forte contraste com a situação em vizinhos centro-americanos, como a Nicarágua e Honduras, e em grande parte da Amazônia, onde as atividades humanas vêm invadindo as áreas protegidas num ritmo constante — da agricultura à caça e à pesca ilegais, e ao desmatamento.

Um estudo de 2012 publicado na revista *Nature* revelou que mudanças ambientais nas imediações das reservas de floresta tropical "eram quase tão importantes quanto as mudanças em seu interior para definir seu destino ecológico". Mudanças dentro das reservas refletiam fortemente as mudanças ocorridas no entorno. "Não adianta criar áreas protegidas se não investirmos na paisagem, nas pessoas e nas oportunidades econômicas do entorno imediato", disse Whitworth.

Com o plano PSA oferecendo, quase sempre, pouco mais do que um incentivo marginal, a mais importante oportunidade econômica que sustenta a preservação na Costa Rica é o próspero setor turístico. Quando Dom esteve lá, o país tinha acabado de emergir do doloroso impacto econômico da pandemia, que forçou o fechamento de suas fronteiras a visitantes internacionais durante mais de quatro meses. Naquele ano, as visitas turísticas despencaram de 3 milhões em 2019 para 1 milhão, e só voltaram a atingir 1,3 milhão em 2021.

"Foi como se alguém tivesse apagado as luzes", disse a Dom Dionisio Paniagua, de 48 anos, que trabalhara como guia turístico na floresta em Osa durante vinte anos. Segundo ele, a pandemia tinha sido um forte alerta sobre a necessidade de redobrar esforços na preservação ambiental. "Toda a área ficou assustada", ele disse. "Percebemos que o turismo é o coração da economia."

Ninguém escapou do impacto, nem mesmo pessoas que não trabalhavam diretamente no setor turístico, pois os gastos gerais na economia local desabaram. "Se perdermos a biodiversidade, não vamos atrair turistas. Há outros lugares com florestas e praias melhores."

O turismo permite aos proprietários de terra em áreas como Osa complementar e diversificar a renda, e empregar mais gente. Sebaja disse que oferecer hospedagem e atividades gera empregos para seis moradores locais, ao passo que em sua fazenda ela emprega duas pessoas.

Dom conversou com Pedro Garcia, proprietário de terra de 58 anos no distrito nortista de Sarapiqui, cuja família se mudou para lá em 1984, numa leva de invasores em busca de terra. No ano anterior à pandemia, cerca de 80% da renda de Garcia veio de turistas que visitaram sua fazenda de 3,5 hectares para aprender a plantar árvores e proteger a floresta.

Ajudado por um incentivo do PSA de cerca de dois dólares por árvore, e pelo aconselhamento da Fundecor, Garcia tinha plantado mais de mil árvores nos últimos anos, incluindo cacau e o *almendro amarillo* [*Dipteryx panamensis*], ameaçado de extinção. "Tenho uma floresta produtiva", ele contou a Dom. "Quero mostrar que é possível produzir e proteger ao mesmo tempo."

Nem todos os fazendeiros costa-riquenhos são preservacionistas convictos: muitos são tão motivados pelos retornos econômicos como os que Dom conheceu no Brasil. Eles manifestam descrença em políticas ambientais do governo e são intransigentes na crença de que a proteção pela proteção não é um caminho viável.

"Gritar e punir não funciona. Precisamos é de mais incentivos", me disse Vargas, que está trabalhando num plano com a Conservação de Osa para plantar mais de mil árvores em sua fazenda e desenvolver um projeto de agroturismo, mas diz que não hesitaria em derrubar uma árvore, "se for preciso para sobreviver".

A diferença é que os proprietários de terra da Costa Rica conseguem ver a longo prazo, sabendo que contam com apoio — seja do PSA, do dólar-turismo, ou da ajuda de grupos como a Conservação de Osa — para investir tempo e dinheiro nessas práticas voltadas para a preservação. Além disso, uma abordagem consensual e tecnocrática ajudou a Costa Rica a alcançar uma coerência e uma consistência política em relação ao meio ambiente de que muitos países carecem — sobretudo o Brasil. "Há um meio-termo muito sólido que nos ajuda a construir em cima do que o governo anterior vinha fazendo", disse Rodríguez, que foi convocado para ajudar a criar o programa PSA, mesmo sendo do partido de oposição.

A Costa Rica superou muitos obstáculos que costumam dificultar a coordenação da política ambiental. Suas políticas de preservação, de energia e de mineração estão concentradas no mesmo ministério. Sinac, o órgão responsável pela administração dos parques nacionais, combina três organizações que administravam leis relativas aos parques nacionais, à vida selvagem e às florestas.

"Precisamos reconhecer que enfrentamos um desafio sistêmico e que, portanto, a resposta tem que ser sistêmica", disse Rodríguez. Isso implica a existência de instituições que funcionem no nível "das áreas de terra ou de mar", em vez de ter programas conflitantes, ele explicou.

No entanto, apesar de tudo que a Costa Rica conseguiu em termos de recuperação e proteção de florestas, há uma percepção crescente de que o que funcionou ali no passado será insuficiente para o futuro. Várias e grandes ameaças ao modelo surgiram. Ironicamente, uma dessas ameaças é o próprio objetivo nacional de, até 2050, se tornar uma economia descarbonizada, com emissões zeradas. O fornecimento de eletricidade do país já vem quase exclusivamente de fontes renováveis, sobretudo energia hidrelétrica. Mas qualquer visitante é capaz de ver onde a descarbonização precisa ocorrer — nas estradas. O transporte é, de longe, a maior fonte de emissão de gases de efeito estufa; San José vive engarrafada, e as estradas do país estão repletas de caminhões e carros de modelos mais antigos.

Mas, a eliminação gradual dos veículos convencionais, em favor de mais transporte público e movido a eletricidade, contraria diretamente a mais importante estratégia ambiental da Costa Rica. O PSA é financiado por um imposto sobre combustíveis fósseis. Com menos carros, menos dinheiro haverá para pagar incentivos aos proprietários de terra. A pandemia de covid sugeriu como seria esse impacto. A brusca redução da demanda por combustível durante os lockdowns esgotou as finanças do PSA, e o órgão que administra o fundo precisou suar muito para atender à demanda dos proprietários de terra. Em 2023, os proprietários solicitaram contratos para que o programa abrangesse 174 793 hectares, mas o orçamento só dava para cobrir 69 283.

"Numa economia descarbonizada, não podemos nos dar ao luxo de isolar metade do país", disse o diretor do Fundecor, Mario Piedra, em conversa com Dom. Sem as receitas dos impostos sobre combustíveis fósseis, não há como financiar a preservação das florestas.

Piedra julgava crucial criar alternativas para programas financiados por impostos, que dessem aos proprietários de terra incentivos mais robustos e mais sustentáveis para preservar florestas. Os pagamentos do PSA praticamente não mudaram nada em 25 anos, enquanto os lucros potenciais com gado e com abacaxi — a Costa Rica é o maior exportador mundial desse fruto — dispararam, segundo ele. De 2015 a 2019, o país perdeu 1200 hectares de cobertura de árvores por causa do cultivo do abacaxi, de acordo com estudo recente, além de 5600 hectares perdidos nos quinze anos a partir de 2000.

"Quando falamos em atribuir valor à floresta, estamos nos referindo a valor financeiro — não apenas a sentimentos, emoções e princípios", disse Piedra. "Não podemos esquecer que somos um país de renda média, e que retorno sobre ativos é importante." Permitir que proprietários de terra colham árvores de forma sustentável é uma maneira de fazer isso, ele disse. A Fundecor expandiu um programa com o Conselho de Manejo Florestal, com sede na Alemanha, segundo o qual proprietários podem derrubar certo número de árvores levando em conta um minucioso plano florestal sustentável. Os resultados mostram que a floresta pode se tornar mais rica e mais produtiva quando se colhem algumas árvores maiores, com grandes copas, permitindo que outras ocupem o seu lugar, disse ele.

Mas Piedra mira mais alto — os cofres das maiores empresas do mundo. A Fundecor fez parceria com uma empresa de tecnologia para criar o projeto Biota, que oferece investimentos baseados em cadeia de blocos [*blockchain*] em áreas de floresta para empresas e governos que queiram compensar seu impacto ambiental e atingir metas de sustentabilidade corporativa mediante créditos de biodiversidade.

O conceito de créditos de biodiversidade recebeu um impulso importante na Conferência de Biodiversidade COP15 da ONU, no fim de 2022, na qual países assumiram um compromisso "30 até 30" — proteger 30% da terra e da água até 2030. O objetivo do projeto Biota, disse Piedra, é transformar "um serviço ambiental num produto em que as pessoas possam investir". Se feito corretamente, ele nos dá uma percepção mais realista da contribuição da floresta para a integridade do ecossistema do que aquela que nos fornece o cálculo simples, por tonelada, em que se baseiam os créditos de carbono tradicionais, ele disse.

Cada "produto" costa-riquenho do site Biota traz uma análise minuciosa dos ativos e valores de biodiversidade da terra. Uma nota relativa a uma área de 354 hectares chamada Ara Ambigua, no norte do país, por exemplo, menciona a precipitação média anual, seu papel como baluarte contra a urbanização local e a expansão agrícola, e diz que ela oferece proteção crucial para espécies ameaçadas, como a grande arara-verde. O objetivo de Piedra é conseguir um investimento para 100 mil hectares nos próximos anos "procurando as pessoas que têm dinheiro" — para convencer grandes empresas multinacionais a investir nas áreas maiores, e empresas locais nas menores. Ele calcula que os pagamentos anuais a proprietários de terra girariam em torno de 1300 dólares por hectare, descontadas as despesas de administração, muito mais do que os setenta dólares do PSA. (Só as terras não cobertas por outros programas de incentivo à preservação poderão solicitar fundos do Biota.)

Outra forma de receber financiamento estrangeiro para preservação são os créditos internacionais de carbono. No entanto, os retornos são relativamente pequenos. Um acordo de 60 milhões de dólares assinado pela Costa Rica com o Banco Mundial em 2020, por exemplo, traduz-se apenas em 7,5 dólares em pagamentos anuais por hectare. Piedra despreza os créditos de carbono, que não passam de "uns trocados". "A floresta deveria ser um fundo fiduciário para essas famílias", disse Piedra. "Mais ou menos como ter um poço de petróleo na Louisiana."

No entanto, assim como os esforços de reflorestamento da Costa Rica clamam por novo apoio, o consenso político que tem sustentado seu êxito ambiental parece mais frágil do que nunca. Uma crise fiscal que há muito vem se arrastando e foi agravada pela pandemia, juntamente com níveis crescentes de desemprego, pobreza e crime violento, fez com que o meio ambiente perdesse prioridade na agenda do governo.

A eleição em 2022 do presidente Rodrigo Chaves, que canalizou a raiva contra a classe política, foi uma guinada para o populismo de direita, familiar a brasileiros e americanos. Chaves tem manifestado apoio à exploração de depósitos de gás natural, até há pouco assunto considerado impróprio para discussão pública, dizendo que isso poderia fazer da Costa Rica uma "nova Cingapura". Ele começou seu mandato cancelando um projeto de trem leve intermunicipal, e em seguida o Congresso retirou a Costa Rica do Acordo de Escazú de 2018, que exige que governos latino-americanos promovam o direito de participação pública em decisões sobre o meio ambiente.

Ao mesmo tempo, várias regiões da Costa Rica lutam para controlar o impacto ambiental e social de sua popularidade entre visitantes estrangeiros. A própria beleza natural que atrai turistas e residentes estrangeiros está sendo ameaçada pelo desenvolvimento, muitas vezes mal controlado, que surge para atendê-los.

A pequena cidade de Uvita, na costa do Pacífico, onde moro desde 2018, vive uma súbita expansão econômica impulsionada pelos gastos de estrangeiros. Suas colinas exuberantes, cobertas de florestas, ficam cada vez mais marcadas pela terra vermelha de lotes abertos na selva para dar lugar a casas de luxo, com vista para o oceano, que custam mais de 1 milhão de dólares — totalmente fora do alcance da maioria dos locais. A disparada do valor dos imóveis e dos aluguéis, alçado a níveis norte-americanos, tornou difícil para os costa-riquenhos morar perto do local de trabalho. A gentrificação impulsionada pelos estrangeiros está por trás das taxas de roubos e furtos que crescem junto com o aumento da desigualdade de renda.

O impacto disso nos ecossistemas locais também é preocupante, diz Pablo Piedra, ex-instrutor de mergulho de 45 anos, que mora nessa área há duas décadas. A terra solta gerada pelo desenvolvimento urbano é arrastada pela chuva para os rios, criando nuvens cada vez maiores de sedimentos que sufocam corais e matam outras formas de vida marinha, afirmou ele. Devido à falta de um sistema de esgoto centralizado, cada casa, cada restaurante, cada hotel requer uma fossa séptica, que vaza resíduos humanos para os cursos de água, aumentando problemas de saúde e florações de algas nocivas no oceano.

Piedra, que fundou e chefia o grupo de Restauração de Corais da Costa Rica, com sede em Uvita, disse que alguns dos seus locais de mergulho favoritos — como a icônica praia do parque nacional de Uvita, com seu formato de cauda de baleia — foram estragados pelas mudanças. "Não faz muito tempo eu conseguia mergulhar na Cauda da Baleia quando dava aulas de mergulho em águas abertas", me disse Piedra. "Agora não é nada — ainda tem alguns peixes, mas não tem coral. Perdemos todos os corais dali."

O problema, segundo Piedra e outros ambientalistas locais, é a falta de um plano abrangente para monitorar o impacto do desenvolvimento e estabelecer limites. Hoje é prática comum entre os incorporadores imobiliários contornar requisitos ambientais construindo sem licença, na certeza de que o risco de ser multado é pequeno. Atear fogo para destruir florestas e convencer as autoridades de que não houve mudança não natural no uso da terra é outra tática bastante usada. Em 2019, na comunidade vizinha de Ojochal, um incêndio gigantesco, de uma semana de duração, destruiu dezenas de hectares de floresta em terra onde um grande incorporador imobiliário planejava construir centenas de casas.

À medida que a Costa Rica se aproxima de um momento decisivo, vale lembrar como tudo começou no início do século passado — com a destruição generalizada, gigantesca, de suas florestas na busca de ganhos econômicos. O reflorestamento não é fácil nem barato. Uma análise econômica feita pela Conservação de Osa revelou que o custo de restaurar completamente o ecossistema da península às montanhas chegaria a 100 milhões de dólares, distribuídos num período de dez anos.

"Este é o desafio", disse Andrew Whitworth, diretor do grupo. "Como evitar a extração destrutiva para não ter problemas futuros? Não fazendo o que a Costa Rica fez. É muito mais barato proteger, e evitar que uma coisa seja destruída, do que tentar consertá-la depois."

8. Sacudindo a árvore do dinheiro global: Financiamento internacional

Bacia do Tapajós, Pará, e Dubai, Emirados Árabes Unidos

Andrew Fishman* e Dom Phillips

* Andrew Fishman é presidente e cofundador do *The Intercept Brasil*, um premiado veículo de jornalismo investigativo financiado por leitores. Ele

> "A CONQUISTA DA NATUREZA PELO HOMEM
> REVELA-SE, NO MOMENTO DE SUA CONSUMAÇÃO,
> A CONQUISTA DO HOMEM PELA NATUREZA."
>
> C. S. Lewis, *A abolição do homem*

O nervoso e irascível magnata Henry Ford estava em busca de uma fonte mais barata de látex para reduzir o custo de seus automóveis, que rapidamente estavam transformando a paisagem dos Estados Unidos. Há quase um século, com grande alarde, ele se propôs a construir Fordlândia, sua visão ambiciosa de uma utopia capitalista de 1 milhão de hectares às margens do rio Tapajós, um grande afluente do Amazonas, no Pará. Os homens de Ford destruíram a coluna vertebral limpando o terreno, atentos às cobras venenosas, e plantaram fileiras de seringueiras para transformar a floresta selvagem numa espécie de fábrica verde que imprimiria dinheiro para um império industrial estrangeiro.

O plano nunca fez muito sentido econômico ou ecológico, e já então alguns críticos apontaram isso, como se pode ler no livro seminal do historiador Greg Grandin *Fordlândia: A ascensão e queda da cidade esquecida na selva de Henry Ford*. Mas o magnata, confiante na superioridade de sua coragem, seus valores e tecnologia americanos, achava que estava seguindo as vontades de Deus ao conquistar a floresta e trazer "civilização" e progresso econômico para o que ele considerava povos atrasados da selva.

Acontece que não era por ignorância que a Amazônia carecia daquele tipo de plantação de borracha. Era exatamente o

---

escreveu extensamente sobre o caso Edward Snowden e os vazamentos da Vaza Jato, que denunciaram fraudes e ilegalidades na força-tarefa da Operação Lava Jato. Anteriormente, trabalhou no *The Intercept* dos Estados Unidos e na National Public Radio, além de ter artigos publicados na Al Jazeera, Jacobin, Agência Pública e Todo Notícias, entre outros veículos.

oposto. Como sabiam os moradores do lugar, pestes e pragas se espalhavam velozes entre seringueiras nativas plantadas próximas umas das outras. Apesar de dezoito anos de esforço intenso de uma das empresas mais importantes do mundo, quase nenhuma borracha foi produzida. O industrial morreu sem nunca ter pisado na Amazônia e seu neto deu por perdidos cerca de 350 milhões de dólares em valores atualizados. A floresta venceu.

Noventa e cinco anos depois da fundação da cidade, um morador de Fordlândia sentado à margem do rio poderia assistir à viagem inaugural de uma balsa que empurrava lentamente 35 longas e estreitas barcaças brancas cobertas e amarradas juntas, em cinco blocos de sete, rio acima. Elas estavam a caminho de um porto nas proximidades de Itaituba operado pela Cargill, empresa americana de commodities, onde seriam carregadas com 70 mil toneladas de soja que iriam para compradores na Europa e na China.

Em 2019 meu amigo Dom Phillips viajou para Itaituba, seu ponto de partida de uma investigação sobre o desmatamento ilegal ao longo da rodovia BR-163, que conecta essa cidade ao coração agrícola do Brasil. "Foi impressionante ver como a pecuária havia comido a floresta em ambos os lados da BR-163. Havia vacas por toda parte. A vida selvagem sobrevivia como podia", ele relatou ao *Guardian*. "Certa manhã, um macaco branco correu por uma estrada de terra, seguido por um bando de porcos selvagens. Araras pretas, azuis e laranja gritavam no topo de um tronco de árvore carbonizado, seu único poleiro num campo de gado. Um tamanduá oportunista atravessou a rodovia entre os caminhões."

Os barões da soja e da pecuária da Amazônia contam uma versão mais edulcorada: eles teriam conseguido transformar a floresta no motor econômico de uma nação moderna. "Agro é tech, agro é pop, agro é tudo", dizia a campanha produzida e veiculada pela Globo.

No entanto, "os números não mostram isso", Dom escreveu

em suas anotações para este livro. O "big agro" é responsável pela maior parte da destruição da Amazônia, tendo derrubado o equivalente a duas Califórnias de floresta desde a morte de Ford em 1947 e degradado uma área adicional de tamanho semelhante, pois produz três quartos das emissões de gases de efeito estufa do Brasil. Nesse meio-tempo, vários estudos demonstraram que as principais operações do agronegócio tendem a empobrecer as comunidades locais e aumentar drasticamente a desigualdade.

O modelo econômico ainda existe em grande parte para servir aos interesses estrangeiros. E, agora como então, é marcado por pistoleiros, roubo de terras, trabalho em condições análogas à escravidão e uma mentalidade que vê a floresta e seus habitantes como inimigos a serem conquistados a qualquer custo. A maior parte da produção agrícola e de mineração, bem como cerca de um quarto do gado, é exportada. Essas atividades estão remodelando a região com o apoio do governo e a ajuda de bilhões de dólares em investimentos e empréstimos de bancos, corporações e investidores estrangeiros.

Mas cientistas alertam que a floresta grita por socorro e dá sinais de que seu colapso pode ser iminente se continuarmos nessa toada, o que seria catastrófico por muitas razões, inclusive pondo em risco a agricultura da região. Um relatório do Banco Mundial de 2023 sugere que o impacto econômico da destruição da Amazônia pode chegar a 317 bilhões de dólares anuais, sete vezes maior do que os lucros que a agricultura, a mineração e a exploração madeireira geram atualmente. O impacto climático mundial pode ser muito pior, considerando-se que o carbono sequestrado pela floresta é maior do que cinco anos de emissões globais de gases de efeito estufa.

"A conquista da Natureza pelo Homem revela-se, no momento de sua consumação, a conquista do Homem pela Natureza", escreveu o autor britânico C. S. Lewis, contemporâneo de Ford, em *A abolição do homem*, publicado em 1943.

> Cada vitória que parecíamos ter nos levou, passo a passo, a essa conclusão. Todos os reveses aparentes da Natureza foram apenas retiradas táticas. Pensávamos estar derrotando-a, quando ela estava nos atraindo. O que nos pareceram mãos erguidas em sinal de rendição era, na verdade, a abertura de braços para nos envolver para sempre.

Para evitar esse futuro desastroso, a proposta da Nova Economia para a Amazônia Brasileira do World Resources Institute estima que sejam necessários 516 bilhões de dólares a mais em investimentos públicos e privados até 2050, ou cerca de 20 bilhões de dólares por ano (0,8% do PIB anual). O instituto argumenta que isso seria suficiente não só para salvar a Amazônia, mas para aumentar o PIB regional, melhorar a inclusão social, acrescentar 81 milhões de hectares de floresta plantada e reduzir as emissões nacionais em 94%.

Trata-se tanto de uma quantia colossal de dinheiro como de um investimento óbvio, considerando-se o custo da inação, e não apenas para o Brasil. Investidores estrangeiros ricos, governos e clientes que nunca ouviram falar de jararaca, pororoca ou pirapitinga têm uma enorme responsabilidade por ter levado a Amazônia a esse estado de deterioração. Nas negociações climáticas globais, eles estão sob crescente pressão para não só mudar seus hábitos como para financiar substancialmente a transição para a sustentabilidade da Amazônia e do resto do Sul Global. Mas as pessoas mais responsáveis pelos danos e com mais recursos para consertá-los têm sido em grande parte lentas em desembolsar voluntariamente o dinheiro ou promover práticas sustentáveis que contradizem seus interesses próprios de curto prazo. Para que a floresta sobreviva, isso deve mudar, e o desenvolvimento da região deve priorizar as preocupações locais e de longo prazo. Com novos sinais de um colapso iminente surgindo a cada dia, já impactando as cadeias de suprimentos e os lucros, alguns estão começando a perceber que os interesses de curto e longo prazos são convergentes.

Nesse sentido, o futuro da Amazônia não está sendo decidido na Amazônia, nem mesmo no Brasil. O quebra-cabeça da região está profundamente enredado nas crises climáticas, políticas, financeiras e sociais que afetam todo o planeta. Muitas das melhores soluções potenciais para seus problemas locais fazem parte, na verdade, de debates globais muito maiores, como a reforma tributária e de subsídios.

Então, qual é o melhor caminho a seguir? E temos tempo para experimentar reformas graduais ou são necessárias medidas mais revolucionárias?

A partir de 2004, o Brasil diminuiu o desmatamento em 84% em apenas alguns anos, provando que era possível superar a ganância, o preconceito, a ignorância, a pobreza e os fracassos políticos que alimentavam a crise. Mas os reveses dramáticos durante a presidência de Jair Bolsonaro expuseram a fragilidade desses ganhos caso eles não viessem acompanhados de mudanças socioeconômicas mais sistêmicas — e internacionais.

Dom gostava de práticas reais e tinha pouca paciência para ideias inspiradas por ortodoxias da esquerda ou fantasias paternalistas de uma floresta intocada habitada apenas por heróis indígenas místicos. Quase metade dos 29 milhões de moradores da Amazônia sobrevive com apenas 66 dólares por mês. "Quem somos nós para julgá-los por aproveitarem a única oportunidade para alimentar seus filhos, mesmo que seja desmatar para criar gado ou entrar para uma quadrilha de mineradores ilegais?",

Dom me perguntou mais de uma vez quando discutíamos o projeto deste livro enquanto tomávamos cerveja.

Esse sentimento específico ressoou na minha cabeça durante meses depois que Dom foi assassinado por pessoas que provavelmente se encaixavam nessa descrição. A trágica ironia de tudo isso é que ele estava no vale do Javari naquele dia tentando ajudar o mundo a ter empatia por pessoas como seus agressores, não os criminalizando ou julgando. As famílias delas merecem segurança, dignidade e um futuro decente; qualquer proposta realista, portanto, não pode simplesmente abolir o comércio, tampouco permitir que ele continue seu curso atual.

Por esse motivo, Dom incluiu na proposta do livro um capítulo que trataria de soluções de financiamento e negócios internacionais. Em discussões com meus colegas sobre como completar este capítulo, decidimos ampliar um pouco o escopo, como o próprio Dom poderia ter feito, para incluir também a ação de governos estrangeiros, já que políticas públicas e privadas estão intimamente relacionadas. "As pessoas podem desprezar isso e dizer que o capitalismo nunca terá respostas, e nisso elas estão certas, mas as pessoas também precisam ganhar a vida", ele escreveu em suas escassas notas para o capítulo. Ele incluiu algumas delas no esboço que enviou para sua editora, mas, em particular, ele me disse que elas eram, em sua maioria, apenas um lembrete: era o capítulo em que ele se sentia mais inseguro.

É claro que, apesar de toda a devastação que ele testemunhou, Dom era otimista quanto à capacidade da sociedade de exercer pressão pública para forçar governos e corporações a agir melhor. Afinal, essa era a motivação por trás deste livro. "Essa mobilização já começou, embora ainda não tenha produzido resultados", ele escreveu no esboço. Se acontecerá a tempo de evitar o desastre, essa continua sendo a questão.

É por isso que, para prosseguir sua investigação, viajei em dezembro de 2023 para as linhas de frente da mobilização — não para o vale do Javari, mas a 14 mil quilômetros de distância, no deserto da Arábia, onde, na cop-28, ambientalistas amazônicos enfrentavam os grandes lobistas da agricultura, da mineração e do petróleo sobre o futuro da Amazônia e o debate climático global.

O cheiro de café quente impregnava o pavilhão do Brasil, que zumbia de excitação. A atmosfera estava mais para um festival de música do que para uma reunião de especialistas em políticas climáticas.

Mais de 3 mil brasileiros foram a Dubai, nos Emirados Árabes Unidos, para a 28ª Conferência das Partes das Nações Unidas, a cúpula climática global mais importante. A cop é o principal fórum onde acordos internacionais para evitar (ou garantir) um apocalipse climático são firmados, junto com imensas quantidades de networking, lobby, persuasão e pavoneio.

Os brasileiros compunham a maior delegação presente ao evento depois do país anfitrião. Todos os pesos-pesados do governo estavam lá, fazendo grandes anúncios, como o lançamento do fundo Florestas Tropicais para Sempre, um mecanismo para financiar a preservação florestal com 250 bilhões de dólares vindos de nações ricas e indústrias poluidoras. Todas as organizações sem fins lucrativos com uma agenda climática também estavam lá, ao lado de banqueiros influentes e muitos poluidores importantes, esperando fazer um bom trabalho de relações públicas e evitando viralizar em interações improvisadas com manifestantes obstinados. Era a primeira cop desde que Lula retornara à presidência, eleito com uma plataforma para salvar a Amazônia, cessar a devastação de territórios indígenas e impulsionar a economia que estava fracassando sob a gestão caótica de Bolsonaro.

Mas boa parte de sua instável coalizão no Congresso era composta de ex-aliados de Bolsonaro, que tinham outros planos.

Em apenas dois anos, Lula presidiria a COP30 em Belém do Pará, na foz do rio Amazonas. "Não esperem nada perto disso!", Lula brincou em uma reunião, referindo-se à ampla e opulenta ExpoCity de 7 bilhões de dólares, cheia de esculturas de arte moderna instagramáveis, arquitetura chamativa e um parque solar, com sua própria estação de metrô. "Se não pudermos oferecer edifícios tão incríveis quanto esses, daremos às pessoas árvores para que elas possam fazer reuniões à sombra delas", brincou o presidente.

Brasileiros ativistas do clima, ainda chocados com quatro anos de derrotas brutais, ousavam sonhar novamente e lutavam para juntar as peças de uma mensagem coesa e unificada. Esperavam que o governo Lula passasse os próximos dois anos conquistando vitórias climáticas e chegasse à COP30, no décimo aniversário dos Acordos Climáticos de Paris, armado com a renomada habilidade diplomática do presidente e uma nova credibilidade climática para inaugurar um novo paradigma liderado pelas nações do Sul Global. Para muitos deles, era nada menos que a última esperança da humanidade de se salvar de... si mesma. E, conforme o interlocutor, o caminho a seguir era incrivelmente simples ou enlouquecedoramente complexo.

Irritado, um mediador do painel realizado no pavilhão do Brasil repreendia mais uma vez a multidão amontoada no saguão, cuja conversa alta estava abafando uma das dezenas de discussões sobre finanças verdes, créditos de carbono, bioeconomia e temas afins. Fãs pediam selfies com cientistas climáticos renomados como Carlos Nobre e a primeira ministra indígena do Brasil, Sônia Guajajara, a quem Dom se referiu em particular como "uma das figuras políticas mais importantes e inspiradoras do país".

Encontrei Guajajara no corredor estéril de concreto do pavilhão posando para uma foto com outra política indígena pioneira, Joênia Wapichana. A multidão reunida, celulares nas mãos, riu enquanto Wapichana se esticava na ponta dos pés para marcar sua cidade natal no estado de Roraima, no Extremo Norte do Brasil, em um mapa gigante de parede — como tantas coisas na COP, seu objetivo estava à vista, mas um pouco além do alcance. Por um momento ela arrefeceu seu comportamento público sério enquanto ria com eles.

Com uma faixa vermelha floral na cabeça e uma fina linha vermelha de tinta nas bochechas e outra no queixo, Wapichana usava uma camiseta verde-oliva com os dizeres "Fundação Nacional dos Povos Indígenas" na manga. A altura diminuta e o traje casual da advogada de cinquenta anos não revelavam sua imensa estatura na política brasileira. Ela foi a primeira mulher indígena a comandar essa agência governamental, assim como foi a primeira a ser eleita deputada federal, em 2018.

Guajajara e Wapichana, ambas da Amazônia, simbolizavam o Brasil em que as pessoas reunidas ao redor delas queriam acreditar — um país que finalmente daria prioridade à proteção ambiental e aos direitos indígenas em detrimento dos lucros e, ao fazê-lo, se tornaria um pioneiro global de uma nova economia política verde.

Mas não seria fácil. Entre os 85 mil participantes internacionais da COP28, havia um número recorde de lobistas de indústrias poluentes, juntamente com 34 bilionários e dezenas de chefes de Estado e membros da realeza, muitos dos quais chegaram em frotas de jatos particulares e pareciam mais preocupados em coibir propostas de políticas que poderiam ameaçar seus interesses econômicos.

A COP é "um jogo de quem pode ter mais influência", me disse Wapichana enquanto caminhávamos entre os prédios rumo a seu próximo compromisso. "Assim como eles nos consideram um obstáculo ao desenvolvimento, é importante que também atinjamos seus pontos fracos e apontemos os danos que esses empreendimentos comerciais estão causando não apenas aos povos indígenas, mas a todos", disse ela.

Ao longo de sua carreira política, Wapichana viu o movimento indígena obter ganhos materiais ao se envolver em fóruns internacionais. "Só o fato de estar aqui, expressando nossos interesses sobre o clima, já é um passo à frente", ela disse. Mas complementou: "Não temos muito tempo, então todos têm de abdicar de algumas de suas crenças".

Nem todos estavam tão otimistas. O foco principal da conferência era a excessiva e insustentável dependência do petróleo. Uma petromonarquia autoritária famosa por lavagem de dinheiro, turismo de ultraluxo, tratamento abusivo de trabalhadores migrantes e arquipélagos artificiais em forma de palmeiras era, portanto, uma escolha curiosa de local para negociar uma transição justa e equitativa dos combustíveis fósseis. Mas não tão curiosa quanto selecionar Sultan al Jaber, o CEO da ADNOC, empresa nacional de petróleo de Abu Dhabi, que gera bilhões de barris por ano, para presidir a COP28. Uma das empresas mais poluentes da indústria mais poluente do mundo não estava apenas "conseguindo um lugar à mesa", como os executivos do petróleo havia muito exigiam: a mesa caríssima *era dele*.

Al Jaber, em consonância com os lobbies do agronegócio e da mineração do Brasil, argumentou que a única maneira de fazer um acordo significativo era trabalhar com as indústrias, mas sua credibilidade foi prejudicada quando o Centre for Climate Reporting revelou documentos internos mostrando como ele estava alavancando sua posição para ajudar a ADNOC a negociar acordos para expandir significativamente sua perfuração de petróleo e gás, inclusive sua oferta para comprar uma grande participação na Braskem, a gigante da petroquímica brasileira.

As projeções sugerem que Dubai, o mais bem-sucedido dos sete Emirados Árabes, pode se tornar inabitável até o final do século, à medida que as temperaturas aumentem — o que significa que seus habitantes têm tanto a perder quanto o resto de nós. Os destinos de Al Jaber e Wapichana estavam profundamente ligados de mais de uma maneira.

O pânico brilhou nos olhos dos seguranças quando uma multidão de brasileiros tentava invadir, barganhar e implorar para entrar no evento lotado. Uma assessora ansiosa reprimiu sua irritação para explicar ao guarda que o homem grisalho suando de terno ao lado dela era o prefeito de Belém, um VIP, que definitivamente estava na lista e precisava ser admitido. O guarda exasperado estremeceu e deu de ombros. Ele não tinha nenhuma lista.

Os felizardos que conseguiram entrar injetaram vitalidade na sala de reunião. Penduraram faixas coloridas acima das mesas cinza, esbanjando ousadia para anunciar suas coalizões. Espalhados entre os trajes formais e padronizados de burocratas e guarda-costas, havia ambientalistas vestidos com regatas fluorescentes e estudantes com camisetas e turbantes de suas organizações com alegres estampas africanas. Líderes indígenas acrescentavam à mistura cocares coloridos feitos de longas penas de araras vermelhas e azuis que, por todo o complexo da COP, atraíam olhares curiosos e fotos de celular não tão discretas.

Lula, ladeado por sua esposa e ministros, começou o terceiro dia da COP sentado com 135 representantes da sociedade civil reunidos numa pequena sala de conferências, um encontro impensável com Bolsonaro. Era para ser um sinal de seu comprometimento com as promessas ambientalistas de campanha feitas à sua base. Mas, depois que acabou, tudo o que todos falavam era sobre o grande anúncio que Lula *quase* fez.

"Muitas pessoas ficaram alarmadas com a ideia de que o Brasil iria entrar para a Opep. Nós não vamos entrar na Opep", resmungou o líder de 78 anos para o grupo, referindo-se ao poderoso cartel de grandes nações produtoras de petróleo que lidera a oposição à eliminação gradual dos combustíveis fósseis.

No dia da abertura da COP, seu ministro de Minas e Energia ganhara as manchetes ao dizer exatamente o contrário, numa declaração estranha para aquele momento. Houve um instante de confusão. "Lula estava realmente se posicionando contra os combustíveis fósseis? Momento histórico!" Houve quem começasse a aplaudir.

Mas ele não havia terminado e continuou ligeiro antes que os aplausos ganhassem força. "O Brasil vai participar de algo chamado Opep+! Esse nome é tão chique. Opep+!" O ar foi sugado para fora da sala. Ele continuou dizendo algo sobre fazer mudanças de dentro.

Do lado de fora, visivelmente decepcionado, Márcio Astrini, diretor executivo do Observatório do Clima, coalizão de noventa organizações ambientais, se reuniu com colegas. O momento em que o ministro anunciou Opep+ causou "desgosto e repulsa" entre muitos delegados brasileiros e membros do governo, disse Astrini. Era "intencional sabotar tudo o que o Brasil havia planejado para aquela conferência", pondo Lula em desvantagem e expondo o conflito entre as alianças do governo com os lobbies de negócios sujos e o seu mandato, que prometia evitar uma catástrofe ambiental iminente.

"Nosso grande desejo naquela reunião era que Lula se tornasse o protagonista do mais importante item da agenda climática, o fim dos combustíveis fósseis", lembrou Astrini. "O mundo precisa de um líder para nos mover nessa direção." Em vez disso, o Brasil ganhou o vergonhoso antiprêmio Fóssil do Dia da Climate Action Network, em grande parte devido a seu apoio à abertura de vastas reservas de petróleo em águas profundas na foz do rio Amazonas, próximo à futura sede da COP30.

No mesmo dia do encontro com Lula, a Colômbia, vizinha amazônica do Brasil e terceira maior produtora de petróleo da América Latina, tornou-se a primeira produtora de hidrocarbonetos a assinar o Tratado de Não Proliferação de Combustíveis Fósseis, uma promessa de proibir novas infraestruturas fósseis e eliminar gradualmente a energia suja de forma equitativa. A comparação não poderia ter sido mais gritante.

Fazer com que as indústrias mais poluentes do Brasil — silvicultura, pecuária, pecuária industrial, mineração, transporte e petróleo — abraçassem voluntariamente metas climáticas ambiciosas que poderiam lhes custar dinheiro no curto prazo seria por si só um grande desafio, mas a influência delas era evidentemente tão forte que Lula não conseguiu nem mesmo fazer com que sua própria equipe cumprisse o roteiro programado por alguns dias, enquanto os olhos do mundo se voltavam para eles em busca de sinais de esperança.

O drama do petróleo ofuscou as boas notícias sobre a redução de 50% no desmatamento da Amazônia no Brasil naquele ano, bem como o ambicioso e intrigante fundo Florestas Tropicais Para Sempre anunciado pelo país no dia anterior.

É praticamente consenso — em teoria, se não na prática — que as nações ricas do Norte Global devem compensar o Sul pelos danos ambientais históricos que causaram, mas essas nações têm sido lentas em contribuir com dinheiro. Na COP anterior, um fundo de Perdas e Danos foi anunciado para atender a esse propósito. A ONU estima uma necessidade imediata de 215 bilhões a 387 bilhões de dólares anuais para compensar os danos climáticos, mas, em janeiro de 2024, as doações prometidas somavam apenas 661 milhões de dólares.

Uma das melhores propostas para obter algumas das grandes transferências de dinheiro necessárias não veio dos grandes bancos ou lobbies corporativos, mas do Ministério do Meio Ambiente do Brasil, sob o comando de Marina Silva. De acordo com essa proposta incipiente, que deveria empolgar até os céticos mais empedernidos, o fundo funcionaria essencialmente como um título do governo com classificação AAA, não como uma doação. A grande meta de arrecadação de fundos de 250 bilhões de dólares parece menos assustadora quando comparada aos 4 trilhões em emissões do mercado global de títulos verdes, sociais e vinculados à sustentabilidade somente em 2021. Os gestores reinvestiriam o dinheiro e pagariam uma taxa fixa de mercado, com os lucros líquidos restantes sendo distribuídos para protetores florestais verificados por satélite.

Os moradores e proprietários de terras de oitenta nações com florestas tropicais receberiam dinheiro por cada hectare de floresta preservada, ao que parece a partir de 25 dólares. Uma dedução cem vezes maior feita para cada hectare desmatado faz a matemática funcionar nas taxas atuais de desmatamento e torna mais lucrativo manter a Amazônia em pé. Nessa avaliação, o maior território indígena do Brasil, o dos Ianomami, receberia impressionantes 241 milhões de dólares por um ano de desmatamento zero, quase tanto quanto todo o orçamento de 2024 dos Ministérios dos Povos Indígenas, Mulheres e Igualdade Racial somados. E isso para menos de 9% de todo o território indígena na Amazônia. De modo geral, os especialistas em clima elogiaram a estrutura proposta para alavancar os sistemas financeiros existentes a fim de oferecer uma solução limpa e elegante para incentivar a preservação, sem depender de filantropia, novos mercados complexos, reivindicações de redução de CO_2 difíceis de monitorar, nem permitir que as contribuições servissem de permissão para continuar poluindo. E, o mais importante, essa proposta não requer enormes mudanças em paradigmas geopolíticos ou novos impostos e regulamentações.

O mecanismo de controle central do modelo é semelhante a

outra inovação brasileira, o bem-sucedido — e consideravelmente menor — Fundo Amazônia, que libera dinheiro para ser gasto em projetos de preservação florestal somente se o país mantiver seu compromisso de reduzir o desmatamento. Sob Bolsonaro, o fundo foi suspenso, e Dom ficaria feliz em saber que agora foi retomado. O fundo segue o padrão de Redução de Emissões por Desmatamento e Degradação Florestal da ONU (REDD+), pelo qual as comunidades florestais e países do Sul Global são pagos pelas nações do Norte Global. Os mecanismos REDD+ podem ser implementados por meio de filantropia ou usados como base para esquemas de compensação de emissões de carbono.

O fundo foi lançado em 2008 com um compromisso de 1,2 bilhão de dólares da Noruega e doações muito menores de outros países. Ele distribuiu cerca de metade desse valor para 107 projetos sob a gestão do BNDES. A iniciativa tem sido a única de apoio financeiro relevante para a proteção da Amazônia, embora ainda distante do necessário e com espaço para melhorias. A maioria foi para entidades governamentais, grande parte para medidas de aplicação da lei, que são o cerne da estratégia de desmatamento do Brasil. Organizações sem fins lucrativos que trabalham com manejo florestal, pesquisa científica, apoio à comunidade indígena e cadeias de suprimentos sustentáveis também se beneficiaram.

Enquanto representantes do Fundo Amazônia e do BNDES lotavam os corredores da COP, uma ausência notável era a dos pequenos agricultores desesperados pelo tipo de assistência que o fundo poderia fornecer para ajudá-los a fazer a transição para práticas sustentáveis. Eles não tinham condições de pagar a viagem.

Giselda Pereira, uma agricultora de 49 anos, me ligou de uma sala mal iluminada, na fronteira agrícola do sul do Pará. Foi o primeiro lugar em que ela conseguiu sinal de internet no caminho entre sua fazenda e um evento em que ela participou para pequenas agricultoras da região. Dos projetos sem fins lucrativos financiados pelo Fundo Amazônia ou de outros, "muito pouco chegou ao campo para mudar nossa realidade", ela explicou, com a confiança comedida de uma organizadora experiente. Ela faz parte da liderança nacional do Movimento dos Trabalhadores Sem Terra (MST), que assentou 450 mil famílias em fazendas e, nos últimos quatro anos, cumpriu um quarto de sua meta de plantar 100 milhões de árvores.

Em 1999, o MST ocupou uma grande fazenda de gado improdutiva na fronteira agrícola do Pará. Após quase uma década de expulsões e conflitos, o governo enfim entregou o título de posse de suas terras. A maioria dos fazendeiros continuou a usar a terra para criar gado leiteiro e de corte, ela me contou, porque era a opção mais barata em terras sem registro formal. Ultimamente, porém, a mudança climática os levou a substituir pastagens por culturas nativas mais lucrativas e sustentáveis, como mandioca, açaí, cacau e cupuaçu.

O grupo de Giselda Pereira e outros da região querem aumentar suas operações agroflorestais, mas não têm capital e equipamentos para restaurar e reflorestar a terra. "Os coletivos agrícolas não conseguem atender aos requisitos para sequer apresentar uma proposta [ao Fundo Amazônia]" — que ganhou a fama entre os potenciais beneficiários de ser excessivamente burocrático. "Em vez disso, grandes ONGs ganham os subsídios", ela lamenta. Pouco dinheiro oriundo de filantropia também chega a eles.

Pereira quer ver muitos novos financiamentos para ajudar famílias a ocupar grandes fazendas em terras desmatadas ilegalmente e convertê-las em operações agroflorestais sustentáveis que aumentem a cobertura florestal. Para desgosto de muitos especialistas políticos conservadores, o MST socialista foi ao mercado financeiro brasileiro em busca de capital, emitindo com sucesso

4 milhões de dólares em títulos de juros baixos e, até o momento, fez todos os pagamentos em dia.

Tereza Campello, diretora socioambiental do BNDES, acredita muito em agricultura familiar, mas quer que seu banco pense grande. "Alguns dos projetos são maravilhosos, mas temos uma avaliação de que [o Fundo Amazônia] acabou trabalhando em projetos que não estavam na escala necessária." Eles obtiveram benefícios locais sólidos, mas "não levaram a uma mudança no status quo" em nível sistêmico. Ou seja, ela quer fazer mais do que apenas converter alguns hectares de pastagens em agroflorestas.

Agora, o BNDES pretende trabalhar mais próximo a todos os níveis de governo para "construir agendas ancoradas em grandes políticas públicas" focadas em multiplicar seu impacto socioambiental. Essa ênfase, em vez de em mercados estrangeiros, é uma mudança significativa, já que grande parte do entusiasmo em torno de uma nova economia amazônica, às vezes chamada de "bioeconomia", há muito se concentra em transformar pequenos produtores florestais em potências exportadoras competitivas. Mas isso não tem sido fácil. "As pessoas tentam organizar a cadeia de suprimentos há trinta anos. E não conseguem", disse Campello, com a franqueza incomum a um alto funcionário de banco.

Até mesmo o desenvolvimento de um crescente mercado estrangeiro para o açaí, considerado um modelo de sucesso, representa apenas algumas dezenas de milhões de dólares — mais de 2 mil vezes menor que as exportações de soja do Brasil. A pequena baga roxa apodrece rapidamente no calor da Amazônia e não pode ser processada por pequenos produtores, o que significa que precisa ser enviada rio abaixo para uma fábrica de processamento em Belém assim que é colhida. Os números não são muito diferentes para a castanha-do-pará, outro produto notável que tem seus próprios desafios logísticos. A escala dessas indústrias não é suficiente para fazer os banqueiros de Nova York e Londres salivarem, mas Campello está animada. Para ela, estimular a produção sustentável de safras locais e conectá-las a compradores locais, como sistemas de escolas públicas, pode não aumentar o superávit comercial, mas pode fazer muito para alimentar e fortalecer comunidades amazônicas como a de Giselda Pereira, ao mesmo tempo que aumenta sua autossuficiência. E isso é tudo o que muitos deles estão pedindo.

Os colegas de Campello estão novamente levantando contribuições filantrópicas de nações ricas para expandir o fundo. Desde o retorno de Lula ao poder, as nações europeias prometeram 223 milhões de dólares, enquanto o meio bilhão de dólares adicionais prometidos pelo então presidente americano Joe Biden estagnou no Congresso controlado pelos republicanos, com apenas um décimo desse valor liberado até agora. O fundo ainda é amplamente apoiado pela Iniciativa Internacional de Clima e Florestas do governo norueguês (NICFI, sigla em inglês para Norway's International Climate and Forest Iniciative), que anunciou outra promessa de 50 milhões de dólares na COP28.

Em um banco de parque diante do pavilhão da Noruega, tomando uma xícara de café e trajando um belo terno cinza de corte justo, o diretor da NICFI Andreas Dahl-Jorgensen me disse que, além de financiar projetos REDD+, eles estão "trabalhando com os mercados globais de commodities e mercados financeiros para desviar fluxos de capital de atividades de desmatamento" de várias maneiras. Isso significa financiar o acesso gratuito a ferramentas de monitoramento da cadeia de suprimentos via satélite, desenvolver fóruns onde grandes desmatadores e outras partes interessadas possam discutir soluções para limpar suas cadeias de suprimentos e investir em modelos de negócios alternativos mais limpos, entre outras iniciativas. Mas "o fator mais decisivo", ele enfatiza, "é a política governamental". A NICFI doa cinco dólares por tonelada de emissões de carbono evitadas ao manter as árvores em pé. O investimento é puramente filantrópico; não se converte em créditos de carbono para reduzir as emissões líquidas da Noruega — mas rende alguma boa vontade muito necessária.

A filantropia da nação escandinava é ofuscada pelos bilhões de dólares em lucros que o país ganha anualmente no Brasil, em especial de indústrias poluentes e dos bancos mais responsáveis por financiar o desmatamento, atraindo muitas críticas de organizações climáticas. A Equinor, empresa estatal de petróleo da Noruega, que é a maior produtora de petróleo e gás da Europa Ocidental, planeja expandir sua perfuração global em 2024 e quintuplicar sua produção de petróleo no Brasil na próxima década. A estatal Norsk Hydro, por sua vez, teve uma receita de 4 bilhões de dólares em 2023 somente com suas operações brasileiras, que incluem uma mina de bauxita e uma fundição. Sua refinaria de alumínio perto de Barcarena, no Pará, a maior do mundo, está enfrentando ações judiciais internacionais por supostamente derramar resíduos tóxicos por meio de um "gasoduto clandestino" e causar problemas graves de saúde, inclusive defeitos congênitos, em comunidades a jusante. Comunidades indígenas e quilombolas estão lutando para bloquear um novo gasoduto de minério que atravessa seus territórios.

E, no entanto, ao mesmo tempo, a Noruega é uma nação líder climática em muitas de suas outras políticas no cenário global, como a alta carga tributária sobre carbono e o uso de seu fundo soberano para pressionar as empresas a melhorar o desempenho climático.

Centenas de enormes cartões perfurados de bronze amarrados juntos formavam um simulacro mecanizado de uma cobertura florestal que protegia Dinamam Tuxá do forte sol do meio-dia do deserto na ExpoCity de Dubai. O advogado de rosto avermelhado do povo Tuxá parecia sonolento enquanto descansava, calado, num banco com alguns colegas. Sua camiseta preta com o logotipo da Articulação dos Povos Indígenas do Brasil, a principal coalizão indígena nacional que ele lidera como coordenador executivo, apresentava enormes manchas de suor, e seu cocar de penas de falcão estava envergado.

O líder indígena ficou desperto no instante em que liguei meu gravador, como se de repente ele tivesse sido atingido por um raio. Ideias curtas e afiadas cortaram o ar pesado do meio da tarde, e sua paixão e carisma contrastavam com o murmúrio contido dos europeus de terno fazendo networking com sanduíches, café e cigarros nos bancos ao redor. "Esta é uma crise civilizacional global", disse Tuxá. "Nenhuma medida, literalmente nenhuma, foi eficaz até agora para controlar a violência contra os povos indígenas e o desmatamento. Exatamente o oposto." Um em cada cinco ativistas ambientais mortos no mundo em 2022 perdeu a vida na Amazônia.

Se tivéssemos que classificar a confusão do debate Salve a Amazônia em um único espectro, os extremos seriam "o mercado vai nos salvar" e "o mercado está nos matando". Tuxá acha que a última categoria é a mais correta. "Estamos vendo a negociação de acordos que vão piorar os conflitos socioambientais, como os que estão sendo discutidos com o Mercosul e a União Europeia."

Ambos os acordos são as prioridades de Lula, e o último, assinado em 2019, nunca foi posto em prática. Os acordos comerciais bilaterais, disse Tuxá, aumentam a demanda, o que inevitavelmente aumenta os ataques contra comunidades tradicionais. Esses acordos "não cuidam das pessoas, não cuidam da floresta, são muito focados no capital, que sempre vem em primeiro lugar". Tuxá tinha a mesma opinião sobre as negociações da COP.

As terras brasileiras rapidamente dobraram e depois triplicaram de valor nos últimos anos, à medida que o investimento estrangeiro foi usado para comprar áreas do tamanho da Bélgica e a crescente demanda estrangeira por produtos agrícolas injetou dólares nas indústrias mais responsáveis pelos achaques. O governo Bolsonaro acelerou essa tendência ao facilitar que estrangeiros comprassem terras e agricultores obtivessem empréstimos no exterior. Seu governo também lançou novos títulos para que investidores do varejo entrassem na onda. O resultado foi uma concentração de terras agrícolas nas mãos de cada vez menos compradores altamente capitalizados: 0,04% das maiores fazendas brasileiras — cerca de 2400 no total — são maiores do que os 4,1 milhões de fazendas menores somadas, de acordo com os dados mais recentes do censo de 2017. A tendência financeirizada e concentrada na exportação de commodities levou especialistas a emitir um sinal de alerta até mesmo sobre a capacidade do Brasil de se alimentar em um futuro próximo.

Apesar de corporações do agronegócio e seus financiadores alegarem que estão comprometidos com o crescimento econômico ético e sustentável, o Forests & Finance, órgão de fiscalização que acompanha instituições que financiam o big agro, considera suas políticas ambientais, sociais e de governança (ESG, da sigla em inglês Environmental, Social and Governance) "lamentavelmente inadequadas". ESG é uma sigla que entrou no léxico de quase todas as empresas a partir de 2004, como parte de um movimento que pede a elas que considerem seu impacto social e olhem além de seus resultados financeiros.

Em 2023, o Forests & Finance relatou que os principais investidores pontuaram apenas 17% em média por sua métrica ESG. BlackRock, Vanguard e State Street — três dos maiores gestores de ativos globais — estavam entre os piores, acompanhados pelo Banco do Brasil, Banco da Amazônia (o único a pontuar 0%) e Banco do Nordeste, apoiados pelo governo brasileiro, juntamente com o Itaú Unibanco e o Bradesco. Apenas quatro dos principais credores e investidores ultrapassaram 40%. O mais preocupante é que os piores infratores aumentaram seu envolvimento em empresas de risco florestal desde 2016 — no caso do Itaú, em 1200%.

Sentado a uma mesa de café num dos principais calçadões da COP no final da tarde, perguntei a Merel Van Der Mark, coordenadora holandesa do Forests & Finance, se havia outra maneira que fosse tanto sustentável quanto lucrativa. Atrás de nós, um food truck cor-de-rosa vendia, a preços altos, Neat Burgers veganos, uma marca lançada pelas celebridades ambientalistas Leonardo DiCaprio e Lewis Hamilton.

"Com certeza, existem modelos que podem alimentar o mundo, fazer comunidades prosperarem e proteger a floresta. Eles são lucrativos para a BlackRock? Provavelmente não", ela disse, parando para obter um efeito dramático e olhando para mim com seus olhos azuis que me lembraram os de Dom.

"Simplesmente não faz sentido produzir carne bovina na Amazônia. Os custos de oportunidade são altos demais", acrescentou Van Der Mark, que passou muitos anos na região na linha de frente de conflitos de terra. O governo brasileiro e muitas das ONGs mais ligadas às empresas discordam — eles são a favor de investir em intensificação para produzir mais gado em menos terra. Para Van Der Mark, no entanto, a questão não é eficiência, e sim "uma ausência de vontade política" para ser responsável. "O fato de ainda não haver rastreabilidade é simplesmente ridículo", ela lamentou.

Tuxá concordava e estava em Dubai para dizer ao mundo que a única maneira de impedir que seus parceiros comerciais brasileiros matassem os defensores mais eficazes da Amazônia seria com uma legislação estrangeira urgentemente necessária que obrigasse as empresas a limpar suas cadeias de suprimentos, indo além das leis brasileiras redigidas pelo lobby agrícola. Ele estava na COP para defender uma solução ousada que era a preferida por alguns ativistas climáticos progressistas no exterior, mas que provavelmente não se materializaria em breve: redirecionar órgãos comerciais multilaterais juridicamente vinculativos, como é o caso da Organização Mundial do Comércio.

Historicamente, essas organizações foram usadas para aumentar o poder das empresas e limitar a autonomia dos Estados para controlar corporações multinacionais predatórias que atuam dentro de suas fronteiras. Tuxá queria reequipar esses órgãos com autoridade de execução internacional — ou seja, o poder de fazer as empresas seguirem as regras e realmente puni-las caso não as acatassem, não apenas fazer uma reprimenda severa — para garantir padrões ambientais e de direitos humanos globais rigorosos e obrigatórios. Além disso, os Estados-membros poderiam formar um bloco comercial que beneficiasse as nações que realmente estão caminhando em direção a uma economia mais sustentável e equitativa e punisse aquelas ainda aferradas à mentalidade obsoleta de derrubar e queimar.

"Precisamos ver pessoas presas, reparações, penalidades criminais e civis pelo crime de ecocídio" para acabar com a "sensação avassaladora de impunidade", disse Tuxá, soltando um suspiro profundo.

Já houve pequenos sinais de progresso nisso. Após anos de lobby do setor financeiro para impedir, atrasar e enfraquecer a ação governamental, os reguladores nos Estados Unidos, União Europeia e Reino Unido promulgaram uma série de novos padrões de sustentabilidade e regulamentações de divulgação que entraram em vigor em 2024. Uma medida que pode potencialmente sinalizar uma mudança radical é o Green Bonds da UE, que criou um padrão de títulos verdes para qualquer emissor que queira alegar que seu título é ambientalmente sustentável. Sem um padrão consistente e vinculativo, qualquer empresa poderia usar critérios próprios para alegar que sua dívida corporativa era "verde", mesmo que a dívida financiasse práticas de destruição de florestas tropicais, como fez o frigorífico JBS quando levantou 3,2 bilhões de dólares nos Estados Unidos em 2021. Um relatório da organização sem fins lucrativos Finance Watch determinou que a UE havia feito um "progresso sem precedentes", mas as brechas "atualmente minam a eficácia da estrutura regulatória de financiamentos sustentáveis da UE". Os legisladores precisavam resistir à reação negativa do setor, disse o relatório, e finalizar os requisitos de transparência e governança, definir metas obrigatórias para riscos de sustentabilidade e melhorar as medidas de execução.

A inovadora mas muito contestada Lei de Desmatamento da UE, aprovada em meados de 2023, merece atenção especial. Ela exige que os importadores provem que gado, cacau, café, óleo de palma, soja, borracha, madeira e produtos derivados não estão relacionados a nenhum desmatamento ou degradação pós-2020, e autoriza penalidades de até 4% de suas receitas da UE em caso de violação, o que pode significar centenas de milhões ou bilhões de dólares para grandes comerciantes de commodities. A lei exigirá que os produtores brasileiros que exportam para a UE cumpram padrões muito mais altos do que os regulamentos locais, que dependem de autodeclarações, muito menos confiáveis e mais fáceis de falsificar. Hoje em dia, apenas 2% do rebanho brasileiro atende ao requisito da lei da UE de gado marcado e rastreado individualmente.

Pelo menos 17% do gado e um quarto da soja que a UE compra do Brasil podem vir de terras desmatadas, o que sugere que a lei vai impactar indústrias amplamente despreparadas para medidas de execução rigorosa. É importante destacar que a lei não faz distinção entre desmatamento legal e ilegal, impedindo que a bancada ruralista brasileira legisle para se furtar à regulamentação.

Associações brasileiras do agronegócio reclamaram que o custo adicional de rastrear cadeias de suprimentos será oneroso demais, e mesmo pequenos e médios produtores livres de desmatamento podem simplesmente optar por não exportar para a UE em vez de cumprir os requisitos. Mas se os governos e outros grandes importadores seguirem o exemplo da UE e adotarem políticas mais rigorosas, contornar regulamentações ou escolher exportar para compradores que fazem vista grossa para isso não mais garantiria um mercado grande o suficiente, forçando os principais produtores e seus fornecedores a melhorar sua sustentabilidade.

Lula criticou a abordagem unilateral da lei, dizendo ao presidente da UE que preferia "parcerias estratégicas" e "confiança mútua". Enquanto isso, os ambientalistas pressionam para que a lei seja expandida a fim de incluir instituições financeiras e ecossistemas não florestais durante uma revisão programada para 2025.

Os principais parceiros comerciais do Brasil — China e Estados Unidos — também estão tomando medidas em direção a padrões mais fortes, mas estão atrasados em relação à Europa. Os Estados Unidos são particularmente prejudicados pela negação climática e pela obstrução do Partido Republicano, cada vez mais radical.

Na outra ponta do enorme complexo da COP encontrei Roberto Waack, que tinha uma visão mais otimista. Ele faz afirmações comedidas e qualificadas, intercaladas com perguntas retóricas e longas pausas para escolher cuidadosamente suas palavras. "A economia da floresta tropical é uma economia invisível. O valor da natureza ainda é pouco reconhecido no mercado financeiro." Isso é tanto um lamento quanto uma proposta de negócios.

Magro, de óculos e suando em sua camisa social azul, Waack ostentava uma barba grisalha que lhe dava a aparência de um simpático professor de biologia. Ele reconhecia muitos dos mesmos problemas de Tuxá, mas via um lado mais amigável do capitalismo amazônico após uma carreira de executivo nas indústrias florestal, de papel e farmacêutica, inclusive como CEO de uma corporação com certificação B, uma designação para empresas que atendem a certos padrões de responsabilidade social. Waack também fez parte do conselho de importantes organizações ambientais sem fins lucrativos e da Marfrig Global Foods, que, depois da JBS, é a segunda maior produtora de carne bovina do mundo e tem sido repetidamente apanhada com desmatamento ilegal e trabalho análogo à escravidão em sua cadeia de suprimentos na Amazônia.

Alguns ambientalistas podem ver essas credenciais como uma contradição inerente, mas não é essa a visão de mundo de Waak. Mesmo uma economia totalmente verde e sustentável precisaria de indústria e muitas *coisas* — para ele, deveríamos trabalhar de dentro e fazer o que podemos agora para que nossos alimentos, casas e itens essenciais diários sejam produzidos de forma mais ética. Em vez de ver as grandes empresas como inerentemente criminosas, ele via a criminalidade como a maior ameaça a essas empresas. Governos, sociedade civil, grandes corporações e investidores internacionais deveriam trabalhar em conjunto para criar "ações estruturantes" que moldarão e solidificarão a economia regional.

Isso significa incentivar grandes empresas como a Marfrig a investir e, depois, contar com a pressão dos consumidores para convencê-las a agir com responsabilidade social. O governo deve deixar o caminho livre para elas e ajudar a criar um ecossistema financeiro que criará benefícios indiretos para empresas menores em sua órbita, o que, por sua vez, estimulará a economia local. Não é necessária nenhuma regulamentação nova.

"O ambiente de negócios na Amazônia tem de ser menos burocrático, com a sociedade mantendo um olhar atento sobre os produtos gerados por essas empresas", explicou Waack. Mas não pagamos impostos para que o governo faça isso em nome da sociedade?

"Para mim, o processo hiper-regulatório acaba sendo ineficiente porque as empresas que de fato têm bons programas socioambientais veem [as regulamentações] de forma negativa, no sentido de custos de transação, e fogem da região", rebateu Waack, "e sobram apenas as empresas que de alguma forma conseguem escapar do sistema regulatório de maneiras heterodoxas" — que é a maneira de Waack dizer "cometer crimes". As regulamentações "funcionam em ambientes onde você tem uma boa governança eficaz". Mas esse não é o caso na Amazônia e não será tão cedo, ele argumentou.

Em vez disso, Waack é a favor de modelos como licenças sociais para operar (LSO), ou seja, medidas empresariais voluntárias para obter aceitação contínua das comunidades locais impactadas por suas operações e outras "partes interessadas". Elas podem incluir compromissos para compartilhar alguns dos benefícios e compensar danos.

Em Juruti, no Pará, a gigante americana do alumínio Alcoa começou a construir uma instalação de mineração de bauxita em 2005, apesar das objeções do Ministério Público e dos moradores locais, que alegaram que lhes foi prometida uma parceria sustentável que nunca se materializou. Quer dizer, não até 2009, quando 1500 ativistas comunitários ocuparam o porto, a rodovia, a ferrovia e a entrada da mina por nove dias de protesto, impedindo as operações da companhia. Após o fracasso de contestações legais, violência policial e tentativas de dividir a comunidade, a multinacional foi forçada a ir à mesa de negociações.

A comunidade e a Alcoa negociaram um acordo formal, mediado pelo Ministério Público estadual, para distribuir parte de seus lucros e pagar por perdas e danos, como vazamentos que contaminaram terras e águas usadas anteriormente para sustentar os meios de subsistência das comunidades. Esses acordos abrem as portas para um relacionamento mais construtivo e colaborativo que a Alcoa chama de LSO. O acordo agora é visto por muitos como um modelo mais socialmente consciente a ser imitado por grandes empresas na Amazônia e em outros lugares — mas *antes* que a primeira pá toque na terra.

Além dos projetos de infraestrutura social local e 16 milhões de dólares em pagamentos diretos à associação comunitária local, a empresa desembolsou 159 milhões de dólares em royalties e impostos aos governos municipal, estadual e federal — embora tenha levado catorze anos para finalmente concordar com os pagamentos de perdas e danos. Essas quantias chegam a cerca de 0,1% da receita da Alcoa, que em 2023 foi de 10,55 bilhões de dólares. Essas negociações — principalmente quando realizadas de maneira informal — começam com um imenso desequilíbrio de poder entre corporações multinacionais e comunidades locais em geral pobres, mas uma participação construtiva do Estado pode ajudar a nivelar o campo de jogo.

Uma convenção da Organização Internacional do Trabalho assinada pelo Brasil exige o consentimento livre, prévio e informado de comunidades indígenas e tradicionais para usar suas terras, mas é frequentemente ignorada. Se as obrigações do tratado fossem cumpridas, os acordos de perdas e danos e de divisão de lucros poderiam ser considerados apostas mínimas para as empresas se sentarem para negociações, uma vez que os impactos ambientais de operações até mesmo bem administradas podem facilmente privar as comunidades de seus meios de subsistência e modo de vida. Se as multinacionais não estão preparadas para compartilhar a riqueza, talvez mantê-la no solo seja o melhor.

O Equador forneceu um exemplo de alternativas mais democráticas, quando um projeto de perfuração de petróleo na Amazônia em funcionamento foi submetido a um referendo nacional e bloqueado pelos eleitores em 2023. O governo agora é obrigado a desativar a instalação.

Medidas voluntárias como licenças sociais para operar são exemplos de políticas ambientais, sociais e de governança. Vários mecanismos elaborados de classificação ESG foram concebidos para medir como as corporações estão considerando fatores além dos retornos do próximo trimestre. Mas a terminologia, nos moldes daquela usada em Wall Street, é bastante contraintuitiva, e intencionalmente. Na verdade, ela não se preocupa com o impacto da empresa no meio ambiente, na sociedade local ou na governança, mas sim com o impacto potencial desses fatores nos lucros em trimestres futuros.

Henry Fernandez, CEO da Morgan Stanley Capital International (MSCI), principal empresa de classificação ESG de Wall Street, disse à Bloomberg News em 2021 que seu negócio de ESG não regulamentado "é 100% uma defesa do sistema capitalista de livre iniciativa e não tem nada a ver com socialismo, extremismo ou qualquer coisa assim". A Bloomberg descobriu que menos de 1% das atualizações de classificação ESG da MSCI tinham a ver com cortes efetivos nas emissões. Quando os repórteres perguntaram a Fernandez se a maioria dos investidores entendia o que suas classificações realmente mediam, ele respondeu: "Não, eles com certeza não entendem".

Desde então, as agências de classificação têm sido cada vez mais examinadas e milhares de fundos e empresas de investimento removeram os rótulos ESG de centenas de fundos, em parte devido à pressão regulatória.

O abismo entre a propaganda e a prática de ESG ficou totalmente claro numa apresentação viral de 2022 de Stuart Kirk, então executivo-chefe de ESG do HSBC Asset Management, intitulada "Os investidores não precisam se preocupar com o risco climático". Por quê? Porque "num grande banco como o nosso, no HSBC, qual é a duração média do empréstimo? São seis anos", disse Kirk à plateia de banqueiros e jornalistas. "O que acontece com o planeta no sétimo ano é irrelevante para nossa carteira de empréstimos." O HSBC, que é um grande investidor em indústrias amazônicas, aprovou o título, o tema e o conteúdo da apresentação, mas rapidamente tirou o time de campo após a reação pública.

"É a conversa fiada que está nos matando e eles vêm vomitando esse papo furado há anos", me disse Tariq Fancy, que em 2018 se tornou o primeiro diretor de investimentos sustentáveis na BlackRock, a maior gestora de ativos do mundo. Mas logo saiu após ser pressionado a prometer impactos demasiadamente reais em produtos ESG que eram, na melhor das hipóteses, ambíguos. Ele percebeu que seus colegas estavam interessados em "sustentabilidade" somente na medida em que esse rótulo fosse útil para as vendas.

"Eu seria muito cético em relação a qualquer solução que seja voluntária por natureza. Porque muitas dessas coisas não são o que as empresas querem fazer. Não é lucrativo, caso contrário elas já estariam fazendo", alertou Fancy. "Você não mudará o comportamento dos participantes do setor de serviços financeiros até que mude seus incentivos. A ESG não só não muda os incentivos, como na verdade nos distrai do fato de que não estamos fazendo nada."

A experiência de Fancy no setor e suas conversas com outros insiders o levaram a concluir que a ESG é um "placebo" destinado a "atrasar mudanças regulatórias" e impedir a legislação que "faz a economia funcionar" ao fazer os poluidores pagarem por custos externalizados, como emissões, que são mais baratos se deixados a cargo da sociedade. O setor só se moverá com a criação de uma nova legislação que force os poluidores a pagarem pelos danos que causam, diz Fancy.

Nos últimos anos, reguladores e ativistas climáticos, como a Mighty Earth, recorreram com sucesso aos tribunais americanos para atingir grandes poluidores da Amazônia, como o frigorífico JBS e a gigante da mineração Vale, por alegações fraudulentas de ESG e *greenwashing*. Até agora, as vitórias não "fazem a matemática funcionar" o suficiente para mudar o comportamento corporativo, mas é uma tendência promissora que pode ser acelerada por uma legislação mais firme.

Leis de desmatamento, padrões ESG e multas não eram os principais riscos que preocupavam Kirk quando ele estava no HSBC. Em sua apresentação, a única perspectiva que ele considerou verdadeiramente perturbadora foi "um enorme imposto sobre carbono de duzentos dólares que surgiu do nada. Bam! Ponha isso no seu modelo". Os impostos sobre carbono aumentam o custo da emissão de carbono na atmosfera para consumidores e empresas, numa tentativa de incentivar um comportamento menos intensivo em carbono e levantar fundos para tornar a economia mais verde. Atualmente, 27 países têm alguma forma de imposto sobre carbono, mas apenas quatro cobram mais de cem dólares por tonelada de emissões. Os estudos variam muito, mas alguns afirmam que os preços precisam se aproximar de duzentos dólares para mudar o comportamento na escala necessária. Porém, os impostos sobre o carbono se mostraram politicamente difíceis em muitos países, inclusive nos Estados Unidos, devido ao lobby empresarial e também porque, se implementados sozinhos, constituem um imposto regressivo sobre o consumo, afetando desproporcionalmente os mais pobres — uma receita para o descontentamento popular.

Mas outras soluções tributárias para financiar a transição e desincentivar os poluidores são mais palatáveis para os eleitores — pelo menos para aqueles que não possuem jatos particulares: taxar os ricos e as empresas. O governo Lula propôs um novo imposto sobre dividendos corporativos e um imposto sobre a riqueza para arrecadar um total de 30 bilhões de dólares por ano, o que seria suficiente para cobrir a meta de meio trilhão de dólares do World Resources Institute para modernizar a economia amazônica com um terço restante.

"Precisamos entender as mudanças climáticas e a pobreza como desafios globais a serem enfrentados por meio de uma nova globalização socioambiental", disse o ministro da Fazenda do Brasil Fernando Haddad numa reunião do G20 em 2024, durante uma apresentação para outros países também adotarem um imposto sobre a riqueza a fim de ajudar a enfrentar as mudanças climáticas. Três quartos dos milionários do G20 apoiam impostos mais altos sobre seus colegas privilegiados, que também são os maiores poluidores.

A ONG Oxfam, que chamou o Brasil de "paraíso fiscal para os ricos", está entre aqueles que pedem para "taxar os ricos a fim de salvar o planeta agora". Ela estima que, globalmente, um imposto sobre a riqueza dos ultrarricos poderia render 1,7 trilhão de dólares por ano e um imposto de renda de 60% sobre o 1% mais rico vale outros 6,4 trilhões de dólares — o equivalente ao Reino Unido em reduções de emissões. Um imposto corporativo extraordinário sobre margens de lucro exorbitantes poderia render quase 1 trilhão de dólares.

Na COP28, o secretário-geral da ONU António Guterres defendeu impostos sobre lucros inesperados de empresas de combustíveis fósseis, que deveriam ser destinados a fundos de perdas e danos para os países do Sul Global e para pessoas que lutam contra o aumento dos preços de alimentos e energia. O mesmo poderia se aplicar a outras indústrias prejudiciais para financiar a transição e torná-las menos atraentes aos investidores. Impostos desse tipo foram aprovados na Itália, Espanha e Reino Unido, mas lobistas desarmaram a legislação com brechas abundantes, de acordo com o órgão de vigilância Fossil Free Politics.

Uma taxa histórica global mínima de imposto corporativo de 15%, acordada por 140 nações em 2021 para combater a evasão fiscal, deveria ter adicionado 270 bilhões de dólares em receita, mas, dois anos depois, lobistas corporativos novamente levaram a melhor e a política ganhou novas brechas.

Ao que parece, dinheiro não falta, mas está sendo alocado apenas para atender a interesses empresariais poderosos, em vez de necessidades urgentes, como salvar a Amazônia e combater as mudanças climáticas. Esse foi o foco do ex-vice-presidente americano Al Gore em sua apresentação para um auditório cheio de nerds da política climática. O homem de 75 anos pulou pelo palco com seu enorme terno azul enquanto clicava entusiasticamente no mais recente de seus famosos PowerPoints.

"Aqui está algo para colocar isso em perspectiva", Gore berrou para a sala lotada. "O valor das promessas para o fundo de Perdas e Danos [da ONU] equivale a 45 minutos de subsídios governamentais globais anuais para combustíveis fósseis [em 2022, avaliados em 7 trilhões de dólares]. Governos de todo o mundo, muitos deles, estão forçando seus contribuintes a subsidiar o esforço para destruir o futuro da humanidade."

Sem subsídios, por exemplo, não seria lucrativo extrair metade de todo o petróleo descoberto nos Estados Unidos, de acordo com o Instituto Ambiental de Estocolmo. No Brasil, os subsídios diretos aos combustíveis fósseis somaram 222 bilhões de dólares na última década. Esses fundos poderiam ser direcionados para desenvolver indústrias sustentáveis, construir infraestrutura vital e aumentar os gastos sociais visando reduzir a desigualdade na Amazônia.

João Peres, de modos brandos e rápido em mostrar seu sorriso caloroso e fácil, acredita que a mesma lógica talvez precise ser estendida às indústrias mais responsáveis pelo desmatamento e que ameaçam as comunidades e a biodiversidade: gado, pecuária industrial, papel e celulose e mineração — todas elas recebem subsídios. Um dos principais jornalistas que trabalham com sistemas alimentares do Brasil, Peres fundou *O Joio e o Trigo*, um órgão independente focado nas indústrias mais influentes do país. E revelou que a indústria da soja do Brasil recebe pelo menos 84 bilhões de dólares em assistência e empréstimos governamentais conhecidos — muitíssimo mais do que o oferecido a pequenos agricultores como Giselda Pereira, do MST; na verdade, o custo total não está claro.

"É preocupante que ainda não tenhamos um estudo que nos permita entender o verdadeiro custo total desses subsídios", ele me disse. E acrescentou que o financiamento filantrópico estrangeiro é essencial para fazer essa pesquisa acontecer. "Precisamos urgentemente nos atualizar com o resto do mundo sobre esse importante debate: se desfinanciar o agronegócio para construir outro paradigma socioeconômico é *uma* opção ou a *única* opção."

Peres enfatiza que os subsídios são apenas a ponta do iceberg em termos dos custos sociais desse modelo, e vão muito além do desmatamento. A Organização das Nações Unidas para Agricultura e Alimentação (FAO) estima que os sistemas alimentares industriais já geram até 12 trilhões de dólares por ano em custos ocultos, principalmente devido a problemas de saúde e perdas de produtividade associadas, emissões de nitrogênio e, em alguns países, pobreza extrema.

Está claro que enfrentar os trilhões de dólares em bem-estar corporativo e evasão fiscal exigirá mais do que uma apresentação de slides de Al Gore, sobretudo porque os políticos brasileiros não demonstram interesse em desafiar os poderosos interesses empresariais. Porém, estão mais dispostos a considerar propostas climáticas que criem novas oportunidades de lucro, como o comércio de carbono baseado no mercado.

Em dezembro de 2023, a Câmara dos Deputados brasileira aprovou um mercado de carbono regulamentado que impunha limites obrigatórios às emissões das principais indústrias e oferecia às empresas que ultrapassassem seu limite a possibilidade de comprar créditos, e àquelas que se ativessem a esse limite a possibilidade de obter lucros vendendo seus créditos alocados. Treze países, bem como a União Europeia, implementaram esse tipo de sistema obrigatório de comércio de emissões, conhecido como "cap-and-trade". As especificidades podem variar, mas, em geral, o governo determina uma quantidade definida de emissões nacionalmente e para cada empresa, que diminui a cada ano. Mais burocráticos do que um imposto sobre carbono, os sistemas de cap-and-trade fornecem mais margem para brechas e oportunidades para trambiqueiros bem-posicionados obterem lucros sem realmente ter algum impacto na crise climática.

Uma grande brecha foi incluída no projeto de lei que hoje tramita no Senado: o agronegócio, responsável por três quartos das emissões e pela maior parte da destruição da Amazônia, não seria obrigado a participar. Mas o setor poderia colher grandes benefícios vendendo créditos de compensação para empresas.

Atualmente, o Brasil tem apenas mercados de carbono voluntários, nos quais as empresas e os países que desejam reduzir suas emissões líquidas para cumprir seus compromissos compram "compensações de carbono" ou "créditos de carbono". Esses créditos vêm de projetos de sequestro de carbono e soluções baseadas na natureza, seja uma comunidade indígena sob um contrato de décadas prometendo preservar sua floresta, seja uma indústria que transforma fezes de porco em biogás.

O Intercept Brasil, onde trabalho, revelou que os "caubóis do carbono" americanos adquiriram inescrupulosamente os direitos sobre grandes áreas da Amazônia — inclusive algumas terras públicas — para vender milhões de dólares em créditos de carbono a empresas estrangeiras, mantendo a grande maioria dos lucros para si e provocando conflitos sociais dentro das comunidades ribeirinhas e indígenas.

Situações semelhantes em toda a Amazônia mostram como "finanças verdes, economia verde e ESG" — divulgadas a rodo em eventos como a COP — na verdade "acabam legitimando uma nova fase de expropriação neocolonial", disse Larissa Packer, da Grain, uma organização sem fins lucrativos que apoia pequenos agricultores e movimentos sociais. É "uma estrutura legal que autoriza a apropriação do que eram bens comuns e públicos e os transforma em propriedade privada negociada em mercados financeiros", disse Packer. Ou, como chamou o *Financial Times*, "um roubo de terras".

Giselda Pereira me contou que viu ofertas predatórias a pequenos agricultores em sua região, aos quais foi prometido dinheiro rápido e fácil, mas que receberam contratos de 25 anos com condições extremamente desfavoráveis, restrições firmes ao uso da terra que dificultam o plantio e a colheita e nenhuma garantia de pagamento. Ela acredita que, com assistência e orientação do governo, pequenos agricultores trabalhando juntos podem fazer mais para reflorestar a Amazônia e dar dignidade às pessoas do que créditos de carbono.

Pior ainda, os créditos de carbono raramente funcionam. O *Guardian* e o órgão de vigilância Corporate Accountability avaliaram os principais provedores e concluíram que 96% deles tinham "uma ou mais falhas fundamentais" em suas metodologias e pelo menos três quartos eram "provavelmente lixo". Atores influentes — inclusive a Noruega, que planeja comprar grandes quantidades de créditos de compensação de carbono para atingir emissões líquidas zero até 2030 enquanto aumenta a perfuração de petróleo — continuam a apoiar o comércio internacional de carbono. Eles argumentam que os créditos são um mecanismo importante para incentivar a conservação e transferir as enormes quantias de dinheiro de que as nações em desenvolvimento precisarão para a transição verde.

Ao final da minha conversa com Dinanman Tuxá, nós dois sentados naquele banco de parque na ExpoCity de Dubai, cercados de diplomatas, cientistas e lobistas, o carisma elétrico de meu interlocutor estava esgotado. Ele soltou um suspiro profundo e olhou ao redor. "Enquanto as pessoas no comando tiverem essa mentalidade capitalista diante da humanidade, infelizmente continuaremos nessa crise global."

Ele tinha o mesmo olhar distante que vi em muitas pessoas com quem conversei, enquanto contemplavam o imenso desafio à frente e a perspectiva do fim do mundo se a humanidade continuar em seu caminho atual.

Tuxá sabe que nosso futuro é coletivo, que ele precisa das pessoas na COP e vice-versa. Mas como convencer esse enxame de individualistas gringos que zumbiam ao nosso redor de que para salvar a Amazônia o que é necessário não é somente essa ou aquela política, mas uma visão de mundo completamente diferente? Será que eles conseguem entender o que está em jogo sem experimentar em primeira mão o poder maravilhoso da Amazônia?

"Estamos cansados de lutar para proteger algo que beneficia a todos e que ainda não é reconhecido aqui", disse Tuxá solenemente, "mas não desistiremos."

9. Natureza pela qual vale a pena lutar: Biofarmácia e bioeconomia

Território Ashaninka, Acre, e Território Awá, Maranhão

Jon Lee Anderson* e Dom Phillips

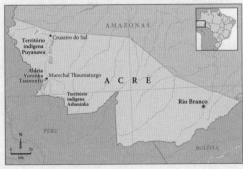

* Jon Lee Anderson, colaborador da revista *New Yorker*, já fez reportagens em vários países e cobriu mais de duas dezenas de conflitos desde que começou sua

"A MAIOR BIBLIOTECA DE CONHECIMENTO BIOLÓGICO DO MUNDO."

Na proposta deste livro, Dom escreveu o seguinte:

Em 2015, eu estava caminhando numa floresta no estado do Maranhão, a leste da Amazônia, com membros do povo Awá. Cerca de quatrocentos deles moravam em vilas, mas um número desconhecido ainda vivia isolado na floresta e aparecia vez ou outra. Os Awá aos quais me juntei estavam indo pescar, talvez caçar um pouco também, e fizeram uma pausa ao lado de um riacho lamacento onde um adolescente pegou um punhado de espuma do topo de um cupinzeiro e espalhou na cabeça. Enquanto o menino olhava, cada vez mais fascinado, para uma formiga, perguntei para que servia aquela espuma. "Para se sentir bem", disse um homem Awá, e me convidou a experimentar também. "Ajuda na caça."

Espalhei na cabeça uma quantidade muito menor de espuma e logo passei a me sentir alterado. A sensação não era desagradável — a floresta ao redor começou a parecer diferente. Eu me vi observando uma pequena folha a talvez dez metros à minha frente enquanto ela descia lentamente em espiral em direção ao solo. Uma aranha girando num pequeno fio pendurado numa árvore apareceu, como se uma câmera tivesse acabado de dar zoom nela, feito um filme em que o fundo sai de foco. Vi como essa capacidade de foco poderia ajudar um caçador.

Os efeitos passaram em uma hora. Mas fosse lá o que fosse a espuma psicodélica do cupim, nunca soube de nenhuma referência

---

carreira jornalística em 1979, na Amazônia peruana. Publicou *Che: Uma biografia*; *A queda de Bagdá* e *Guerrillas: Journeys in the Insurgent World*. Mora em Dorset, Inglaterra, mas sempre que pode retorna à Amazônia, onde tudo começou.

a ela e só encontrei um indígena, Daniel Mayoruna, no vale do Javari, do outro lado da Amazônia, que descreveu algo semelhante.

Essa experiência foi apenas uma pista de como a vasta biodiversidade da Amazônia contém provavelmente drogas e remédios sobre os quais o mundo exterior sabe muito pouco. Um livro da Universidade de Brasília catalogou 450 plantas amazônicas com usos medicinais e alimentares para pessoas e animais. Na Terra Indígena Raposa Serra do Sol, na savana localizada na periferia nordeste da Amazônia brasileira, a agente de saúde indígena Leodora da Silva me mostrou prateleiras cheias de potes de plástico com remédios indígenas naturais no pequeno posto de saúde de madeira que ela administrava em sua comunidade nos arredores de Uiramutã, uma cidade fronteiriça em colinas remotas à qual se chega depois de horas de estrada de terra traiçoeira. Uma pasta que ela me deu curava cortes e ajudou a melhorar as cicatrizes de cesárea de uma conhecida no Rio de Janeiro. Outra poção curava infecções por fungos.

Durante a pandemia do coronavírus, os indígenas recorreram a seus próprios remédios, preparando chás e banhos tradicionais de folhas como mastruz, jambu e folha de pirarucu com alho e gengibre — e em alguns casos acrescentando aspirina. "Fomos criados com esses remédios tradicionais, nossos pais nos criaram com essas folhas", disse Edneia Teles, mulher Arapaso da associação indígena FOIRN em São Gabriel da Cachoeira, a cidade da Amazônia com a segunda maior população indígena do Brasil e que foi duramente atingida pela covid-19.

A pandemia de coronavírus ressaltou a extrema premência quanto à proteção da floresta. A covid-19 é uma doença zoonótica, transmitida de animais para seres humanos, e o número de vírus desse tipo, contra os quais não temos imunidade, está aumentando. As alterações no uso da terra desempenham um papel importante nisso. Em 1999, o vírus nipah matou mais de cem pessoas na Malásia depois que morcegos infectaram porcos. Os morcegos haviam mudado de habitat depois que sua floresta foi queimada e destruída para dar lugar à agricultura industrial. Um estudo de 2020, da University College de Londres, publicado no *Science Daily*, descobriu que "animais conhecidos por transportar patógenos (microrganismos causadores de doenças) que podem infectar humanos eram mais comuns em paisagens intensamente usadas por pessoas". Há muita vida na Amazônia que ainda não foi estudada. E essa imensa biodiversidade contém tanto ameaças quanto possibilidades.

Estima-se que 80% das espécies do mundo ainda não foram descobertas. Quantas estão na Amazônia? Explorar os benefícios potenciais desse vasto reservatório de conhecimento genético e biológico é um dos objetivos da biologia sintética — que nos últimos anos substituiu produtos petroquímicos e até deu ao Burger King seu Impossible Whopper vegano feito de proteína vegetal geneticamente modificada. Algoritmos desenvolvidos a partir do comportamento das formigas ajudaram a otimizar as redes de logística, tecnologia de que se valeu a Southwest Airlines para melhorar sua rota de carga.

Juan Carlos Castilla-Rubio, empreendedor e bioquímico peruano que vive em São Paulo, fundou a Space Time Ventures, uma empresa que desenvolve projetos a partir de recursos naturais e da inteligência da natureza a fim de causar impacto global. Castilla-Rubio chama a Floresta Amazônica de "a maior biblioteca de conhecimento biológico do mundo" e faz parte do Earth BioGenome Project, um projeto ambicioso que visa "sequenciar, catalogar e caracterizar os genomas de toda a biodiversidade eucariótica (ou seja, células que têm um núcleo) da Terra ao longo de um período de dez anos". Ele está empregando a tecnologia *blockchain* para tornar o conhecimento biológico da Amazônia visível e acessível, mantendo-o sob controle e evitando assim a biopirataria, responsável pelos povos da Amazônia não se beneficiarem de descobertas anteriores. Castilla-Rubio acredita que a Floresta Amazônica pode fornecer 20% dos antimicrobianos necessários para combater a resistência aos medicamentos antimicrobianos — as chamadas superbactérias. Sapos como o sapo-macaco gigante da Amazônia (*Phyllomedusa bicolor*), cujo veneno é usado há muito tempo em rituais de limpeza indígenas e se popularizou em círculos de medicina alternativa, podem ter os "conjuntos de instruções de bioprodução" em seu DNA.

A era pós-pandemia de covid-19 oferece a possibilidade de repensar como nossas sociedades modernas funcionam. Isso pode ajudar as pessoas a entender como o efeito do que compram no supermercado ou comem no restaurante, ou de como investem seu dinheiro, influencia as condições climáticas em que elas e seus filhos viverão, e pode ser relevante em futuras pandemias que provavelmente enfrentarão. O povo indígena Ashaninka no estado do Acre, cuja história remonta aos incas e cujas agrofloresta sustentável, cultura rica, túnicas listradas e esvoaçantes e chapéus de palha redondos com penas emplumadas se destacam na região, já abriu alguns caminhos possíveis que estão disponíveis para o resto de nós.

Benki Piyãko é um líder Ashaninka, embaixador e especialista em agrofloresta, fundador do Instituto Yorenka Tasorentsi, que oferece educação tradicional e agroflorestal. Benki viajou pelo mundo para explicar como ele e outros replantaram 3 milhões de árvores para reflorestar sua região, criaram dezenas de tanques de peixes para reabastecer rios vazios e trabalharam para reintroduzir animais selvagens na floresta. Fora da curva, a comunidade desistiu da criação de gado décadas atrás e reflorestou pastagens degradadas com árvores frutíferas e coqueiros. O professor Isaac Piyãko, irmão de Benki, foi reeleito prefeito do município de Marechal Thaumaturgo, onde se localiza sua reserva.

Benki e outro irmão, Moises, são xamãs. A espiritualidade deles molda sua visão da floresta e serve de guia prático para nossa sobrevivência coletiva. "Temos que compartilhar a responsabilidade pelo que comemos em nossas cozinhas", Benki me disse numa entrevista por vídeo para a Oxford Real Farming Conference. "Temos que plantar frutas, temos que plantar florestas, temos que cuidar dos rios, temos que cuidar de nós mesmos." Benki afirmou que seus anciões havia muito alertaram sobre os impactos destrutivos do corte de florestas e argumentaram que o mundo precisava repensar sua abordagem para combater as mudanças climáticas e a destruição ambiental que seu povo já estava sentindo, pois os peixes em seus rios morrem, o clima muda e suas florestas são ameaçadas por madeireiros e caçadores.

"Se ninguém assumir a responsabilidade, o mundo inteiro pagará essa conta. Porque ninguém terá água para apagar incêndios. Ninguém terá água para beber. Ninguém mais terá ar para respirar. Então teremos que recuar um pouco e repensar nosso futuro, com nossa consciência e nosso respeito humanitário", disse Benki. Na visão cosmológica dos Ashaninka, explicou, tudo na Terra é uma célula que faz parte do mesmo organismo, o mesmo coração pulsante.

"Temos que pensar em um modelo diferente", ele disse. "Tudo está conectado. Nada está desconectado neste universo."

Conheci Dom em 1º de janeiro de 2019, em Brasília, na posse presidencial de Jair Bolsonaro, evento que eu estava cobrindo para a *New Yorker*. Fomos apresentados por uma amiga em comum, Carol Pires, jornalista brasileira que estava me auxiliando em minhas reportagens. Eu havia lido no *Guardian* o que Dom escrevera sobre a Amazônia e admirava seu trabalho. Conversamos e trocamos nossos sentimentos mútuos de apreensão sobre o futuro presidente. Nunca mais nos encontramos, mas mantivemos contato, em geral via WhatsApp, depois que um ou o outro publicava alguma coisa. Os efeitos danosos de Bolsonaro, especialmente na Amazônia, eram nosso principal assunto.

A certa altura, em 4 de junho de 2019, perguntei-lhe: "Quão terrível é o efeito Bolsonaro na Amazônia? Ele se mostrará tão incompetente que o dano será mitigado, ou o dano vai acontecer de qualquer maneira?". Dom respondeu: "Bem, os danos às agências de proteção etc. são assustadoramente drásticos e há sinais de que isso já está causando um impacto. Minha opinião é que isso será desastroso porque é um sinal verde para madeireiros, grileiros, garimpeiros e assim por diante numa área já sem lei".

Em novembro daquele ano, cumprimentei-o por uma matéria sobre uma viagem ao Javari. Ele respondeu esclarecendo que era um artigo já publicado, escrito após uma viagem em abril de 2018. "Eu compartilhei de novo, porque a base [de proteção dos limites da reserva indígena Javari] foi atacada mais uma vez na semana passada. Jesus. Apenas cabanas de madeira em um rio. Um cara com uma lanterna numa torre. Ser alvejado por espingardas lá deve ser assustador."

"Canalhas", respondi, e disse que estava ansioso por seus próximos artigos.

Quando chegou a notícia de que Dom e Bruno Pereira haviam desaparecido numa viagem ao Javari em junho de 2022, temi o pior, e quando soube que seus corpos haviam sido encontrados, fiquei com raiva e profundamente triste. Escrevi um artigo para a *New Yorker* em que atribuía aqueles assassinatos ao que Dom havia descrito com precisão como o "sinal verde" de Bolsonaro para caçadores de fortunas sem lei na Amazônia. Mais tarde, ao ser convidado a colaborar para a conclusão do livro de Dom, abordando o capítulo que ele havia delineado sobre o Acre, concordei imediatamente.

Em março de 2024, enfim cheguei lá, acompanhado de meu filho Maximo, que, como eu, se importava com a Amazônia, conhecia o trabalho de Dom e que, uma década antes, vivera um ano trabalhando com uma ONG indígena no estado vizinho de Rondônia. Em nosso esforço para descobrir a potencialidade de uma bioeconomia amazônica, decidimos começar de onde Dom havia parado: visitando Benki Piyãko, do povo Ashaninka, uma personalidade em quem ele depositara muita esperança pelo futuro da Amazônia. Combinei de encontrar Benki durante uma visita dele ao território dos Puyanawa, outro grupo indígena. Fiquei sabendo que um de seus filhos estava prestes a se casar com a filha de um cacique Puyanawa.

Cheguei na véspera da cerimônia de casamento e Benki estava hospedado na casa dos futuros sogros de seu filho. Era uma construção de madeira grande, rústica, de dois andares, situada ao lado de um lago num ambiente de floresta desmatada. Benki estava com uma comitiva que incluía alguns de seus parentes, bem como seguidores de outros países, como Itália, Alemanha, Estados Unidos e Índia. Tendo comparecido às cerimônias de ayahuasca de Benki, essas pessoas acreditavam ter sido transformadas por suas experiências e o consideravam uma espécie de guru. De início, a maioria parecia presumir que eu estava lá pelos mesmos motivos. Eu mal havia desembarcado quando uma mulher de Nova York, usando um vestido estampado com motivos da selva, com o rosto e os braços tatuados com tinta de jenipapo, se aproximou e me perguntou solicitamente: "Essa é sua primeira *viagem*?".

Um dos discípulos mais próximos de Benki era Federico Quitadomo, um italiano na casa dos trinta anos, que me disse que havia desistido de uma carreira de sucesso de consultor financeiro para se dedicar à causa de Benki. Explicou que viajava com Benki sempre que ele estava no exterior e o ajudava a organizar seus retiros internacionais de ayahuasca, realizados anualmente na Itália e no Reino Unido. "Por que alguém como eu desiste de tudo no auge de sua carreira para fazer isso?", Assis disse. "Porque acredito no que Benki está fazendo."

Para ele, a prova inegável de que havia mudanças climáticas

era que a destruição da Amazônia e da própria Terra só seria evitada com a intervenção de políticas drásticas e grandes investimentos dos principais governos do mundo e suas empresas. Benki era uma figura inspiradora fundamental nessa campanha, e Assis usava seus contatos no mundo dos negócios para organizar reuniões e conferências a fim de ajudá-lo a transmitir a mensagem.

Benki Piyãko ficou famoso no Brasil quando Milton Nascimento o conheceu numa visita à sua aldeia ancestral e compôs "Benke", incluída no álbum *Txai*, lançado em 1990 em apoio à Amazônia e seus povos indígenas. Filho de um cacique Ashaninka e de uma mulher de ascendência italiana, Benki era então um menino precoce com um sorriso vencedor, já tido por prodígio quando o artista o encontrou.

Foi um período tumultuado, com o Brasil procurando se firmar como nação democrática após 21 anos de ditadura militar. Os direitos dos povos indígenas foram reconhecidos pela primeira vez na nova Constituição, e em todo o país terras estavam sendo legalmente demarcadas e alocadas às comunidades indígenas como seus territórios inalienáveis. Houve resistência a esse movimento, às vezes violenta, de garimpeiros, madeireiros, colonos e fazendeiros cujas atividades haviam sido incentivadas pelos governos militares. O estado do Acre, na fronteira com o Peru, tornou-se uma linha de frente na batalha pela Amazônia e já havia revelado algumas figuras icônicas, como o seringueiro, sindicalista e ativista ambiental Chico Mendes — assassinado em 1988 por ordem de um grileiro — e a ativista e política Marina Silva, futura ministra do Meio Ambiente, que, como Mendes, com quem trabalhou de perto, também era filha de um seringueiro.

Em 1992, o povo Ashaninka de Benki recebeu uma vasta reserva de 85 mil hectares nas florestas do alto Juruá, um dos maiores afluentes do Amazonas. No mesmo ano, realizou-se a primeira Cúpula da Terra no Rio de Janeiro. Benki, então com dezoito anos, deixou sua aldeia pela primeira vez para participar dessa reunião. Ele foi de ônibus até o Rio de Janeiro e a viagem de 3700 quilômetros causou-lhe um impacto profundo. "Eu vi um Brasil muito destruído", ele lembrou. "Aprendi que as leis da terra não eram as mesmas que as leis do universo." Quando voltou para casa, via o mundo de forma diferente. "A floresta é uma casa. Uma casa grande, na qual você nunca chega ao fim." Em breve Benki iniciava o trabalho de sua vida: "proteger a terra e a própria vida", reflorestando áreas no Acre que haviam sido desmatadas. Usando um tom oracular, ele disse: "Sinto-me como água e ar, e tenho esta mensagem para as pessoas: se matarmos a floresta, morreremos também".

Quando conversamos, Benki estava deitado numa rede, tentando se livrar de uma febre que o havia acometido no dia anterior.

Falei a ele do livro inacabado de Dom e do título que ele havia escolhido: *Como salvar a Amazônia*. Perguntei-lhe o que ele entendia por "bioeconomia". O que isso significava e que papel poderia desempenhar no resgate da floresta tropical da destruição?

"A única coisa é plantar árvores", Benki respondeu de imediato. "É isso. Sem isso, não vamos salvar a Terra. Todas as outras formas de bioeconomia, na verdade, são apenas roubo." Disse que a maioria dos investimentos em compensação de créditos de carbono era essencialmente esquemas de geração de dinheiro sob o pretexto de alegações ambientais enganosas, mas ele apoiava projetos de reflorestamento. E descreveu sua própria floresta Yorenka como um Jardim do Éden, um lugar cheio de vida. Ele havia plantado mais de 3 milhões de árvores, disse com orgulho, em 650 hectares de terras selvagens degradadas. "Era tudo pasto naquela época e agora temos de tudo. Peixes, frutas — está tudo lá."

Apesar da calamidade representada pelo espectro iminente das mudanças climáticas, era essencial que as pessoas fossem otimistas, e em Yorenka ele buscava criar um modelo que pudesse ajudar a garantir um futuro sustentável para quem vivia em áreas florestais. Não era fácil. Além das ameaças de madeireiros e fazendeiros, Benki estava preocupado com a proliferação de narcóticos e a cultura ilegal que os acompanhava. O Acre fica na fronteira com o Peru e a Bolívia, ambos grandes produtores de cocaína, e a droga estava sendo cada vez mais contrabandeada pela Amazônia para as cidades brasileiras. O comércio crescente representava uma ameaça adicional aos povos indígenas e seu modo de vida tradicional.

A febre de Benki diminuiu e naquela noite ele compareceu a uma cerimônia pré-casamento para seu filho e futura nora. O evento foi realizado numa grande casa de palha Puyanawa, comprida e de estilo tradicional, de chão de terra e iluminada com muitas velas. Com o cair da noite, várias centenas de pessoas foram recebidas e convidadas a tomar ayahuasca. Depois, o silêncio reinou enquanto todos mergulhavam em suas experiências mentais particulares, que duraram várias horas.

No dia seguinte, o casamento ocorreu numa grande estrutura redonda, seguido por danças tradicionais de jovens Poyanawa e Ashaninka de ambos os sexos. Benki posou para fotos com seu filho e a nova nora, bem como com o governador do Acre. Era um homem branco arrogante em roupas de marca chamativas e estava cercado por meia dúzia de guarda-costas de aparência grosseira.

Uma das seguidoras de Benki fez uma careta diante da presença do governador. Ele era bolsonarista e estava envolvido num esquema de agronegócio potencialmente desastroso para plantar soja no Acre. Mesmo assim, ela julgava "um bom sinal" que ele sentisse necessidade de aparecer no evento indígena. Observei a linguagem corporal de Benki em busca de sinais de desconforto com a presença do governador, mas não identifiquei nenhum. Um de seus acólitos me sussurrou, com admiração, que Benki "tinha tudo a ver com alianças".

Após o casamento, a agenda de Benki exigia que ele viajasse para o Nordeste do Brasil, então ele pediu a seu assessor Federico Quitadomo e a Eliane Fernandes, sua assistente pessoal, que me acompanhassem até Yorenka Tasorentsi. Voamos num pequeno avião a hélice da cidade de Cruzeiro do Sul, um antigo centro de exploração de borracha no Juruá, para Marechal Thaumaturgo, uma cidade de comerciantes fluviais mais a montante, onde se localiza o projeto de reflorestamento de Benki.

Yorenka Tasorentsi fica junto a um penhasco alto ao longo da margem oeste do Juruá, em frente a Marechal, e em suas margens lamacentas havia uma fila flutuante de lojas de artigos gerais, bares e postos de gasolina para o tráfego fluvial. Pequenos barcos de passageiros e canoas motorizadas iam e vinham, ruidosos, pelo rio lamacento. As enchentes recentes haviam arrancado as árvores que margeavam a costa, e onde antes os píeres balançavam na água, cobertos por árvores frondosas, tudo era uma confusão feia e bruta de lama e passarelas precárias de tábuas de madeira recém-assentadas.

Chegamos a Yorenka de barco, depois subimos cuidadosamente um banco de lama escorregadio. Lá, um dos primos de Benki, Francisco Leonilson Oliveira da Silva, ou Leo, morava com a esposa e os filhos numa casa de concreto pintada de verde. Ele trabalhava para Benki desde a juventude e agora administrava Yorenka em tempo integral.

Atrás de sua casa estendia-se uma selva controlada, e grande parte dela era uma antiga pastagem de gado, agora reflorestada com árvores nativas depois que vários trechos de terra foram sucessivamente comprados por Benki ao longo dos anos. Uma estrada de terra saía da casa de Silva e levava a várias outras estruturas, entre elas um grande celeiro para trator e uma casa de vários andares que pertencia a Benki, o qual, sob a influência da ayahuasca, ilustrara as paredes externas com criaturas da selva, povos indígenas e árvores.

De cada lado da estrada havia vários lagos grandes de criação de peixes, alguns dos quais com as águas turvas. Consternado, Assis explicou que quase dois terços dos peixes, destinados a ser o início de um empreendimento comercial, haviam sido dizimados nas enchentes recentes. Segundo seus cálculos, a perda para Yorenka era de quase 1 milhão de dólares. Em um dos lagos, os trabalhadores estavam às voltas com uma grande retroescavadeira amarela que movia a terra e construía uma berma à beira da água para proteção em caso de novas enchentes. Fernandes explicou que o trator havia sido comprado com os 50 mil dólares que Benki recebera de uma sociedade ambientalista francesa. À distância, sete sumaúmas sagradas se erguiam como sentinelas antigas ao redor da sede de Yorenka.

Silva me mostrou a estufa onde estavam sendo cultivadas cerca de 50 mil mudas de tudo — de laranja e açaí a mogno e cedro. Em seguida, ele me levou para um passeio de quadriciclo pelas terras que estavam sendo recuperadas, e Fernandes nos acompanhou. Numa área especialmente irregular de matagal e pasto, Silva explicou que se tratava de uma antiga fazenda de gado, uma das mais recentes aquisições de Benki. Ela ainda não fora reflorestada e havia gado vagando por ali — e os animais haviam ficado selvagens. "Estamos comendo os bois aos poucos", sorriu Silva. "As onças também ajudaram. E os ladrões de gado também mataram alguns."

Em outra parte da floresta onde o solo estava sufocado pelo capim alto, Silva explicou que, mesmo após o reflorestamento, o capim que servira de pastagem persistira e eles ainda não tinham descoberto como se livrar dele. Em outro lugar, ele mostrou onde a inundação havia penetrado e depois recuado, deixando uma camada de lama que impedia o crescimento de novas plantas.

Numa área que parecia especialmente seca, Silva explicou que, apesar dos problemas causados por inundações ocasionais, as condições de seca estavam se agravando na floresta tropical havia anos; ele presumia que isso era causado pelas mudanças climáticas. "Há menos água nos riachos do que quando eu era menino." Ele contou ter encontrado carcaças de tartarugas terrestres e antas que haviam morrido de sede. Silva tinha 38 anos e começava a se perguntar se os rios do Acre ainda teriam água quando seus filhos tivessem sua idade. "Tudo está acontecendo tão rápido", ele disse, com expressão preocupada. "É por isso que Benki quer plantar muitas árvores, para *manter* a água, para corrigir os problemas que nós, humanos, causamos com nosso desmatamento." Mesmo com as melhores intenções, havia claramente vários obstáculos para resgatar a natureza selvagem da Amazônia.

Silva parou o quadriciclo numa pequena clareira ao lado de uma plataforma de madeira elevada. Benki havia selecionado o local para construir uma casa de hóspedes para estrangeiros que pagariam para ir a Yorenka a fim de fazer uma "dieta detox e retiro de ayahuasca", explicou Fernandes, e mostrou o bosque ao redor de árvores plantadas onde havia goiabeiras, limoeiros, tamarindeiros e arbustos de ayahuasca. Em sua primeira fase, Yorenka havia se concentrado na restauração ambiental; agora incluía "cura espiritual" como uma de suas prioridades, Fernandes explicou.

No dia seguinte, Fernandes e Silva me levaram rio abaixo até um local bem em frente a Marechal Thaumaturgo, onde Benki começara o projeto de Yorenka, vinte anos antes. Silva foi caminhando à frente pela floresta, apontando árvores que ele ajudara a plantar quando adolescente. Chegamos a uma área incrustada de pedras em forma de estrela que fora construída especialmente para cerimônias de ayahuasca. Havia também uma grande casa de hóspedes de madeira e um anfiteatro para conversas e encontros em grupo. Nos primeiros dias, disse Silva, um fluxo de VIPs fora visitar Yorenka, e, num ritual que se tornou costumeiro, cada um contribuiu plantando uma árvore. Ele deu um tapinha no tronco grosso e cinza de uma árvore alta que disse ter crescido de uma muda plantada pela ex-primeira-dama da França Danielle Mitterrand.

Silva explicou que Benki havia escolhido o local em frente a Marechal para mostrar à comunidade de colonos como a floresta tropical — que eles estavam destruindo para criar fazendas agrícolas e de pecuária — poderia ser preservada se fosse adotado um estilo de vida mais sustentável, como os Ashaninka já estavam fazendo em sua reserva florestal. "No começo, eles eram hostis", lembrou Silva. "Eles diziam: 'O que esse índio está fazendo aqui? Ele deveria voltar rio acima para sua reserva.'"

A reserva Ashaninka, onde se situava a aldeia natal de Benki, ficava a quatro horas de viagem de barco pelo rio Amônia, afluente do Juruá. A família de Silva, de seringueiros que viviam na floresta próxima, se ligara à de Benki pelo casamento. Quando Silva tinha catorze anos, sua família o enviou rio abaixo a Marechal para estudar e, quando completou dezessete, Benki o convidou para trabalhar com ele em Yorenka.

Depois de Silva, Benki persuadiu outros jovens do lugar a trabalhar no projeto de reflorestamento. Eles ganhavam moradia, alimentação e pouco mais; o que os unia era a fé entusiasmada em Benki. Com o tempo, conforme o projeto criava raízes e pessoas importantes vinham visitá-lo, o mal-estar em Marechal pareceu diminuir. Em 2009, 20 mil árvores foram plantadas depois que uma enchente atingiu o Juruá e destruiu tudo o que eles haviam feito. Mais tarde, Silva e outros jovens não se deixaram abater e plantaram mais 150 mil árvores, ele lembrou com orgulho. Em 2012, sob a direção de Benki, fundaram a Associação dos Jovens Guerreiros Guardiães da Floresta, presidida por Silva. A associação ainda tinha um modesto número de 25 membros, mas Silva tinha esperanças de que ela cresceria. "Nossa esperança é ter um grande grupo que trabalhe para proteger a floresta e os rios."

Perguntei sobre o relacionamento atual com Marechal. Os dois lugares pareciam representar realidades sociais muito distintas, e no entanto coexistiam em estreita proximidade. Como resposta, Silva contou que a equipe de Benki se oferecera para plantar árvores na cidade, mas que as autoridades recusaram a oferta, dizendo que isso causaria "muito lixo de folhas".

Mas havia problemas mais sérios. Fernandes revelou que o ex-chefe de polícia de Marechal, que sempre manifestara animosidade em relação a Benki, apareceu sem ser convidado em sua última festa de aniversário em Yorenka, no início do ano, e o ameaçou com uma arma. As pessoas intervieram e não houve tiros, mas o episódio foi um sinal ameaçador. Mais tarde, depois que Benki relatou o incidente às autoridades superiores, o chefe de polícia foi removido de seu posto em Marechal, mas continuava na polícia e permanecia no Acre.

Tendo em vista tudo isso e considerando as ameaças criadas pelo homem e aquelas advindas das mudanças climáticas, deixei Yorenka me perguntando se a visão de Benki de uma utopia amazônica reflorestada com fazendas de peixes e retiros detox de ayahuasca era factível. Eu tinha minhas dúvidas.

Coincidentemente, algumas semanas depois de eu visitar o Acre, o economista de Harvard Ricardo Hausmann publicou um artigo com o título provocativo de "A bioeconomia não salvará a Amazônia". Ele discordava do que chamou de "o consenso emergente" entre bancos multinacionais de desenvolvimento, governos e instituições econômicas "de que a melhor maneira de proteger a Amazônia é cultivar uma 'bioeconomia'" que irá "fomentar o uso sustentável dos recursos florestais e promover o bem-estar das comunidades locais [... e] combater práticas destrutivas que contribuem para o desmatamento, como a pecuária. Embora bem-

-intencionada, essa abordagem provavelmente sairá pela culatra". Segundo o autor, as principais culturas de uma possível bioeconomia amazônica, como açaí e castanha-do-pará, "representam nichos de mercado avaliados em cerca de 1 bilhão de dólares, aproximadamente 0,05% do PIB do Brasil", ou seja, "um mercado tão pequeno não pode sustentar os 30 milhões de habitantes da Amazônia brasileira". Além disso, concluiu Hausmann, é muito provável que quaisquer esforços para criar uma bioeconomia de escala acelerariam a destruição da Amazônia "atraindo recursos e pessoas para a floresta tropical em vez de afastá-los... Uma maneira melhor de proteger a Amazônia seria aumentar a produtividade dos centros urbanos da região e das áreas não florestais ao redor. Uma vez que a maioria das pessoas prefere os confortos da vida urbana às dificuldades da vida na floresta, essa estratégia tiraria das regiões florestais indivíduos que buscam empregos estáveis e de qualidade nas cidades".

Como um roteiro prático para resgatar a Amazônia, a visão de Hausmann de um êxodo rural para as cidades me pareceu tão idealista quanto a abordagem de Benki. Para fundamentar seu argumento, o articulista citou com destaque o economista alemão Marek Hanusch. Em 2023, após vários anos realizando pesquisas na Amazônia brasileira para o Banco Mundial, Hanusch publicou "Equilíbrio delicado para a Amazônia Legal brasileira: um memorando econômico". A despeito da linguagem seca de economista, Hanusch foi explícito sobre as duras realidades da atual crise amazônica. "No curto prazo, há uma necessidade urgente de deter o desmatamento — que se traduz numa enorme destruição de riqueza natural e inúmeros riscos para o clima e a economia", ele escreveu. "A Amazônia é o ponto crítico do desmatamento no Brasil, e a Floresta Amazônica está se aproximando de pontos de inflexão após os quais as perdas de cobertura florestal serão amplas e permanentes. Reverter o recente aumento do desmatamento requer o fortalecimento da governança florestal e territorial, com regularização fundiária e uma aplicação da lei mais eficaz."

Em seu resumo, Hanusch descreveu o que, para ele, parecia o caminho ideal a seguir: "Tanto o Brasil quanto a Amazônia Legal precisam de um novo modelo de crescimento, que deve estar ancorado na produtividade, e não na extração de recursos; ademais, deve ser capaz de diversificar a pauta de exportações para além das commodities. Um processo mais equilibrado de transformação estrutural exige que os setores urbanos menos desenvolvidos, como a indústria manufatureira e o de serviços, promovam o crescimento econômico, reduzam a pressão sobre a fronteira agrícola e gerem empregos para as populações majoritariamente urbanas do Brasil e da Amazônia Legal. O valor de bem público das florestas da Amazônia Legal poderia gerar financiamento para a conservação vinculado a reduções verificáveis no desmatamento. Tais recursos apoiariam uma nova abordagem de desenvolvimento, combinando proteção florestal, produtividade, transformação estrutural equilibrada, técnicas de produção sustentável (como a bioeconomia) e outras medidas para atender às necessidades das populações urbanas e rurais da região. Essa abordagem também deve atender às necessidades e aos interesses das comunidades tradicionais da Amazônia Legal".

Ainda sem ter certeza de que havia entendido o que seus argumentos significavam para a bioeconomia, telefonei para Hanusch, que é agora o economista-chefe do Banco Mundial na África Oriental. Falei da minha viagem ao Acre e dos esforços de Benki para a criação de um modelo de start-up bioeconômico em Yorenka. Hanusch conhecia Benki e tinha uma opinião muito boa sobre ele, embora acreditasse que projetos de bioeconomia como o dele só poderiam funcionar numa escala limitada. "A bioeconomia é uma utopia que desafia a lógica da economia", ele disse. "Uma pista falsa. A ideia de que esse é o tipo de coisa que salvará a Amazônia é simplesmente absurda. A menos que você possa *comprar* toda a Amazônia, isso não funcionará. Se você remover terras produtivas para reflorestá-las, elas serão desmatadas em outro lugar. Além disso, se monetizar terras que foram desmatadas, você cria valor para a terra, e isso é um incentivo para mais grilagem de terras. A única maneira de parar o desmatamento é mudar seu modelo econômico. No momento, o único tipo de economia viável na Amazônia é o agronegócio, e se quiser economias de escala, você terá que mudar a natureza da floresta, e é isso que já está acontecendo. No final das contas, o desmatamento é uma escolha macroeconômica, e enquanto o modelo de crescimento do Brasil for baseado na agricultura haverá expansão para dentro da Amazônia. Mas se construir a infraestrutura nas cidades, você fará com que as pessoas se mudem para elas."

Hanusch disse que, no início de sua pesquisa no Brasil, ele ficou perplexo ao ver uma fábrica de montagem de motocicletas em Manaus. "Eu costumava pensar: por que estão produzindo motocicletas em Manaus? Parecia loucura. Mas agora acho que é uma coisa boa porque não estão usando a floresta para isso." Eram necessárias mais iniciativas assim.

No fim das contas, a hipótese prevista nos argumentos de Hanusch, correta ou não, dependia de uma evolução nos círculos das políticas governamentais, que, por sua vez, dependia de ter um governo que se importasse com a conservação e acreditasse nas mudanças climáticas. Após os quatro anos calamitosos de Bolsonaro, o retorno de Lula à presidência em 2023 ofereceu aos ambientalistas uma renovação da esperança de que novas políticas voltadas para o futuro poderiam ser implementadas em benefício da Amazônia. Um sinal promissor foi o convite feito a Marina Silva para ser ministra do Meio Ambiente mais uma vez. Ela havia exercido a mesma função durante o primeiro mandato de Lula, mas renunciara por não concordar com o desejo do presidente de equilibrar conservação com desenvolvimento. Agora o presidente havia prometido uma política de tolerância zero ao desmatamento. Em Brasília, algumas semanas antes de Lula assumir a presidência novamente, Marina me disse que, mesmo com o novo governo no poder, acertar as coisas na Amazônia levaria tempo. "Não seremos capazes de fazer isso em quatro anos", ela disse. "O problema durante o período de Bolsonaro era que os transgressores tinham total impunidade. Com Lula, pelo menos acabará a *expectativa* de impunidade."

Em Brasília, me encontrei com Carina Pimenta, a responsável pela Secretaria Nacional de Bioeconomia. Uma pessoa agradável na casa dos quarenta anos, Pimenta sorriu com simpatia quando lhe falei da minha viagem ao Acre e compartilhei minha confusão sobre as definições de bioeconomia. Ela concordou que era difícil definir o tema de forma simplificada, mas deixou claro o que significava para ela: usar a biodiversidade do Brasil para criar economias sustentáveis que não prejudicassem seu meio ambiente. Parecia bem adequada ao cargo, tendo administrado um fundo de investimento para o desenvolvimento sustentável da Amazônia por vários anos antes de abrir sua própria ONG para trabalhar com comunidades de base.

Em um aceno às críticas de Hanusch e Hausmann, Pimenta reconheceu que havia vários desafios para criar uma bioeconomia amazônica de escala com base no modelo de crescimento e desenvolvimento capitalista em constante expansão do Brasil. "Isso levará um tempo", ela disse. "Precisamos nos perguntar 'onde estaremos daqui a trinta anos?'. É importante que surjam modelos diferentes." Ela disse que se inspirava no economista indiano Amartya Sen. "Às vezes, pequenas economias são boas porque podem ser bem-sucedidas se forem bem direcionadas. Talvez possamos desenvolver pequenas economias favoráveis à biodiversidade e então olhar para as soluções maiores."

Entre outros projetos, Pimenta estava fazendo lobby para que o governo brasileiro construísse um banco de informações sobre a biodiversidade amazônica. Ela ressaltou que o Estado brasileiro nunca havia investido num projeto desse tipo e que era essencial começar. Duvidava que os esquemas de compensação de carbono representassem componentes produtivos de longo prazo de uma bioeconomia genuína e perguntava: "Armazenar carbono é uma economia? E o *conhecimento*?". As comunidades indígenas tinham muito conhecimento armazenado sobre plantas medicinais e remédios naturais, ela disse; esse conhecimento seria inestimável no desenvolvimento de uma economia biofarmacológica amazônica. Pimenta mencionou testes de medicamentos que estavam sendo feitos na Amazônia com um antidepressivo natural descoberto por uma comunidade indígena. Por meio de acordos de repartição de benefícios entre o governo brasileiro, empresas farmacêuticas e comunidades indígenas, os resultados positivos futuros desses testes poderiam ajudar a estabelecer as bases para uma bioeconomia amazônica que beneficiaria o Brasil comercialmente, bem como ajudaria a preservar suas florestas tropicais.

Pimenta estava entusiasmada com outro programa que Marina Silva havia promovido, envolvendo apoio governamental para empresas ecologicamente corretas numa série de dezoito centros de biodiversidade que haviam sido designados em todo o Brasil. E havia outros promissores. Pimenta comparecera à cúpula do G20 de 2023 em Nova Délhi, onde o termo "bioeconomia" foi introduzido pela primeira vez, destacou ela, com uma ponta de orgulho. E na Cúpula da Amazônia realizada em Belém naquele mesmo ano, convocada por Lula para reunir líderes de oito nações amazônicas, ela relembrou com um sorriso triste: "Houve muita disputa sobre o que *é* exatamente a bioeconomia, mas uma coisa com que todos concordaram foi que vale a pena lutar por ela".

10. Uma relação transformadora: Educar e repensar

Vale do Javari, Amazonas

Jonathan Watts* e Dom Phillips

* Jonathan Watts é um jornalista que mora em Altamira, município da Floresta Amazônica. É o editor global de meio ambiente do *The Guardian*, criador da Sumaúma.com, veículo jornalístico trilíngue sobre as florestas tropicais, iniciador do The Rainforest Jornalism Fund e autor de *The Many Lives of James Lovelock* e *When a Billion Chinese Jump*.

"OS MELHORES PROFESSORES SÃO OS HABITANTES ORIGINÁRIOS DA AMAZÔNIA: OS SEUS POVOS INDÍGENAS."

Ao fim e ao cabo, depois da busca por soluções amazônicas que mudou a vida de Dom e que lhe foi fatídica, depois de anos batalhando por subsídios de viagens e contratos de publicação, depois de expedições fluviais épicas descendo o Solimões, o Tapajós, o Negro, o Xingu e o Tefé, depois de viagens poeirentas percorrendo o Pará, o Acre, o Amazonas, Roraima, o Maranhão, Rondônia e o Mato Grosso, depois de um empenho incansável à procura de pessoas que poderiam ter respostas, depois da leitura de milhares de páginas de obras de referência, revistas e sites de notícias, depois de centenas de cervejas, cafés e bate-papos, e depois de longas horas na frente de uma tela de computador tentando condensar tudo isso numa prosa fresca e vívida, Dom nos deixou uma grande pergunta sem resposta: qual foi, afinal, a conclusão dele?

O último capítulo que ele planejou trazia o título provisório de "Educar e repensar". Suas anotações sugerem que se tratava do capítulo mais carente de estrutura, mais ambicioso e menos desenvolvido de todos. Ele não havia escrito nenhuma palavra, embora a proposta geral mencionasse sua intenção de abordar fake news, propaganda, religião, filosofia e educação. Não se sabe exatamente como ele pretendia juntar esses fios. Talvez ele próprio ainda não tivesse solucionado esse enigma. Deixou pistas em suas sugestões: "Acaba com a cena em Medicilândia?", "Fecha com o dia com os estudantes e o professor". Mas o que aconteceu em Medicilândia, e quem eram essas pessoas? Muitas das notas, frequentemente escritas em lanchas velozes ou em estradas esburacadas como a Transamazônica, eram praticamente ininteligíveis, mesmo depois de múltiplas tentativas da família e amigos que estavam mais familiarizados com sua caligrafia.

Para lidar com esse enigma — e com as ideias profundas, porém abstratas, no centro dele —, fiz uma anotação: "relações". Dom parecia estar pensando em várias formas de fazer com que os leitores, dentro e fora do Brasil, se sentissem mais ligados à Amazônia e seus povos e, assim, fazer com que a avaliassem de outro modo. Tomei como guia principal dois aspectos da abordagem dele: primeiro, as forças e os limites do jornalismo; segundo, sua sensibilidade e receptividade a novas ideias, sintetizadas em outro item da proposta geral: "Ouvir os povos indígenas". O mundo, ele escreveu, "não é uma série aleatória e desconectada de nações e sociedades, mas um conjunto interconectado cuja sobrevivência depende da cooperação, não da competição". Para entender isso, "os melhores professores são os habitantes originários da Amazônia: os seus povos indígenas".

Mas como Dom chegara a esse entendimento, tão distante de suas raízes suburbanas no Wirral e dos primórdios de sua carreira como jornalista de música? E como pretendia falar a esse respeito no capítulo final? Nunca vou saber o que ele pretendia dizer, mas posso tentar rastrear a jornada não só física, mas também intelectual que ele empreendeu. Quais eram as ideias que o atraíram a Bruno e levaram ambos ao vale do Javari, tão distante de seus lares e com todos os seus riscos? Que ligações estavam procurando? O que encontraram e seguiram? Resolvi começar da frente para trás, pelo último local que eles visitaram.

Considerando a sua localização na linha de frente de um conflito mortal, o lago do Jaburu emana uma tranquilidade bem-aventurada. No alto de uma margem íngreme acima do rio Itaquaí se situam umas poucas casas ribeirinhas arquetípicas sobre palafitas, com paredes de tábuas e teto de chapa corrugada. Em um dos lados dessas construções há uma baixada cheia de mato que se transforma num canal durante a estação das chuvas. Ao fundo fica o lago sereno, cercado por uma vegetação densa, que dá nome a essa comunidade. É comum encontrar canoas de madeira pintadas de cores vivas amarradas aos galhos da árvore mais próxima. Nos meados da manhã, com o sol já alto no céu e a temperatura se aproximando dos trinta graus, os únicos sons são de pássaros e do jorro d'água ocasional de um peixe que dá um rápido salto para a superfície.

Foi nesse inesperado local idílico, a menos de um quilômetro da linha de demarcação da Terra Indígena do vale do Javari, que Dom e Bruno passaram o último dia deles. Tinham ido até lá para se juntar à equipe de vigilância indígena que patrulhava a fronteira do território protegido. Rastreando a viagem final de Dom, pude imaginar como ele deve ter se sentido aliviado ao chegar lá. Depois de uma viagem fluvial tensa, passando por várias comunidades hostis de pescadores, ele podia se sentir relativamente seguro. Dom e Bruno estavam encontrando amigos. E, em vista da sua busca de soluções para a Amazônia, ele certamente teria ficado animado com a mudança positiva que ocorrera no lago do Jaburu.

No passado, o lago fora tão explorado pela pesca que passou a ser considerado quase morto, mas, mais de dez anos antes, havia sido implantado um programa de gestão dos recursos, mantido pelo senhor que vivia lá, que todos conheciam simplesmente como Raimundinho. Agora abundavam os pirarucus graças à sua dedicação — e à sua coragem: ele havia recebido ameaças de morte de pescadores locais que queriam faturar um dinheiro rápido pegando e vendendo os peixes. Mas o ribeirinho idoso não tinha arredado pé. Havia se cansado do esgotamento dos recursos da natureza e do conflito interminável que isso gerava com seus vizinhos indígenas. A melhor maneira de evitá-lo era se manter fora do território deles e cuidar pessoalmente dos peixes no lago junto à casa. Agora a lagoa estava cheia de vida mais uma vez.

Na manhã e na tarde daquele último dia, Dom — rigoroso como sempre — entrevistou os treze homens da equipe de vigilância, um por um, fazendo a todos as mesmas perguntas: como protegiam o território deles, para quem estavam protegendo a natureza, de que forma eram afetados pela situação política. Ao escurecer, ele e Bruno participaram de uma missão simulada de monitoramento, atravessando o rio em barquinhos e avançando silenciosamente pela floresta em meio a um coro de sapos e insetos. O jantar naquela noite foi um banquete de bicho-preguiça e pirarucu. Na manhã seguinte, partilharam uma refeição de peixe grelhado e café, e então Dom e Bruno agradeceram, deram um abraço de despedida em todos e partiram para aquela última e fatídica viagem.

Um integrante da equipe, Higson Dias Kanamari, do povo Kanamari, relembrou o último encontro com Dom com afeto e horror. "Ele estava muito feliz de estar entre nós indígenas", disse. "Quando estava com a gente, ele tinha uma segunda família. Cuidávamos dele. Dava para ver seu prazer estando com a gente. Infelizmente, não pudemos prever o tanto de mal que as pessoas queriam fazer."

Higson me falou do que aconteceu depois que Dom e Bruno deixaram o lago. Atalaia do Norte, a cidade mais próxima, passou semanas inundada de repórteres. Vários moradores comentaram ironicamente que a intensa cobertura da morte de um jornalista estrangeiro branco contrastava de modo agudo com o assassinato, três anos antes, de Maxciel Pereira dos Santos, um funcionário da Funai que tinha trabalhado de perto com Bruno no rastreamento de operações ilegais de caça e pesca. Em setembro de 2019, Maxciel foi morto com um tiro. A sua família acredita que o assassinato foi cometido pelas mesmas pessoas que mataram Bruno e Dom. Mas nunca ninguém foi acusado e o caso não teve praticamente nenhuma repercussão fora da região.

Além do duplo critério, Higson disse que o tratamento diverso dado aos dois crimes mostrava que tipo de evento consegue atrair um público internacional. "Quando mataram Maxciel, não aconteceu nada. Mas, com Dom e Bruno, houve um interesse enorme." Ele considerava isso positivo: "A mídia era o meio de o mundo ficar sabendo da existência dos defensores da floresta. Isso obrigou o governo a ter uma reação. Um país da projeção do Brasil exigia que o Estado mostrasse que tinha a responsabilidade de cuidar da sua terra e do seu povo". Para Higson, isso criava uma forte ligação não só com o governo em Brasília, mas com as pessoas em outros países. Era uma forma de mudar a mentalidade das pessoas, de construir relações, de diminuir a distância entre a floresta e a cidade. "Perdemos duas pessoas importantes, mas ganhamos aliados no mundo. É oxigênio para nós", ele disse.

Imagino que Dom se sentiria não pouco constrangido com isso. Ele também perceberia certa injustiça no tratamento das pessoas, mesmo após a morte. Como a freira americana Dorothy Stang, Dom foi um mártir amazônico atípico por ser branco e de uma nação rica. A maioria dos outros eram indígenas, quilombolas, ribeirinhos — vítimas de assassinatos que nunca foram investigados nem tiveram cobertura da mídia, rostos e nomes em grande medida desconhecidos fora dos locais onde moravam. A história se repete pelo mundo, onde mais de 1900 pessoas foram assassinadas desde 2012 por tentar proteger suas terras e recursos. Isso dá uma média de um assassinato a cada dois dias.

Dom e Bruno ganharam uma hipervisibilidade como símbolos daquela guerra silenciosa contra a natureza.

Quando voltei do Javari, me dei conta de que precisava conhecer as ideias mais recentes de Dom sobre a Amazônia e como elas se alinhavam com as de Bruno. Devido à minha amizade e ao meu relacionamento profissional com Dom, eu tinha alguns palpites, mas era necessário conversar com outras pessoas.

Meu primeiro encontro com ele ocorreu em meados de 2012, na calçada de um boteco no Jardim Botânico, numa daquelas noites cariocas balsâmicas, que pedem uma caipirinha ou uma cerveja gelada. Ele havia me contatado porque nós dois éramos jornalistas britânicos recém-estabelecidos na cidade. Dom, que já falava um excelente português depois de vários anos em São Paulo, estava se adaptando muito mais depressa. Eu era o correspondente recém-nomeado para o *The Guardian*, ainda me debatendo com a língua e achando tudo no Brasil absurdamente burocrático, vagaroso e caro. Dom, por outro lado, parecia já gostar muito do país. Sentia um entusiasmo contagiante pela música, pelos esportes e pela cultura do Brasil, e parecia fascinado por sua política.

A lembrança mais nítida que tenho é o modo como ele descreveu a alegria de seu país de adoção, um sentimento de animação pura que ele considerava característico do lugar. Ele me falou também de seu livro sobre a cena dos DJs clubs no Reino Unido nos anos 1990 e como a felicidade e o idealismo alimentados por produtos químicos tinham desandado quando o dinheiro e as drogas tomaram conta do pedaço. Ele era mais feliz agora no Brasil, embora às vezes tivesse dificuldade em pagar as contas como jornalista freelance, escrevendo sobre tudo, de política e futebol, até moda e indústria do petróleo.

Com os anos, vim a sentir que ele estava sempre procurando entender as coisas mais a fundo. Talvez fosse curiosidade natural. Seu interesse pelo mundo era um holofote mental sempre perscrutando o horizonte. Fosse numa coletiva de imprensa ou num bar, se julgasse que alguém tinha algo interessante a dizer, ele cravava seus olhos azuis penetrantes na pessoa e começava um interrogatório gentil, mas incessante. Nos anos seguintes, ligamo-nos por um amor em comum a Bowie, Björk e Fela Kuti, e por uma paixão pela natureza e pelos esportes ao ar livre.

Percorrendo os arquivos do WhatsApp, percebi que muitas das matérias e fotos que Dom compartilhava eram vistas espetaculares ou animais silvestres com que se deparava: arraias, baleias, tartarugas e tubarões vistos em passeios de caiaque pela linha costeira de Copacabana; saguis, macacos-pregos e tucanos avistados em passeios pelos morros que cercam o Rio de Janeiro. Com um grupo de amigos de gostos parecidos, nos fins de semana fazíamos trilhas pelas montanhas entre Teresópolis e Petrópolis, escalávamos a Pedra da Gávea para contemplar a vista deslumbrante do Rio e subíamos as encostas do Itatiaia para suas paisagens incríveis. Mais frequentes eram os passeios de bicicleta. Nos dias úteis, saímos de manhã cedo em grupo, para começar a jornada com uma pedalada subindo até a estátua do Cristo Redentor no Corcovado, uma atividade de muito fôlego que ficou conhecida como "Cristo de bicicleta". Sua outra grande paixão era a cultura. Dom era presença constante nas bienais de São Paulo, nas festas literárias de Paraty e nos concertos musicais do Rio. Naquela época, a Amazônia era uma preocupação remota. "Naqueles primeiros anos, ele quase nem falava do meio ambiente ou dos povos indígenas", disse a viúva Alê.

Em setembro de 2015, Dom fez uma viagem jornalística à região amazônica para um artigo para o *Washington Post*, sobre uma equipe de guardiões da floresta montada pelos Guajajara, um grupo indígena no Maranhão. Foi uma viagem reveladora a uma das paisagens mais devastadas. O Maranhão foi tratado durante gerações como um feudo da família Sarney. Sob o seu controle, esse estado foi substancialmente despojado de sua cobertura florestal por um influxo de madeireiros, pecuaristas e grileiros. Os Guajajara e outros grupos indígenas foram empurrados incessantemente para enclaves cada vez menores, os últimos vestígios da floresta original. Mesmo estes estavam agora ameaçados, e assim os Guajajara tinham se organizado em equipes de monitoramento e proteção, patrulhando seu território e expulsando os invasores, às vezes até os amarrando e levando para fora da área depois de queimar suas serras elétricas e caminhões.

Era uma reação arriscada, porque os madeireiros frequentemente andavam mais bem armados e tinham mais influência política no governo local. Um dos guardiões que Dom encontrou, Paulino Guajajara, acabou assassinado por madeireiros numa emboscada em 2019. Essa corajosa defesa das terras foi adotada por outros povos originários e ganhou amplo respeito. As ameaças e a violência continuaram. Em 2023, Sônia Guajajara foi nomeada a primeira ministra indígena do Brasil.

Alê disse que o marido se sentiu inspirado: "Quando ele voltou, estava absolutamente apaixonado. Ficou muito impressionado com o modo de vida dos Guajajara e com a coragem deles em defender a Amazônia. Aquilo realmente o surpreendeu". E ainda: "Creio que foi nesse momento que Dom começou a entender que a terra é muito mais do que uma propriedade com valor de mercado". A partir daí, ele começou a ler mais sobre a Amazônia e a entrar em contato com grupos indígenas, organizações de direitos da terra e entidades sem fins lucrativos como o Instituto Socioambiental (ISA) e a Survival International.

Seu despertar ambiental adquiriu uma nova dimensão dois meses depois, quando ele foi um dos primeiros correspondentes estrangeiros a presenciar os efeitos da maior tragédia ambiental na história do Brasil. O rompimento da barragem em Mariana, operada pela Samarco, uma joint venture de minério de ferro entre a Vale e a BHP Billiton, dois dos principais conglomerados de mineração do mundo, havia despejado uma torrente de lixo tóxico, matando dezenove pessoas, deixando centenas de desabrigados e arruinando a subsistência da comunidade indígena Krenak.

Dom nunca tinha visto uma calamidade industrial em tal escala. Numa nota enviada ao *The Guardian*, ele descreveu "imagens apocalípticas" e casos lancinantes de vidas arruinadas devido a 40 milhões de metros cúbicos de líquido contaminado que "poluíram o abastecimento de água para centenas de milhares de pessoas, dizimaram a vida silvestre e vomitaram uma faixa de lama cor de ferrugem ao longo do rio Doce".

Dom e Alê haviam visitado o lugar cerca de dois meses antes, num feriado. Agora ele estava vendo a devastação das ruas por onde tinham passeado alegremente, a destruição da aldeia ao lado do hotel, corpos enfileirados ao longo da estrada. "O rompimento da barragem teve um impacto enorme em Dom", disse Alê. "Ele me falou que era ainda mais triste, terrível e injusto porque a empresa sabia que havia problemas. Desde então ele considerava a Vale um monstro. Falávamos disso até sua morte."

Embora esses fatos estivessem mudando profundamente a maneira de pensar de Dom, seu interesse crescente por questões ambientais não foi propriamente uma conversão súbita, mas uma mudança gradual moldada tanto pelo pragmatismo quanto pelo idealismo. Depois da cerimônia de encerramento das Olimpíadas no Rio de Janeiro e do impeachment da presidenta Dilma Rousseff, ambos em 2016, os frilas para o *Washington Post* começaram a minguar. Os editores achavam que as matérias de interesse agora estavam em outras paragens. Para preencher o vazio, ele pegou mais trabalho com o *Guardian*, pois abrira uma vaga temporária depois que deixei o Rio e voltei para a redação em Londres em 2017. Os editores de lá e eu também estávamos interessados no tema ambiental. Dom, que já vinha avançando nessa direção, viu aí uma oportunidade. Logo mandou um monte de propostas. E foi mais longe do que nunca.

E, a partir de 2018, ele passou a ter um guia. Como vimos nestas páginas, 2018 foi o ano em que Dom conheceu Bruno e os dois partiram numa expedição pelas profundezas do vale do Javari para rastrear os movimentos de um grupo isolado. Os 1020 quilômetros de trilhas foram puxados até para Dom, que era um caminhador indômito. Ele ficou terrivelmente impactado por Bruno. Enviou uma mensagem por WhatsApp ao velho amigo e cineasta Otavio Cury, dizendo que tinha sido uma experiência "profunda". Dois anos depois, disse a Cury que havia sido "uma viagem que ainda hoje ressoa dentro de mim, uma experiência que nunca vou esquecer. Sou profundamente grato por isso, embora na época eu vivesse quase sempre molhado, sujo, cansado e muitas vezes apavorado enquanto matavam mais uma cobra tal como a gente esmaga um mosquito".

Sian, irmã de Dom, lembra que logo depois da viagem ele lhe mostrou as fotos que fizera. "Foi a primeira vez que ouvi ele falar sobre a Amazônia e os povos indígenas. É preciso lembrar que antes disso ele escrevia para uma publicação da indústria petrolífera. Mas aquela viagem com Bruno realmente mexeu com ele. Foi como se ele tivesse se transformado."

O "Sr. Descolado" da cena clubber tinha encontrado alguém muito mais descolado, que fazia um trabalho de peso com ativistas indígenas na vanguarda de uma luta de importância global. Alê acredita que foi aí que Dom começou a pensar em escrever um livro sobre a Amazônia. "É um outro mundo, Alê. Você não faz ideia", ele lhe disse, num tom de enorme respeito.

Depois daquela viagem, ele e Bruno sempre conversavam por telefone, trocando ideias e contatos. "Ele só falava do Bruno", disse Alê. "Dizia coisas do tipo: 'Alê, ele tem uma alma indígena. Fala a língua deles. Canta as canções deles e anda na floresta como eles. Não tem medo de nada. Você precisa conhecer o cara. Nunca vi ninguém tão engajado.'"

Estava formada a relação. Dom, o discípulo. Bruno, o mentor.

Mas como o mentor viera a se importar tanto com a floresta e os seus povos?

Bruno era um garoto urbano, nascido no Recife, a 4 mil quilômetros do vale do Javari. Como Dom, seu histórico familiar não sugeria que um dia ele fosse se dedicar a salvar a Amazônia. O pai, Max, era um executivo de vendas numa fábrica de vidro e alumínio. A mãe trabalhava numa agência de pensões do governo. Mas os membros da família disseram que o jovem Bruno desde cedo manifestava uma ligação com a natureza. Na infância, vivia na praia de Boa Viagem, no Recife, e passava as férias no campo — em Pilar, na Paraíba, na casa dos avós maternos. A mãe lembra que ele sonhava trabalhar no interior.

Depois de se formar no ensino médio, ele ingressou num curso de jornalismo na Universidade Federal de Pernambuco — mais tarde, o interesse pela influência dos meios de comunicação fez com que se aproximasse de Dom e de outros correspondentes estrangeiros. Mas, como Dom, Bruno também largou a faculdade antes de se formar, teve uma série de empregos diferentes, inclusive no INSS no Recife, e trabalhou vários anos na Usina Hidrelétrica Balbina, no rio Uatumã, no nordeste do estado do Amazonas, onde coordenou atividades de reflorestamento e aprendeu a andar na floresta com os silvícolas.

Tornou-se uma vocação. Ele ingressou na Funai em 2010 e foi designado para o escritório de coordenação regional do vale do Javari. Entusiasmou-se por sua reputação de posto avançado remoto e desafiador, onde os grupos indígenas ainda controlavam extensas áreas de terra. Quando chegou, meteu-se em canoas que o levavam rio acima até as aldeias, contrariando os desejos de seu chefe, que queria que ele ficasse na sede em Atalaia do Norte. Incursões pelo rio Ituí foram umas de suas primeiras aventuras, com destino às aldeias do povo Marubo. Então fez uma visita aos Canamari, que o convidaram a participar de um ritual com ayahuasca.

Bruno aprendeu a se comunicar em cinco línguas indígenas: Canamari, Marubo, Matsé, Mati e Corubo, e, como observou Dom, cantava as canções das comunidades. Há vídeos dele cantarolando *"Wahananarai, Wahananarai"* com sua voz de tenor suave e um sorriso. Fez dessa canção Canamari sobre uma arara e seu filhote uma cantiga de ninar para seus filhos, aos quais deu nomes indígenas. Bruno escolheu seu grande amigo indígena Beto Marubo como padrinho dos filhos Pedro Uaqui (nome Matsé) e Luiz Vissá (nome Corubo).

"Ele era família para aquelas pessoas assim como aquelas pessoas eram família para ele", disse sua amiga próxima Helena Palmquist, jornalista e ativista pelos direitos indígenas. "Bruno era grande no tamanho, grande na risada, grande na coragem. Não aceitava um não como resposta. É por isso que podia fazer um serviço tão importante na Funai. Podia ser teimoso, mas era sempre um cara meigo."

Logo depois de chegar à região, ele conheceu brevemente sua futura companheira, a antropóloga Beatriz de Almeida Matos. Retomaram o contato alguns anos depois, quando Beatriz estava terminando suas pesquisas de doutorado e Bruno, então coordenador da agência regional da Funai, estava enxotando do escritório defensores de um líder indígena que ele denunciara por vender centenas de tartarugas. "Foi naquele período de tensão e confusão que ficamos próximos", ela me disse. "Passamos dias e dias conversando. Nós dois estávamos visitando territórios indígenas, realmente vivendo com eles e aprendendo seus costumes. Acho que as conversas comigo o ajudavam a se acalmar no meio do conflito. De algum modo deu certo. Fui morar com ele."

Nos anos seguintes, os dois iam com frequência ao vale do

Javari e às vezes passavam longos períodos nas comunidades florestais. O conhecimento deles sobre a cultura indígena aumentava, e com esse entendimento vinha um maior respeito pelos hábitos indígenas. "Quando você se engaja profundamente, acompanha expedições de caça com as mulheres e seus companheiros, então você pode ver como a relação deles com os animais e a floresta é diferente. É uma relação de coexistência, de preservação, de igualdade", explicou Beatriz. "É muito diferente da concepção europeia de dominar a natureza. É muito profunda e muito mais espiritual. Quando caçam animais, cuidam dos espíritos deles. Vim a admirá-los profundamente."

Em 2012, Bruno assumiu o cargo de coordenador regional da Funai do vale do Javari. Nos quatro anos seguintes, ele montou uma nova base de vigilância no rio Curuçá e incentivou os indígenas a votar e participar da política. Naquele ano de 2012, apenas um indígena foi eleito vereador. Quatro anos depois, foram cinco, num total de onze.

A prioridade de Bruno era a proteção dos povos isolados e recém-contatados, sempre ameaçados por posseiros, traficantes de drogas e madeireiros ilegais. Tornou-se uma paixão, disse Palmquist: "Quando íamos tomar uma cerveja, a gente nunca falava como proteger a floresta. Era sempre como impedir o genocídio". Essa distinção importante muitas vezes passava despercebida ao mundo exterior. Os ambientalistas estrangeiros tendem a ver os povos indígenas como meios para um fim — a conservação do bioma amazônico como sequestro de carbono e estabilizador climático de importância global. Mas, para aqueles que, como Bruno, trabalhavam nas aldeias, era o contrário. "Salvamos a floresta porque é o lugar onde vivem os povos indígenas", disse Palmquist.

Beatriz disse que foi isso que moldou o pensamento de Dom quanto à preservação da Amazônia e o convívio com a natureza — era uma convicção que ele queria difundir ao máximo. Esse objetivo posterior se devia à sua formação, mesmo incompleta, de jornalista. "Ele sabia da importância de divulgar para obter recursos a fim de proteger os povos isolados", relembrou a viúva. Os jornalistas estrangeiros se mostraram extremamente receptivos.

"Bruno sabia trabalhar com eles, sabia se comunicar", disse Palmquist. "Conversávamos sobre isso. Achávamos mais difícil trabalhar com a imprensa nacional por causa dos compromissos políticos e financeiros. Assim, temos de recorrer à imprensa estrangeira, embora isso também traga problemas, pois eles gostam de romantizar. A gente dizia brincando que 'eles sempre vão ao coração da Amazônia. Nunca ninguém vai ao fígado." Bruno fez grandes aliados. É aí que entra Dom. A primeira expedição em 2018 foi o começo de uma relação. "Eles eram amigos, sem dúvida", disse Beatriz. "Confiavam um no outro."

O envolvimento de Bruno com as culturas do vale do Javari e a sua vontade de trabalhar em campo e não num gabinete lhe valeram o respeito da geração mais antiga de especialistas na questão indígena, como Sydney Possuelo, o chefe anterior da Funai. Possuelo faz parte de um pequeno grupo de homens — os indigenistas — que têm um status quase mítico no Brasil, pela coragem de se aventurar pelas florestas para ter contato com as comunidades indígenas e pela firme posição moral de defender o reconhecimento de seus territórios e uma abordagem de não interferência quanto aos povos que preferem continuar em relativo isolamento. Por volta de 2015, Possuelo passou a convidar Bruno para as expedições, o que alguns viam como um gesto de ungi-lo sucessor. Três anos depois, Bruno ficou incumbido do programa do governo central para os povos isolados, assim se tornando efetivamente o líder de uma nova geração de indigenistas.

Como este livro mostrou detalhadamente, tudo mudou em 2019, quando Bolsonaro assumiu. A Funai foi desmantelada por dentro. O ex-chefe da polícia, Marcelo Xavier, foi nomeado diretor e, no ano seguinte, o evangélico radical Ricardo Lopes Dias se tornou diretor do Departamento dos Povos Isolados, com o objetivo primário de abrir a missionários áreas como o Javari.

Bruno foi posto de lado. Tirou uma longa licença e colaborou com Orlando Possuelo (filho de Sydney, então residente em Atalaia do Norte), Beto Marubo e outros para criar um novo grupo chamado "Observatório dos Direitos Humanos dos Povos Indígenas Isolados e de Recente Contato" (OPI), com representantes dos povos indígenas no vale do Javari. O grupo, formalmente criado em 2022, de fato se tornou uma segunda Funai, preenchendo um vazio de um governo que se tornara ausente. Ele organizou a equipe de vigilância para desempenhar o papel de proteção que o Estado abandonara. Além de patrulhas, o OPI mantinha programas de treinamento e usava rastreadores GPS, drones e câmeras de trilha para colher provas da presença de intrusos que entravam ilegalmente na área protegida, para pescar, caçar, escavar minas e explorar a terra em busca de minérios.

A situação estava piorando em todo o país. No primeiro ano de Bolsonaro no poder, o desmatamento amazônico atingiu o nível mais alto em mais de uma década. Milhares de garimpeiros inundaram os territórios indígenas. As invasões de áreas protegidas se tornaram mais corriqueiras. Numa mensagem que Dom me enviou em 2019, ele manifestou profundo desalento com seu país adotivo. "Em doze anos aqui, este é o fundo do poço. Nunca me senti tão desanimado quanto ao futuro deste país", ele disse.

Dom fez matérias mostrando como Bolsonaro se servia de mentiras para influenciar a opinião pública. Para que as fake news colassem, o presidente precisava eliminar quem dizia a verdade. Ele demitiu Ricardo Galvão, diretor do prestigioso Instituto Nacional de Pesquisas Espaciais, depois que o órgão publicou um relatório apontando o drástico aumento de incêndios florestais no Brasil. O presidente então acusou afrontosamente os grupos ambientais, dizendo terem sido eles os responsáveis pelo fogo das queimadas. Não havia o menor vestígio de prova para essa alegação, mas a mentira descarada agradou a suas bases e desviou a atenção da mídia dominante. Ele prosseguiu com descalabros cada vez mais absurdos. "Essa história de que a Amazônia arde em fogo é uma mentira e devemos combater isso com números verdadeiros", ele disse durante a segunda Cúpula Presidencial do Pacto de Leticia.

Os números verdadeiros, claro, continuavam a mostrar a devastação. Durante os quatro anos de Bolsonaro no poder, o desmatamento aumentou 60%, o maior já registrado num mandato presidencial. As emissões de gases de efeito estufa no Brasil tiveram um aumento de 12,2% entre 2020 e 2021, o maior registrado em dezenove anos. Enquanto isso, houve uma diminuição de 38% no número de multas por crimes ambientais. O governo de extrema direita deixava isso acontecer, e não só negava qualquer responsabilidade como alardeava acusações contra terceiros.

Num esquema para o último capítulo, Dom esboçou como abordaria a questão:

A máquina de propaganda coordenada por militantes jovens de extrema direita experientes na mídia social numa sala dentro da sede presidencial, chamada pela mídia brasileira de "Gabinete do Ódio", continua a bombardear as redes sociais. A propaganda funciona. Inúmeros brasileiros suspeitam que foram as ONGS que atearam fogo para conseguir dinheiro estrangeiro, simplesmente porque foi o que o presidente disse, sem apresentar provas. Uma velha mentira propagada a granel durante a ditadura militar brasileira [1964-85], compartilhada por Bolsonaro e ainda hoje usada por oficiais militares, é que potências estrangeiras procuram ajudar os povos indígenas a criar Estados independentes em reservas florestais para ter acesso às riquezas amazônicas.

As opiniões de Dom sobre Bolsonaro foram moldadas por suas experiências. Em julho de 2019, ele perguntou ao presidente sobre o aumento nas queimadas e recebeu uma resposta furiosa. Ele lembra a conversa da seguinte maneira:

> Como correspondente do *The Guardian*, estive numa coletiva televisionada para a mídia internacional e fiquei a duas cadeiras de Bolsonaro. Quando perguntei como ele conseguiria, em vista do aumento dos números no desmatamento amazônico, convencer o mundo de que o Brasil estava levando a sério a proteção da Amazônia, Bolsonaro se lançou a um falatório beligerante e desconexo. "Primeiro você tem de entender que a Amazônia é do Brasil, não é de vocês", ele disse, questionando os dados de desmatamento de seu próprio governo e insinuando que o técnico responsável estava sendo pago por uma ONG estrangeira. "Nós preservamos mais do que todo mundo. Nenhum país no mundo tem moral para falar sobre a Amazônia." No prazo de uma hora, o vídeo desse diálogo foi liberado num site pró-governo, com a chamada: "Bolsonaro detona jornalista estrangeiro". O vídeo viralizou, circulou por grupos do WhatsApp, foi compartilhado por políticos bolsonaristas — com 446 mil visitas no Instagram da deputada federal Joice Hasselmann. Os bolsonaristas babaram de entusiasmo. "Diga pra essa escória ir tomar naquele lugar", postou um apoiador. "Parabéns, presidente."

A pergunta de Dom também foi publicada no perfil oficial de Bolsonaro com o título de "A falsa defesa da Amazônia por outros países". Ele — então alvo do homem mais poderoso do país — me disse que estavam armando para ele e que o presidente estava tornando a vida dos jornalistas mais perigosa, numa jogada para vencer a guerra de propaganda. A questão o levou a mais uma mensagem essencial para o último capítulo do livro: "Uma mudança fundamental para proteger a Amazônia requer convencer as pessoas que isso é do interesse delas mesmas — e isso é um problema no Brasil, pois para muitos a proteção ambiental é um conceito vago facilmente distorcido por fake news e apelos ao patriotismo".

Quando as críticas internacionais se intensificaram, Bolsonaro e seus apoiadores reagiram com novas alegações falsas e declarações afrontosas que iriam certamente roubar as manchetes. Depois que o papa Francisco e outros mencionaram a "mentalidade cega e destrutiva" dos que estavam por trás da devastação das florestas tropicais, o presidente declarou, referindo-se à Amazônia: "O Brasil é uma virgem que todo tarado de fora quer". Quando o presidente francês Emmanuel Macron se mostrou indignado com o que estava ocorrendo na Amazônia, os grupos pró-Bolsonaro das redes sociais espalharam boatos sem fundamento sobre uma aliança secreta entre Macron e políticos brasileiros: "Temos traidores entre nós; eles estão numa aliança secreta com chefes estrangeiros para entregar a Amazônia a países estrangeiros". Num discurso de 2019 na Assembleia Geral da ONU, depois de um dos piores anos de queimadas na Amazônia na história recente, Bolsonaro insistiu que as florestas estavam "praticamente intactas" e acusou uma "imprensa mentirosa e sensacionalista" de exagerar a destruição delas. De todo modo, ele disse ao mundo que aquilo não era assunto dos estrangeiros, porque a Amazônia é um recurso brasileiro e não "uma herança da humanidade". Tudo isso visava gerar um distanciamento. A última coisa que o presidente brasileiro queria era uma ligação emocional entre o mundo exterior e a Floresta Amazônica, pois isso poderia interferir nos esquemas de exploração.

Bolsonaro também se valeu da Assembleia Geral da ONU para

atacar o líder indígena mais influente na Amazônia, Raoni Metuktire. Disse que ele era um fantoche de potências estrangeiras.

Seguindo a abordagem de Dom de "ouvir as vozes indígenas", fui consultar a opinião de Raoni sobre o pensamento de meu amigo. O velho Caiapó disse que Dom e Bruno eram heróis: "Eles se dedicaram à luta dos povos indígenas e ao trabalho de monitorar e proteger o nosso território. Puseram todos os seus esforços na floresta, apesar das ameaças dos traficantes de drogas e dos grileiros. Nós, Caiapó, e todos os povos indígenas do Brasil ficamos muito tristes quando soubemos da morte deles".

Quando lhe perguntei se desse crime tão hediondo poderia resultar algo de positivo, ele respondeu: "Eles deram visibilidade global à luta indígena. O mundo pôde ver o que temos de enfrentar. Vamos continuar o trabalho que eles estavam fazendo. E outras pessoas não indígenas e de coração grande vão se juntar a nós. É uma causa que todos podem abraçar".

Raoni vem fazendo campanha pela floresta ao longo de quase todos os seus 92 anos de idade. De início, ele lutava com arco e flecha, mas veio a entender que a batalha pelas ideias era muito mais importante. Com seu botoque, o colar de contas, os brincos, o cabelo grisalho esvoaçante, as declarações incisivas e a amizade com celebridades mundiais como o músico Sting, ele é provavelmente o amazônico mais conhecido do mundo. Raoni era um jovem guerreiro pintado com tinta de jenipapo quando o seu povo foi contatado no começo dos anos 1950 por invasores não indígenas, que trouxeram como presentes contas e lâminas de metal, mas deixaram doenças europeias como a malária, a gripe e o sarampo, que dizimaram a população. Nos anos 1970 e 1980, Raoni foi um dos líderes da luta muitas vezes mortal contra a estrada BR-080, os pecuaristas e a represa de Belo Monte. Foi festejado por líderes mundiais e recebido pelo papa, adquirindo um grau de prestígio e influência que desmentia os preconceitos dos inúmeros brasileiros que viam os indígenas como gente pobre e inculta. Isso ajudou os Caiapó a obter reconhecimento oficial de seus direitos territoriais numa extensa cadeia de terras protegidas, que formava a coluna de um muro de proteção de norte a sul contra o desmatamento.

Depois que Bolsonaro assumiu, Raoni sentiu que era hora de retomar essa guerra de palavras e sentimentos. "Muitos anos atrás, eu lutava em campanhas e aparecia na imprensa. Então, quando conseguimos a vitória de ter as nossas terras demarcadas, parei porque tudo parecia bem, tudo estava tranquilo", ele me disse na época. "Mas o presidente ameaça os indígenas, então voltei para lutar de novo."

Raoni exortou o mundo a mudar de curso, ou enfrentaria consequências terríveis:

Pedimos que vocês parem o que estão fazendo, parem a destruição, parem o seu ataque aos espíritos da Terra. Quando vocês derrubam as árvores, vocês agridem os espíritos dos nossos ancestrais. Quando cavam procurando minérios, vocês empalam o coração da Terra. E quando despejam venenos na terra e nos rios — produtos químicos da agricultura e mercúrio das minas de ouro —, vocês enfraquecem os espíritos, as plantas, os animais e a própria terra. Quando vocês enfraquecem a terra dessa maneira, ela começa a morrer. Se a terra morrer, se a nossa Terra morrer, nenhum de nós conseguirá viver, e todos nós também morreremos. Então por que vocês fazem isso? Podemos ver que é assim que alguns de vocês podem conseguir muito dinheiro. Na língua Caiapó, chamamos esse dinheiro de vocês de *piu caprim*, "folhas tristes", porque é uma coisa morta e inútil, e só traz estrago e tristeza... Mas essas pessoas ricas vão morrer, como todos nós vamos morrer... Vocês têm de mudar como vivem porque estão perdidos, vocês perderam o seu caminho. Por onde vocês estão indo é apenas o caminho da destruição e da morte. Para viver, precisam respeitar o mundo, as árvores, as plantas, os animais, os rios e até a própria terra. Porque todas essas coisas têm espíritos, todas essas coisas são espíritos, e sem os espíritos a Terra vai morrer, a chuva vai cessar e as plantas de comer vão murchar e morrer também. Precisamos proteger a Terra. Se não protegermos, as ventanias virão e destruirão a floresta.

Então vocês sentirão o medo que nós sentimos.

Intelectuais indígenas publicaram algumas das críticas brasileiras mais contundentes contra o capitalismo industrial. Dom, que nada tinha de socialista, pensava concluir o livro com as ideias radicais deles e suas cosmologias mais centradas na natureza.

Depois de Raoni, entre essas vozes a mais conhecida é a de Davi Kopenawa Yanomami, cujo povo habita o maior território indígena demarcado no Brasil. Para ele, a expressão "mudança climática" deveria ser redefinida como "vingança da Terra". Na batalha das ideias, ele partiu para a ofensiva, com apresentações em cidades estrangeiras, com filmes e livros. Em seu livro *A queda do céu*, assim escreve:

Antigamente, os brancos falavam de nós à nossa revelia e nossas verdadeiras palavras permaneciam escondidas na floresta. Ninguém além de nós podia escutá-las. Então, comecei a viajar para que as pessoas das cidades por sua vez as ouvissem. Onde podia, espalhei-as por suas orelhas, em suas peles de papel e nas imagens de sua televisão. Elas se propagaram para muito longe de nós e, ainda que acabemos desaparecendo mesmo, continuarão existindo longe da floresta. Ninguém poderá apagá-las. Muitos brancos agora as conhecem. Ao ouvi-las, começaram a pensar: "Foi um filho dos antigos habitantes da floresta que nos falou".

Outro grande filósofo e crítico indígena da cultura "branca" com quem Dom pretendia falar era Ailton Krenak, cujo povo foi pavorosamente afetado pelo rompimento da barragem em Mariana. Krenak, que também é membro da Academia Brasileira de Letras, chama o capitalismo de "máquina de fazer coisas" e o considera responsável por múltiplas crises ambientais e espirituais. Os povos indígenas ainda estariam no mundo porque escaparam a esse sistema e aprenderam a viver com um apocalipse quase constante, que remonta à chegada dos primeiros colonizadores europeus nas Américas. Hoje, "mesmo que tardiamente, está sendo despertada uma consciência de que os povos originários, em diferentes lugares do mundo, ainda guardam vivências preciosas que podem ser compartilhadas — eles também estão ameaçados", observou ele no seu livro *A vida não é útil*. "Ou você ouve a voz de todos os outros seres que habitam o planeta junto com você, ou faz guerra contra a vida na Terra."

Eu me pergunto o que Dom escreveria sobre os anos pós-Bolsonaro. Desde que ele e Bruno morreram, têm ocorrido alguns sinais positivos de mudança. Em 2023, Lula prometeu desmatamento zero até o final da década, nomeou a primeira ministra indígena do Brasil, Sônia Guajajara, reconheceu oito novos territórios indígenas, começou a tomar providências para uma bioeconomia e viu sua ministra do Meio Ambiente, Marina Silva, adiar a aprovação da exploração de petróleo perto da foz do rio Amazonas e de uma nova licença para a represa hidrelétrica de Belo Monte. O Estado voltou a afirmar a sua presença.

Foi um avanço, embora irregular e nem de longe suficiente. Grupos indígenas no vale do Javari não acusaram nenhuma melhoria concreta. Em outros lugares, alguns problemas pioraram. O Congresso, dominado pela bancada ruralista, agiu para limitar futuras demarcações de terra e tentou fazer avançar novos megaprojetos, inclusive uma grande ampliação da BR-319 atravessando uma das últimas áreas de floresta tropical virgem, uma nova ferrovia para transportar soja de terras desmatadas e novas explorações de petróleo perto da foz do Amazonas. Lula fez pouco para impedir, chegando a incentivar ativamente algumas dessas propostas. Como muitos da esquerda tradicional, suas inclinações se formaram numa época de bombeamento de petróleo e concretagem. A conservação e o clima não são coisas que lhe ocorram naturalmente.

Isso serve para lembrar, caso seja necessário, que as políticas de comando e controle conduzidas pelo governo são importantes, mas limitadas. Ainda que reduzido a uma impressionante proporção de 50%, o desmatamento apenas diminuiu o ritmo da destruição. A Amazônia continua a se aproximar mais e mais de um ponto de inflexão. O aquecimento global atingiu níveis recordes. A pior seca de que se tem memória, e que persiste enquanto estamos escrevendo, vem acarretando baixas recordes aos níveis dos rios, interrompendo cadeias de abastecimento e provocando mortes incontáveis de espécies, inclusive mais de duzentos golfinhos já ameaçados de extinção do rio Amazonas nas águas rasas e poluídas do lago Tefé no estado do Amazonas. A extrema secura criou mais combustível para os incêndios florestais, que voltaram a disparar furiosamente em 2024. As comunidades indígenas seguem se desintegrando, com a sua cultura e valores tradicionais sob o ataque não só das invasões de garimpeiros e madeireiros, mas também com a difusão de ideias externas homogeneizadoras por meio da Starlink, provedor de internet por satélite do bilionário sul-africano naturalizado americano Elon Musk, espalhando toneladas de fake news por aldeias distantes, além de propiciar novas possibilidades benfazejas para uma ação conjunta para afastar invasores, combater incêndios e lidar com emergências sanitárias.

Para que a floresta e seus povos resistam e mantenham a diversidade, a independência e a cultura tradicional, é necessária uma transformação mais profunda. Há sinais encorajadores na ascensão ao poder de uma nova geração de mulheres indígenas, incluindo Sônia Guajajara, Joênia Wapichana, Célia Xakriabá e Juma Xipaya. No fronte da educação e da política, as viúvas de Dom e Bruno se somaram à nova geração de ativistas. Após a morte do marido, Alê criou o Instituto Dom Phillips para honrar o seu legado por meio de intercâmbios escolares. "Não queremos ficar paralisados na dor e na frustração. Queremos avançar", ela disse a meu colega Tom Phillips do *The Guardian*, depois de uma viagem pelo rio Itaquaí para visitar o monumento a seu marido e a Bruno. "Temos de transformar essa dor num movimento positivo — e dar um novo sentido a tudo o que aconteceu... Acho que, se Dom estivesse aqui falando agora comigo, ele diria: 'Vai, Alê, siga em frente, aprenda mais, faça contatos, ajude a divulgar essa mensagem sobre essa coisa incrível que é a Amazônia e todas as suas belezas.'"

Beatriz Matos ingressou no governo brasileiro como diretora do Departamento de Proteção Territorial dos Povos Indígenas Isolados e de Recente Contato, no Ministério dos Povos Indígenas, onde trabalha com algumas pessoas da mesma equipe de Bruno. A mensagem que ela tenta transmitir é que os povos isolados são importantes porque, mais do que uma relação com as pessoas das cidades, eles valorizam a relação com a floresta:

A autonomia deles é importante. Não é que eles não saibam que nós existimos. Eles sabem e sofreram traumas por causa disso. Alguns foram quase eliminados. Devemos proteger o direito deles a essa decisão [de ficar isolados] em si e por si. Mas também precisamos ter consciência de que a presença desses povos é a razão pela qual o território indígena do vale do Javari é tão grande... Existe uma quantidade crescente de indícios arqueológicos de que a

Amazônia era o jardim deles. Não um jardim como os da França, mas um jardim em estilo indígena. Um que tinha abundância de frutas e áreas para caçar. Não baseado na dominação de uma espécie sobre outra. Mas uma forma de viver com respeito pelos outros. Não é uma Disney ou uma fantasia de todo mundo vivendo em harmonia. Há lutas constantes. Há morte. Mas não é uma guerra. É uma forma de convivência com milhões de outras espécies... Não se trata só da gente. Precisamos aprender a viver com outros. Para salvar a Amazônia, precisamos criar condições para os indígenas serem eles mesmos. Para mim, é essencial trabalhar com povos indígenas para que eles façam o que vêm fazendo há dezenas de milhares de anos.

Nisso ela é guiada por um dos pensadores mais originais do Brasil, o arqueólogo Eduardo Góes Neves, que subverteu o senso comum sobre os povos indígenas. Suas ideias revolucionaram o modo de pensar de uma nova geração de arqueólogos e forneceram ao mundo uma nova perspectiva sobre a história das civilizações indígenas na Amazônia — em que são retratadas não só como povos coletores-caçadores, mas como jardineiros e técnicos da floresta tropical. Essa é a base para uma maneira totalmente inovadora de pensar a Amazônia e os seus povos. Em vez do conceito colonial e da época da ditadura militar, que via a Amazônia como uma área selvagem escassamente povoada, a reconstituição de Neves revela sociedades complexas que criaram uma infraestrutura natural e uma floresta diversificada que foram muito mais influenciadas pelos seres humanos do que pensa a maioria das pessoas. Eram sociedades altamente produtivas, mas não ao estilo monomaníaco e destrutivo do capitalismo moderno. O que elas produziam era mais vida, mais abundância e mais diversidade.

Quando os primeiros colonizadores europeus chegaram no começo do século XVI, a população amazônica, segundo as estimativas de Neves, era de cerca de 10 milhões de pessoas e o tempo médio de vida era mais alto do que o da Europa. Havia milhares de aldeias e diversas cidades. Rotas comerciais atravessavam sinuosamente a floresta e transpunham os Andes, conectando com os incas. Vivendo pelo menos 13 mil anos na floresta, esses grupos indígenas desenvolveram uma rica heterogeneidade cultural. Cada uma das centenas de comunidades e povos diferentes tinha um estilo de olaria e, muitas vezes, uma língua própria. Isso se mantém até hoje, e existem de 180 a trezentas línguas que são faladas na Amazônia. Neves crê que isso se deve ao valor que os povos davam à diversidade em si. Era essencial para a identidade deles.

Neves e sua equipe de arqueólogos identificaram até agora 6 mil sítios na Amazônia e continuam a encontrar outros mais. Não é empresa fácil, tampouco glamorosa e "digna de nota" como o modelo colonial clássico de exploração em busca de estátuas, construções, ornamentos ou uma profusão de joias, celebrizado em filmes como *Indiana Jones*. A acumulação de riquezas e tesouros não é importante em muitos dos sistemas amazônicos de crenças, para desalento dos vários exploradores ocidentais que vinham procurar cidades de ouro escondidas. Na cultura Yanomami, por exemplo, quando alguém morre, todos os seus bens são queimados ou descartados. Tudo volta para o lugar de onde veio. Não é acumulado e transmitido para a geração seguinte. Assim, em vez de caçar tesouros enterrados, os arqueólogos amazônicos precisam procurar sinais de interações humanas com a natureza. Rastreiam relações, tanto quanto objetos.

As evidências muitas vezes aparecem sob a forma de um solo escuro criado por anos de cultivo, que pode ser encontrado em 2% a 3% da Amazônia. Ou podem ser inferidas da presença de espécies vegetais ultradominantes, que sugerem uma intervenção humana no trato das árvores e arbustos que podem ser usados na alimentação, na medicina ou nos rituais. Neves calcula que metade de todas as árvores na Amazônia tem alguma ligação com as práticas de gestão indígena. "A própria estrutura da floresta é uma consequência da intervenção indígena ao longo dos milênios." Essa análise não poderia estar mais distante dos argumentos da época da ditadura, segundo os quais a Amazônia seria um "inferno verde" e uma "terra de ninguém". Pelo contrário, as teorias de Neves contestam energicamente os limites ameaçadores do capitalismo contemporâneo. Na Amazônia a arquitetura era mesclada à natureza, as economias se baseavam na abundância geral e não na riqueza de poucos, as identidades se concentravam na diversidade e nas relações familiares com um ecossistema inteiro. Todos eles são conceitos radicais e altamente sofisticados, que evoluíram com o tempo, com pequenas variações de uma comunidade a outra e de região a região. Eram o contrário de dogmas. A floresta estava sempre mudando, e assim a vida e o pensamento de seus habitantes também tinham de se adaptar.

Esse aspecto parecia ser muitas vezes desconsiderado por aqueles que — geralmente por razões políticas ou coloniais — tendiam a ver a cultura indígena como atrasada ou parada no tempo, e aqueles que romantizavam os "nobres selvagens" como símbolos de uma era pré-industrial e pré-colonial. Na verdade, os povos originários da Amazônia ajudaram a moldar o seu meio ambiente segundo um pensamento muito mais avançado em termos de sustentabilidade do que qualquer atitude ditada pelas economias ocidentais nos últimos duzentos anos. Apenas tardiamente a ciência vem reconhecendo que a demarcação de territórios indígenas é a maneira mais eficiente em termos de custo-benefício de armazenar o carbono e proteger a biodiversidade. Isso porque as comunidades moradoras na floresta vivem há milênios como parte da natureza, e seus costumes e cosmologias se concentram nos cuidados com o hábitat. Em todo o globo, o desmatamento e a degradação são sistematicamente menores em florestas geridas pela comunidade do que nas áreas sem proteção ou gestão.

Isso não quer dizer que exista apenas uma única prática indígena, ou que todas as suas ideias devam ser adotadas, ou que os moradores urbanos precisem voltar a uma vida de coletores-caçadores. E tampouco significa que os povos indígenas não podem adotar novos conceitos e tecnologias. Isso é o que demonstra o amplo uso da internet via satélite Starlink na Amazônia, bem como a proliferação de influenciadores indígenas nas redes sociais. As redes sociais não se limitam a espalhar fake news: elas também possibilitam uma ação comunitária. Alguns ativistas ambientais creem que uma combinação entre o conhecimento indígena e essa nova tecnologia pode ser a grande fonte de esperança para as múltiplas crises do mundo. A esperança deles é que as comunicações modernas, em vez de monetizar a floresta, possam ser usadas para amazonizar o mundo.

Esse é ainda um sonho utópico, mas ilustra uma questão mais ampla referente à mistura e à composição de ideias, ouvindo os que melhor conhecem a floresta e reconhecendo que a força reside na diversidade. Essa própria mensagem amazônica é uma alternativa saudável e animadora à tendência de homogeneizar a produção em nome da eficiência econômica, uma tendência que destrói a terra e a alma.

Havia ainda uma última pista a rastrear. Eu seguira o preceito de Dom — "ouvir os povos indígenas" —, mas ainda não descobrira o que ele queria dizer com as anotações "Acaba com a cena em Medicilândia?" e "Fecha com o dia com os estudantes e o professor". Por mais de um ano, refleti sobre essa pergunta sem chegar a lugar nenhum. Então recebi uma dica. O jornalista brasileiro Daniel Camargos me falou de um motorista que Dom havia contratado por ocasião de sua viagem épica pela Transamazônica para visitar Anapu, Altamira e outros locais mais adiante. Ele me passou o contato. Afinal se revelou que o motorista e Dom tinham ido a Medicilândia, no Pará. Elio Gomes Silva, ou apenas Elio, como o conheciam, era um professor que complementava a renda trabalhando como guia e motorista para jornalistas estrangeiros. Falou de Dom com afeto e contou animado a viagem que fizeram juntos, os dois e mais um professor universitário (que fora seu aluno quando menino) e três estudantes desse professor. A solução do enigma começava a tomar forma.

O professor topou me levar aos lugares que haviam visitado juntos. Antes de partirmos, ele me enviou o link de um vídeo do professor Anderson Serra e as estudantes Thais Santos Souza, Nayara Souza Dias e Adayciane de Sousa, a respeito da viagem com Dom. Falaram do "jornalista britânico Dominic" e dos agricultores inspiradores que conheceram em Medicilândia, homens que haviam desenvolvido uma relação extremamente sensível com a floresta a partir de um modelo mais sustentável de agricultura familiar. Comecei a perceber por que Dom pensava que isso se relacionasse com "educação e novo modo de pensar", temas com os quais ele queria encerrar o livro. Mas como ele o faria?

Partimos cedo pela Transamazônica para tentar descobrir. Durante o percurso, meu guia contou casos em que Dom cobrira protestos de pequenos sitiantes em Anapu. Falamos de religião e da tenebrosa revelação recente de que o assassino do ambientalista Chico Mendes tinha mudado de nome e se reinventado como pastor evangélico em Medicilândia. Sua verdadeira identidade só fora exposta quando ele tentou concorrer como candidato pelo Partido Liberal, a legenda de extrema direita de Bolsonaro. "Os criminosos usam a religião para limpar o nome", ele me disse. "E os evangélicos se tornaram muito políticos. Só se importam com o acesso, principalmente aos territórios indígenas."

Medicilândia se anunciava com uma faixa enorme na estrada: "A Capital do Cacau". A cidade de 27 mil habitantes tinha o nome do general mais assassino da ditadura brasileira, Emílio Garrastazu Médici, presidente de 1969 a 1974, quando a Amazônia foi aberta para a colonização. Hoje a comunidade prefere se identificar com o produto primário da região — o cacau, principal ingrediente do chocolate e, durante milênios, elemento central da cultura mesoamericana. Como demonstraram as descobertas arqueológicas de Neves, o cacau foi domesticado por comunidades indígenas em muitas partes da Amazônia e se tornou uma das espécies hiperabundantes que definem a floresta. Os colonos, porém, o converteram em mais um meio de destruição. Querendo aumentar o rendimento do plantio e obter lucros maiores, a maioria o cultiva como monocultura ao longo da estrada que atravessa a cidade com árvores frondosas e de folhas brilhantes.

Nosso objetivo era conhecer dois agricultores que estavam fazendo as coisas de outra maneira. O sítio de Darcírio Wronski ficava poucos minutos depois que a pista de asfalto voltava a ser uma estrada de terra, e era antecedido pela placa "Chocolates Dona Rosa", em cores vivas, uma referência a sua esposa. Depois de intermináveis quilômetros de pastagens e monoculturas, a fazenda deles era uma área de refrescante diversidade que ainda parecia uma floresta. Entre os cacaueiros havia ipês e castanheiras-do--pará enormes, que forneciam sombra e proteção contra o vento. A casa se aninhava na vegetação, sem se impor sobre o terreno. Era, por opção própria, uma construção modesta. A família provavelmente poderia ter uma casa maior, tendo o preço do cacau triplicado no ano anterior, e, como um dos primeiros produtores da região a obter certificação orgânica e receber prêmios internacionais pela qualidade, eles podiam cobrar mais por seus produtos. Mas Wronski, homem com 75 anos de idade e olhos faiscantes, disse que nunca foi uma questão de prestígio ou de dinheiro;

desde que chegara lá, vindo do estado sulino do Paraná nos anos 1970, sempre tentara fazer as coisas de outro jeito.

Na hora em que pus as mãos nessa terra vermelha, vi que esse era o lugar para mim. Comecei com cana-de-açúcar, mas, ao contrário dos meus vizinhos, não limpei toda a terra. Plantei árvores porque queria diversidade. Aprendi isso com os Caingangue na minha cidade no Paraná. Eu trabalhava numa clínica e passava muito tempo com eles. Jogava futebol com eles. Gostava do que eles faziam. Plantavam sem queimar. Cuidavam da floresta e da água. Contei isso para o Dom quando ele esteve aqui com o professor.

Agora eu via o elo entre "ouvir os indígenas" e "a cena em Medicilândia com o professor e os estudantes".

Wronski também tinha promovido a educação como instrumento fundamental para a mudança. Como presidente da maior entidade de agricultores familiares, a Associação de Casas Familiares Rurais, que abarcava toda a Região Norte do Brasil, abrangendo vários estados amazônicos, ele criou uma rede de institutos educacionais que enviavam jovens a fazendas com procedimentos inovadores e experimentais, a fim de que aprendessem. Muitos assim se sentiram incentivados e inspirados a tentar a agrofloresta biodiversa.

A agrofloresta biodiversa se difundiu apenas parcialmente. A maioria dos colonos ainda preferia a monocultura ou a pecuária, as quais dependiam de queimadas para que se abrissem clareiras na floresta. Wronski deplorava as consequências. Disse que dava para sentir a mudança no clima. "A gente tinha uma chuva silenciosa durante o ano todo; agora temos longos períodos de seca, e a chuva, quando vem, faz barulho. Vem com vento e trovoada", disse ele entristecido. "Não entendo a cabeça de algumas pessoas. A destruição da Amazônia é um dos maiores crimes na história do mundo. É melhor ter uma floresta saudável e um clima bom. A gente se sente mais feliz e mais puro. Plantio é vida."

Nossa última visita foi a seu aliado mais próximo na região. José Osmar Couto, ou Zé Gaúcho, como era mais conhecido, hoje com 81 anos, era outro pioneiro da agroflorestal que Dom citou em suas notas como "o cara que seguiu seu próprio caminho". Ele também subira até a Amazônia, em 1971, com base numa promessa do governo de doar terras, dirigindo durante trinta dias desde Porto Alegre, com dois amigos, uma caminhonete que agora estava parada enferrujando no seu lote de 276 hectares, 45% dos quais eram floresta, enquanto o restante era cacau junto com árvores mais altas. Ele foi o primeiro na região a abolir pesticidas e resistiu a uma sugestão do governo de intercalar o cacau com gemelina, uma espécie não nativa. Optou pelo mogno, mesmo sabendo que era protegido e nunca poderia servir para a extração.

Zé Gaúcho me mostrou sua terra. Sem usar produtos químicos, protegendo as nascentes e introduzindo uma técnica agroflorestal diversificada, ele havia provado que era possível agir corretamente e prosperar como agricultor. O professor Anderson Serra elogiou esse exemplo para os estudantes. E Dom tinha ficado visivelmente impressionado. Meu velho amigo havia escrito no livro de visitas do Zé Gaúcho, com seus habituais garranchos: "28/8/2021 Dom Phillips, jornalista inglês. Linda floresta que Sr. cresceu".

Fiquei comovido ao ver a letra de Dom naquele livro. Lembrei de sua postagem "Amazônia, sua linda" antes de ser morto. Pude imaginar como ele devia ter se sentido encorajado ao ver um exemplo tão positivo — não só por si mesmo, mas pelos olhos dos jovens estudantes que estavam lá com o professor. Mesmo entre a vasta destruição de Medicilândia e de toda a região da Transamazônica, aqui estava a prova de que, se as pessoas se tornassem mais abertas, se ouvissem os indígenas, era possível fazer as coisas de outra maneira. Então, em vez de uma guerra, talvez pudesse se estabelecer uma relação.

Parecia ser isso o que Dom queria alcançar com este livro. Escreveu na proposta:

> À medida que o leitor conhecer as pessoas que estão vivendo com as consequências imediatas da política local e internacional na Amazônia, ele verá como as vidas dessas pessoas estão interligadas com as nossas, como os incêndios que ardem e as árvores que caem na floresta tropical afetam o planeta inteiro, e como as decisões que tomamos no nível local e nacional nos nossos países podem realmente ajudar a salvar a Amazônia.

A batalha amazônica central era pela conquista dos corações e mentes. Claro que a defesa do território era um primeiro passo essencial. O apoio do governo então poderia retardar a destruição. Dar transparência às cadeias de fornecimento de carne e soja ajudaria. E também repensar os projetos de infraestrutura destrutivos. Dar mais valor às florestas vivas do que às mortas mudaria o jogo. A obtenção de financiamentos internacionais aceleraria a transição para um futuro sustentável. O ecoturismo e os impostos sobre o carbono poderiam desempenhar um papel relevante. A exigência de que as empresas farmacêuticas globais compartilhassem os benefícios da biodiversidade incentivaria a conservação e ajudaria os meios de subsistência. Mas, para que todas essas ideias funcionassem, o mais importante seria uma forma mais sadia de pensar a floresta. Era uma questão de ouvir, de construir uma nova relação com a natureza. Ou, melhor ainda, de redescobrir as virtudes de uma antiga relação. Não precisava ser uma coisa complicada. Podia ser instintiva. Podia ser a sensação de prazer em ver o mundo como ele devia ser. Podia até começar com uma simples expressão de alegria: Amazônia, sua linda!

Posfácio

Ouça a floresta: Uma inspiração indígena

Beto Marubo* e Helena Palmquist**

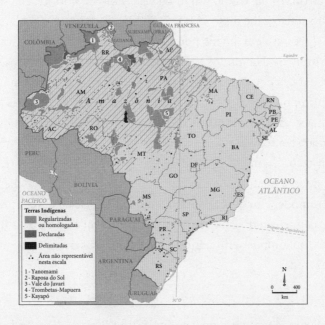

* Beto Marubo nasceu no vale do Javari. Desde o início de 2018, seus povos indígenas o escolheram como seu representante em conversas com instituições do Estado. Por mais de duas décadas, ele também trabalhou como coordenador dos programas de proteção etnoambiental projetados para proteger povos que vivem em isolamento voluntário.
** Helena Palmquist é escritora e ativista amazônica. Nascida em Roraima e criada em Belém, trabalhou com questões indígenas e ambientais ao longo de sua carreira como jornalista e antropóloga, tanto no Judiciário como servidora pública quanto na sociedade como defensora dos direitos dos povos indígenas isolados.

"MAIS DO QUE ESPECIALISTAS EXTERNOS, SÃO OS POVOS QUE SEMEARAM E PROTEGERAM ESSAS FLORESTAS POR MILÊNIOS QUE TÊM AS RESPOSTAS."

"Uma grande pretensão."

Foi isso que eu disse a Dom Phillips quando ele me falou pela primeira vez de seu plano de escrever um livro sobre como salvar a Amazônia. Como um indígena criado na floresta, eu estava muito cético e lhe disse: "Mas você é estrangeiro!".

Eu estava em dúvida porque a floresta está farta de "salvadores" brancos. Há muitos acadêmicos e especialistas brancos que vêm para cá e depois voltam para casa e escrevem livros para seu próprio povo. Esses livros não fazem nada por nós. Às vezes pioram as coisas. Os acadêmicos e especialistas precisam mudar a maneira como falam com as pessoas. Precisam nos ajudar a transmitir o conhecimento que acumulamos a respeito da floresta.

Mas, à medida que fui conhecendo Dom, ele parecia diferente. Humilde. Honesto. Sua ideia era ouvir aqueles que vêm protegendo, manejando e plantando a floresta há milênios: povos indígenas, quilombolas, ribeirinhos, movimentos sociais e ambientais, amazônidas.

Dom já conhecia meu amigo Bruno Pereira. "Ele cuida dos povos indígenas como se fossem seus irmãos", disse Dom. A frase ficou em minha memória.

Eu considerava Bruno Pereira meu "irmão branco". Ele era um indigenista metódico e cuidadoso, mas, acima de tudo, adorava estar no mato e conviver com os indígenas. Isso fazia dele uma pessoa de rara sensibilidade no Brasil, porque a verdade é que ainda não conseguimos conscientizar nossa própria sociedade, e nem todos os amazônidas estão convencidos da importância das florestas. É um pouco doentio que pessoas como nós precisem de gente como Bruno e Dom para continuar tentando convencer os brasileiros de que nosso futuro depende da Amazônia.

Meu povo é o Marubo, uma das sete etnias que habitam o vale do Javari. Na minha comunidade, o meu nome é Wino Këayshëni e sou originário de uma região localizada nas nascentes de um dos principais rios que cortam o vale do Javari, o Curuçá. Meus ancestrais viveram nessa região por séculos, segundo a nossa história. Moro em Maronal, uma das 59 comunidades indígenas do vale do Javari, onde vivem também os Marubo, Mayoruna, Matis, Kanamary, Kulina-Pano, os recém-contatados Korubo e Tsohón-Djapá.

Além dos sete povos que já se relacionam com a sociedade ao redor, há mais dezesseis grupos "isolados" que não mantêm interações permanentes com a sociedade não indígena. São os chamados "índios isolados", vivem de acordo com seus costumes ancestrais e dependem dos ecossistemas florestais. Eles obtêm alimento, água, refúgio, ferramentas, adornos e remédios diretamente da floresta. E têm uma capacidade incrível de se orientar, de percorrer longas distâncias seguindo um GPS interno que muitos de nós perdemos. Antes, todos os povos indígenas viviam assim na Amazônia. Minha terra é de vital importância para a sobrevivência dessa gente, porque, segundo dados oficiais, é o lugar do planeta com a maior concentração de grupos vivendo em isolamento voluntário.

Ao longo da vida, tornei-me porta-voz dos direitos de meus parentes — assim nos referimos a outros indígenas no Brasil — e também dos isolados do Javari. Desde o início de 2018, por decisão dos povos do vale do Javari, passei a representar o Movimento Indígena fora da Terra Indígena Vale do Javari, tendo a incumbência de articular os interesses e as demandas dos povos indígenas junto às instituições do Estado que têm influência no cotidiano das nossas comunidades. Além disso, desde 2003 atuo como um dos operadores da política oficial do não contato e fui coordenador de dois programas de proteção etnoambientais — unidades da Funai especializadas na proteção dos índios isolados —, causa na qual eu venho atuando, na prática, por pelo menos duas décadas. Trata-se de povos que no decorrer dos séculos preferiram se manter autônomos em seus territórios, embora essa condição os torne muito vulneráveis. Em geral essa escolha se deveu a algum trauma de contato, consolidando o "isolamento" em regiões remotas e de difícil acesso.

É devido à presença deles que nós, indígenas do vale do Javari, habitamos a segunda maior Terra Indígena do país, e uma das maiores reservas de floresta tropical intactas do planeta. É no nosso território que encontramos refúgio contra as doenças, a pobreza e o racismo que marcam a convivência dos povos indígenas com a sociedade brasileira. Por isso, considero os direitos desses grupos isolados e a proteção de todos os territórios indígenas do país fundamentais para a sobrevivência de nossas florestas e, em última instância, do planeta.

Presenciei o primeiro contato de um grupo isolado com o mundo exterior. Lembro de um idoso chamado Pëshkén, dos Korubo, que se aproximou e me perguntou o que eram aquelas coisas que faziam barulho no céu. Disse que ouvia o barulho quando mais jovem, mas que depois começou a escutar cada vez mais o "redemoinho forte" passando em cima da aldeia. Tentei explicar que eram os aviões que sobrevoavam o vale do Javari, mas ele não conseguia assimilar. Tentei usar um exemplo mais próximo do seu cotidiano e falei que era uma "canoa que voava". Ele me olhava incrédulo enquanto eu explicava que aquelas canoas transportavam os brancos para terras distantes e muitas delas carregavam mais gente do que os habitantes da sua aldeia. Pëshkén me disse que estava preocupado porque os homens brancos estavam se aproximando cada vez mais. Contou que era comum encontrar vestígios de caçadores e pescadores. Parecia confuso e não sabia como reagir. Perguntou: "Quem são esses brancos? Eles são homens bons?". E eu tive de lhe dizer: "Não, eles não são bons. Eles trazem o fim do mundo com eles".

O contato forçado foi, por quase quinhentos anos, a política do Brasil em relação aos povos indígenas. A sociedade brasileira viu povos inteiros desaparecerem até que, na geração anterior à minha, decidimos que já havíamos visto muitos indígenas morrerem. Assim, passamos a respeitar o direito dos povos isolados à autodeterminação e a evitar o contato com outros e, em nome desse direito, buscar a proteção de territórios. Com a promulgação da Constituição Federal de 1988, após a ditadura militar, isso se tornou política de Estado.

O reconhecimento dos direitos indígenas na década de 1980 foi adotado por vários países amazônicos e pela comunidade internacional, que se conscientizaram do papel de nosso povo na conservação dos ecossistemas. Hoje as Terras Indígenas são reconhecidas como os melhores exemplos de proteção florestal, cruciais para manter o equilíbrio climático do Brasil e do planeta e evitar a perda de biodiversidade que também nos ameaça. Nós, povos indígenas, defendemos essas florestas com nossas vidas, porque para nós elas são a vida.

Aprendi o valor das florestas ainda criança, quando morava com os idosos no Javari. Eles estavam sempre preocupados e falavam da importância da nossa mãe, a terra e os seres que vivem nela, o que os de fora chamam de biodiversidade. Nosso cotidiano na aldeia sempre teve esse lema em mente. Os mais velhos falavam para os mais novos: "Quando vocês crescerem, pensem nos seus netos, que vão precisar ter queixada (Tayassu Pecari, o porco da Amazônia) para caçar aqui na floresta. Nós não temos um mercadinho na esquina como os Nawa", como são chamados os não indígenas nas línguas Pano do vale do Javari.

Era um aviso de cautela para nós, jovens entusiasmados que estavam aprendendo a caçar, em uma época em que a caça começava a ser feita com armas de fogo em vez de flechas. Como a munição era cara, os mais jovens recebiam flechas, o que tornava a tarefa muito mais difícil. De cada dez flechas, três acertavam o alvo, sobretudo quando caçávamos macacos. Era uma época em que o Javari tinha muito jacu, inambuí, mutum, aves apreciadas para assar. Quando a gente podia caçar com arma de fogo, bastava um tiro. E aí os velhos, lá pelos anos 1990, ficaram preocupados e explicaram a importância de caçar só o necessário, para proteger a terra, as águas, as pedras, a floresta e os animais, o que os cientistas de fora chamam de ecossistemas.

Quando íamos caçar queixadas, os anciãos sempre nos alertavam para não abater as mães e os bebês, somente os mais velhos e maiores. Menores e mães, nunca. A mesma coisa com as antas. Eles levavam essa regra muito a sério e nos ensinavam. As mulheres, quando cuidavam das plantas, seguiam a mesma lógica. Nossas tias iam para a roça e nós, meninos, carregávamos cachos de banana e mandioca. E o que os velhos diziam sobre os animais as mulheres também diziam na roça. Não era para cortar o buriti, porque ele era usado para extrair o vinho. Se cortado, morre. Era preciso tirar os frutos, deixando as árvores intactas. Do mesmo modo como a gente faz com o açaí, para ter sempre. Com o tucum, usado para tecer redes, o manejo é difícil. É preciso subir em duas árvores ao mesmo tempo para chegar ao topo e retirar as fibras jovens, que são melhores para a tecelagem. Seria muito mais fácil cortar as árvores, mas aí o tucum acabaria.

Nós, indígenas da Amazônia, não vemos a terra, a água, os animais e as plantas como recursos. A terra e as águas são mãe e pai, o berço onde toda a vida nasce e se sustenta. Para nós, é impensável que a terra seja propriedade de uma única pessoa, pois ela é a sobrevivência de todos. Não imaginamos que as águas possam ser poluídas, desviadas, bloqueadas para gerar lucro para alguém. Caçamos e comemos, mas não consideramos os animais inferiores ou menos inteligentes do que nós. Entendemos que as plantas são seres de grande sabedoria, que nos dão abrigo, alimento, remédio, alegria e muitas vezes são testemunhas de nossa passagem pela vida, como uma samaúma que vive 150, duzentos anos e vê várias gerações de indígenas brincando entre suas raízes majestosas.

Não é assim que os Nawa pensam. Eles olham para as árvores e calculam quantas tábuas podem ser arrancadas. Ignoram as maneiras de fazer hortas e jardins, nos quais podemos cultivar muitos alimentos diferentes, uma planta ajudando a outra a crescer e tudo isso nos tornando mais saudáveis. Querem plantar uma única espécie em fazendas a centenas de quilômetros de distância, matando o solo para extrair dinheiro em vez de alimentos. Quando caçam, empilham dezenas de corpos de animais da mesma espécie para vender e obter mais lucro. Criam documentos falsos para se declararem proprietários de terras em que nunca pisaram. Olham para os imensos rios amazônicos e pensam em todas as maneiras de desviá-los de seus cursos para ganhar dinheiro.

É por isso que os dilemas que enfrentamos na Amazônia e no Javari são agora mais graves. O crime organizado cerca nosso território e muitas vezes o invade, para tirar madeira e caçar, para instalar minas de ouro devastadoras, para a pesca ilegal. É por isso que Bruno e Dom foram brutalmente assassinados. As impressões digitais do crime organizado, que também envolve políticos e forças de segurança, estão por toda parte nessa tragédia em que perdemos duas pessoas tão importantes para o nosso país e para a Amazônia.

O problema é de tempo e escala. Os Nawa sempre vão querer

escala, um volume muito maior de recursos que possa gerar lucros. É por isso que Bruno lutou contra a pesca ilegal, viu aqueles barcos saindo do nosso território com centenas de toneladas de pirarucu e precisou conter a destruição. E o tempo também conta muito, porque o que uma aldeia consome ao longo de um ano não é o mesmo volume que será consumido na cidade.

Na questão amazônica, temos que ter muito cuidado para evitar a armadilha retórica de que os indígenas precisam de dinheiro, de produção. É o discurso da extrema direita, dos ruralistas, dos latifundiários, feito para vender, ou arrendar, como chamam hoje, as Terras Indígenas. É destruir a terra com a justificativa de que os indígenas precisam de dinheiro. Não podemos cair nessa, o que precisamos é de boas políticas públicas. As autoridades deveriam ouvir as poucas entidades que realmente conhecem a Amazônia. Ao contrário do que foi dito durante o governo Bolsonaro, as ONGs conhecem muito bem a região. Elas estão na floresta, junto com seus moradores.

Antes, a Fundação Nacional dos Povos Indígenas tinha esse papel de intermediária, mas com a reestruturação de 2009, quando os cargos dentro das Terras Indígenas foram extintos, quase todos os funcionários se retiraram do campo e foram para as cidades. E quem ficou na floresta foram apenas as organizações não governamentais e nós, indígenas e ribeirinhos. Vemos soluções sendo propostas, mas o que nunca vemos são propostas que vêm dos próprios moradores da Amazônia. As soluções são impostas de fora e essa era a preocupação de Dom Phillips. É a minha preocupação também.

Você chega a uma comunidade muito isolada e encontra alguém de uma ONG ou de um movimento social bebendo caxiri ou rapé com os indígenas. Mas não encontra o pessoal de planejamento, desenvolvimento e economia do governo. Você passa dez dias em uma canoa e encontra alguém da sociedade civil da aldeia, nunca alguém do governo. E as ideias malucas e terríveis vêm do governo, porque é uma nova tendência, porque algum economista europeu, alguém do mercado achou interessante. Até mesmo os créditos de carbono, que são tão questionados, poderiam ser interessantes se pensados com a consulta local e o controle participativo, mas não é isso que estamos vendo acontecer.

Os caubóis do carbono chegam em helicópteros, oferecendo somas fabulosas para os líderes assinarem. São milhões de dólares. E os parentes, vivendo em dificuldades, são quase coagidos a assinar. As empresas europeias já chegaram ao Javari e estão criando um problema sério de autonomia. Como vamos consultar os isolados sobre o que eles acham disso? Portanto, é uma proposta que, se não for pensada de uma forma completamente diferente, será mais uma questão que causará conflitos dentro das aldeias e Terras Indígenas. Terá o mesmo efeito do dinheiro do ouro ou da pesca ilegal.

Precisamos ser representados. Mas a política é controlada por poderosos interesses agrícolas e de mineração. O Brasil é dominado por um Congresso que vive numa bolha que só existe na cabeça dos congressistas. Eles querem criar mais gado, querem plantar mais soja, querem destruir a maior floresta do planeta para ganhar mais dinheiro. Para fazer isso, estão tentando matar os povos indígenas, ou nos expulsar da terra.

Isso é o que está acontecendo novamente agora. O maior desafio político da minha geração de líderes indígenas no Brasil é um artifício legal dos grandes proprietários de terras e do Congresso para reduzir drasticamente nosso direito ao território. O marco temporal alega injustamente que apenas as pessoas que estavam vivendo em seus territórios na data da promulgação da Constituição, em outubro de 1988, têm direito às suas terras. Isso é historicamente injusto e eticamente errado porque muitos povos indígenas foram violentamente expulsos de suas terras antes desse momento.

O governo Lula, que apoiamos e no qual confiamos, não demonstra coragem para combater essa tese. Percebemos a mesma falta de coragem nas negociações internacionais sobre o clima. O governo fala em energia limpa no exterior, mas, no Brasil, a Petrobras, empresa de controle estatal, anuncia que vai explorar petróleo na foz do Amazonas.

Muita gente não sabe que durante a ditadura a Petrobras cometeu crimes contra pessoas isoladas no vale do Javari. Suas ações na região nas décadas de 1970 e 1980 foram um desastre ambiental e humano. Houve mortes. A estatal usou a Funai para dispersar grupos que estavam isolados, atacando e matando esses grupos. A leste da Terra Indígena ainda existem poços perfurados durante o regime militar e até hoje é possível ver lama verde nessa área, composta de produtos químicos usados na mineração. Cinquenta anos depois!

Os governantes do meu país insistem em propor obras que serão novos vetores de devastação, como a pavimentação da BR-319, estrada construída pela ditadura que corta as áreas mais preservadas do estado do Amazonas, onde está localizado meu território. Outro projeto contra o qual os povos indígenas estão lutando é o da Ferrogrão, uma ferrovia que atravessará as florestas entre o Mato Grosso e o Pará. Todas essas são áreas onde vivem povos indígenas que nós nem sequer conhecemos. Sabemos, pela experiência de projetos de colonização semelhantes no passado, que essas obras levarão a um aumento incontrolável do desmatamento.

Os cientistas Nawa finalmente perceberam que isso está levando a Amazônia a um ponto sem volta, a partir do qual não será mais possível salvar a floresta, pois o solo da região não terá mais força para regenerar as árvores e tudo poderá secar. Os xamãs e líderes indígenas vêm alertando isso há muito tempo. E eles sabem que o que é ruim para a Amazônia é ruim para o mundo. Seus temores em relação ao clima estão rapidamente se aproximando da nossa realidade.

Meu país não parece capaz de buscar novas soluções, insiste em uma ideia de desenvolvimento que nunca funcionou na Amazônia, pelo contrário: foi a razão de toda a devastação e genocídio de vários povos. Minha impressão é que em Brasília há uma gaveta com todos os projetos da ditadura e todos os governos democráticos continuam abrindo essa mesma gaveta para fazer planos para a região. É pavimentação da BR-319, é hidrelétrica, é exploração de petróleo, é ferrovia. São notícias antigas que não param de voltar.

De forma mais positiva, penso na criação do Ministério dos Povos Indígenas, no terceiro governo Lula. Para os povos indígenas, é inegável que se trata de uma oportunidade de finalmente propor políticas, o que nenhum governo havia proporcionado antes. Mas há uma dimensão de que o movimento indígena também está sendo capturado pelo governo. A presença indígena é útil para a política externa, para acordos comerciais no Mercosul e com a União Europeia que muitas vezes não são do interesse do nosso povo ou da Amazônia.

Continuo tentando responder à pergunta do Dom: "Como salvar a Amazônia?". Para mim, o ponto de partida é perceber uma verdade fundamental: não existe apenas uma Amazônia, existem muitas. Essa verdade precisa ser compreendida. Precisamos pensar especificamente em cada lugar. A política pública em Maronal, a minha aldeia, aonde só chegamos depois de uma viagem de dez dias de barco desde Atalaia do Norte, não é a mesma necessidade de outras aldeias muito mais próximas da cidade.

Nenhum indígena, não importa onde esteja nessas florestas, pensará em destruir os espaços de seus antepassados, onde eles morreram e estão enterrados. Eu sou Marubo e moro em Brasília e sempre sinto falta do rio do lugar onde nasci. Todos os povos indígenas que, como eu, vivem longe do território continuam fazendo planos para serem enterrados em suas terras. Precisamos voltar para a terra, para a comunidade. É inimaginável destruir esse espaço. Um território não é como uma terra. É mais como um paraíso, para onde você volta para ficar.

As políticas públicas para a Amazônia teriam de ser elaboradas pelos próprios amazônidas que vivem na floresta. Às vezes participo, como representante dos povos indígenas brasileiros, de reuniões da ONU em Genebra ou Nova York. Vejo muito mais especialistas externos do que moradores reais da Amazônia.

Todos os indicadores, a ciência, nos mostram que os lugares na Amazônia onde a proteção florestal realmente existe são Terras Indígenas. Por isso, é urgente demarcar o máximo delas o mais rápido possível. Mas a realidade é o oposto. Apesar da promessa feita na Constituição, o governo adia as demarcações e estabelece prazos maliciosos.

Conhecemos a lógica do mercado Nawa de que o agronegócio e a mineração são importantes para o PIB brasileiro. Mas causar desastres ambientais e colocar em risco o futuro do planeta custa quantos PIBs? É uma conta que não fecha.

A sociedade brasileira assiste pela televisão a catástrofes climáticas cada vez mais graves e mortais e não entende que a ganância do agronegócio, da mineração e dos parlamentares que representam essas forças é a causa desses desastres. Como fazer a sociedade entender que os rios estão sendo envenenados, as florestas devastadas e o clima virado de cabeça para baixo por causa dessa opção pelo agronegócio e pela mineração?

A demarcação de territórios — indígenas, mas também quilombolas, ribeirinhos — é uma questão de proteger o futuro de todos e também os direitos humanos, de o Brasil mostrar a honra de proteger os territórios desses povos que escolheram um modo de vida fundamental para o futuro do país. Proteger os povos isolados, que vivem dessa forma porque sobreviveram a massacres e à devastação ambiental por muito tempo. Temos que protegê-los. É o mínimo que podemos fazer.

Gostaria de ver um esforço sincero no Brasil, pois sem a Amazônia e seu povo sabemos que as catástrofes climáticas serão cada vez mais frequentes em nosso país e em muitos outros. Queria que o mundo inteiro, que se diz preocupado com a permanência de nossas florestas, pressionasse pelo fortalecimento dos nossos órgãos indígenas e ambientais. Os países ricos devem financiar esse fortalecimento. E nos ajudar a evitar que o governo brasileiro continue adotando soluções econômicas ultrapassadas e devastadoras, que muitas vezes beneficiam empresas europeias ou norte-americanas.

Gostaria de ver um esforço real das autoridades governamentais para entender os povos indígenas e estar no mato conosco. Não faz sentido enviar a inteligência do Exército ou a Polícia Federal para operações especiais. São os formuladores de políticas que devem passar um tempo conosco no mato. Eles precisam se livrar de sua arrogância não indígena e nos ouvir, comer caça e pescar, cantar nossas músicas conosco no mato.

Essa foi a lição que Bruno Pereira e Dom Phillips deixaram para o Brasil e para o mundo. Eles estavam na floresta com os indígenas, caminhando, comendo e cantando conosco. Bruno, com sua risada inesquecível e coragem impaciente, tinha grande admiração pelos líderes indígenas com quem trabalhava, fazendo questão de aprender com eles a cada passo do caminho. Dom, com sua doçura e atenção, estava sempre atento a tudo o que diziam e lhe mostravam na floresta. A simples lembrança deles me faz acreditar que, sim, ainda é possível salvarmos a Amazônia.

Dom não queria apenas escrever uma história. Ele queria ajudar. Ajudar de verdade. Precisamos de mais Doms, mais Brunos.

Ambos vieram para ver nossa realidade e nos ouvir. E fizeram o que puderam, à sua maneira, para ajudar. Eles foram corajosos e agiram. Se todos fizessem isso, poderíamos realmente começar a ver uma mudança.

Em última análise, não basta indigenizar a política: também precisamos de ideias, conhecimento e sabedoria que venham das aldeias, das terras dos quilombos, das beiras dos rios. Mais do que especialistas externos, são os povos que semearam e protegeram essas florestas por milênios que têm as respostas. A Amazônia não deve ser vista como o problema: ela é a solução.

Agradecimentos

Entre os papéis de Dom, havia uma lista curta de nomes com o título "Agradecimentos". Como no restante do livro, podemos ter certeza de que a lista estava em andamento, um rascunho a ser completado e redigido nos moldes dos generosos agradecimentos que constam de seu primeiro livro, *Superstar DJs Here We Go*. Não sabemos como a lista seria concluída, por isso agradecemos aqui às inúmeras pessoas decididas a não permitir que o assassinato de Dom o silenciasse, e que trabalharam para garantir que *Como salvar a Amazônia* fosse finalizado e publicado.

Após os fatos de junho de 2022, quando as conversas passaram a girar sobre o destino do livro, a viúva de Dom, Alessandra Sampaio, pediu a um grupo de jornalistas amigos dele que pensassem na possibilidade de concluí-lo. Foi criado um comitê editorial encabeçado por Jonathan Watts, editor global de meio ambiente do *The Guardian*. Velho amigo de Dom desde os dias que passaram juntos no Rio, ele desde então estabeleceu residência na cidade de Altamira, na floresta tropical amazônica. Outro amigo que integrou o grupo foi Andrew Fishman, o presidente do *The*

Intercept Brasil estabelecido no Rio, que mantivera longas e profundas conversas com Dom sobre a sua ideia original. A eles somaram-se, de Londres, a agente literária Rebecca Carter — que desde o começo acreditou no livro e garantiu a Dom um contrato de publicação e o importantíssimo adiantamento que lhe permitiu dar andamento à ideia —; David Davies, amigo, colega e confidente desde a época em que trabalharam na *Mixmag* nos anos 1990; e o correspondente veterano da América Latina para o *Irish Times* Tom Hennigan, seu amigo dos dias em São Paulo.

Nas palavras de Sian, irmã de Dom, a tarefa de completar o livro se tornou "não só uma maneira de criar um tributo duradouro e dar sentido à sua morte, mas também uma contribuição para os prementes esforços para encontrar soluções para a crise na Amazônia". Para o comitê editorial, terminá-lo foi um desafio que canalizou a dor e a indignação de tantos amigos jornalistas, num ato de solidariedade com um colega muito admirado. Esta obra é de Dom, mas muitas outras pessoas dela participaram para garantir que, embora incompleta à época de sua morte, ela não morreria com ele.

Alessandra e o comitê editorial querem agradecer especialmente àqueles colegas que, junto com Jonathan e Andrew, se prontificaram a assumir os capítulos que Dom ainda teria de escrever, muitas vezes refazendo os seus passos enquanto procuravam respostas para a pergunta formulada no título otimista original: *Como salvar a Amazônia: pergunte a quem sabe*. Em Altamira, a jornalista brasileira Eliane Brum, fundadora do site Sumaúma; no Rio, o jornalista britânico Tom Phillips, correspondente do *The Guardian* na América Latina; na Costa Rica, o escritor americano Stuart Grudgings, outro antigo colega de Dom dos tempos no Rio de Janeiro; em Nova York, o jornalista Jon Lee Anderson, da *New Yorker*. Agradecemos também a Beto Marubo e Helena Palmquist, respectivamente coordenador da União de Povos

Indígenas do Vale do Javari (Univaja) e consultora do Observatório dos Povos Indígenas Isolados (OPI), autores do posfácio.

Agradecemos também aos fotógrafos Gary Calton, João Laet e Nicoló Lanfranchi, amigos e colegas de Dom que se somaram a ele nas viagens de reportagem na Amazônia e cujo trabalho aparece nas páginas deste livro.

Muitos dos amigos e colegas de Dom no Rio e em São Paulo se prontificaram a colaborar com esse projeto. Nossos agradecimentos a todos eles, sobretudo aos que leram e ajudaram a editar os capítulos do manuscrito: Claudio Angelo, jornalista e autor (com Tasso Azevedo) de *O silêncio da motosserra*; Ana Aranha, jornalista e documentarista do Repórter Brasil; Paulo Barreto, fundador do Umazon, Instituto do Homem e Meio Ambiente da Amazônia; Vincent Bevins, autor e ex-colega de Dom em São Paulo; David Biller, jornalista e diretor de notícias no Brasil para a Associated Press no Rio de Janeiro; Kátia Brasil, jornalista e co-fundadora da agência de notícias Amazônia Real; Sonia Bridi, jornalista na Rede Globo; Gareth Chetwynd, jornalista e velho amigo de Dom dos tempos no Rio; Daniel Camargos, jornalista no Repórter Brasil e também colega de Dom nas viagens à Amazônia; Sylvia Colombo, jornalista e uma das primeiras colegas de Dom após sua chegada a São Paulo; Sam Cowie, jornalista com base em São Paulo, onde conheceu Dom; Otavio Cury, cineasta e um dos primeiros amigos de Dom no Brasil; Wyre Davies, jornalista e ex-correspondente da América do Sul para a BBC; Andrew Downie, autor de *Doutor Sócrates: a biografia* e amigo de Dom desde seus tempos em São Paulo; Thomas Fischermann, jornalista e ex-correspondente no Brasil para o jornal *Die Zeit* de Hamburgo; Fabiano Maisonnave, jornalista e correspondente na Amazônia para a Associated Press; Stephanie Nolen, jornalista e agora repórter global de saúde para o *The New York Times*; Rubens Valente, jornalista da Agência Pública e autor de *Os fuzis e as flechas*;

Andrew Wasley, jornalista especializado em questões ambientais no Bureau of Investigative Journalism; e Bibi van de Zee, editora de meio ambiente do *The Guardian*. Agradecimentos ao *Guardian*, especialmente a Kath Viner e Natalie Hanman, por manter essa história no noticiário.

Também contribuíram com campanha nas redes sociais, arrecadação de fundos e apoio moral Ali Rocha, jornalista freelance; Clare Handford, produtora de tevê; Tariq Panja, do *The New York Times*; Jan Rocha, autor de vários livros sobre o Brasil; Vinod Sreeharsha, do *Miami Herald*; Bruce Douglas, ex-correspondente freelancer no Rio de Janeiro; Vinod Sreeharsha do *Miami Herald*; Lucy Jordan, autora de *Unearthed*; Júlia Dias Carneiro, da BBC Brasil; Katy Watson, ex-correspondente da BBC na América do Sul; Scott Wallace, autor e professor-assistente na Universidade de Connecticut; Daniela Chiaretti, jornalista e setorista de meio ambiente no *Valor Econômico*; Simon Romero, jornalista e correspondente do *New York Times* na Cidade do México; Lianne Milton, fotojornalista e professora assistente de fotografia; Fábio Erdos, fotógrafo; Douglas Engle, fotógrafo freelance estabelecido no Rio; Philip Reeves, correspondente internacional na National Public Radio 2004-24; Adele Smith e Sebastian Smith, da AFP; Maximo Anderson, pesquisador; Taylor Barnes, repórter de campo da Inkstick Media; Anna J. Kaiser, da Bloomberg News; Catherine Osborn, jornalista e colunista de política externa; Kate Steiker-Ginzberg, advogada hoje na ACLU-Pennsylvania; Nadia Sussman, videojornalista, na ProPublica.

O comitê também agradece a Sarah Braybrooke, Liz Marvin e todos da editora Bonnier pelo empenho em ver o livro publicado em circunstâncias tão difíceis. Agradecemos também a Sian Phillips e John Mitchell, que percorreram os cadernos de Dom, transcrevendo seus rabiscos apressados, e a Roberta Mello por digitalizar cada página. Agradecemos a Julia Sanches e Diane

Whitty por traduzirem o capítulo "Um cemitério de árvores" e o posfácio do português para o inglês na edição britânica. E a Plínio Pereira Lopes, Gustavo Queiroz e Douglas Maia pela cuidadosa checagem dos fatos.

O projeto inicial se tornou possível com a bolsa concedida pela Alicia Patterson Foundation em 2021. Após o assassinato de Dom, o trabalho de completá-lo contou então com o auxílio de uma bolsa para não ficção criativa da Whiting em 2023 — primeira vez que esse prêmio foi concedido a um projeto colaborativo. Outro apoio fundamental veio sob a forma de um subsídio generoso do Fund for Investigative Journalism. A família de Dom também é profundamente grata a Teresa Bracher, outra apoiadora inicial da tentativa de ver o livro concluído. Alessandra e os editores também são imensamente gratos às iniciativas de arrecadação de fundos que ocorreram após o assassinato de Dom e Bruno, e que tiveram um papel decisivo para o término do livro, particularmente o empenho da sobrinha de Dom, Domonique Davies, de sua mãe, Helen, e do sobrinho de Dom, Caden Phillips. Agradecimentos também a todos aqueles que organizaram eventos para arrecadação de fundos, incluindo todos no Festival El Sueño Existe, em Machynchleth, País de Gales. Centenas de doadores estão listados abaixo, mas muitos outros apoiaram anonimamente.

Agradecemos a Fiona Frank e Alison Cahn em Lancaster, bem como Paul Sherwood, cunhado de Dom, em Lancaster. E também aos antigos amigos de Dom da cena de música eletrônica. Após o seu assassinato, Frank Tope, Jerry Perkins, Dan Prince e muitos amigos da *Mixmag* rapidamente organizaram um evento para financiar o livro, e Ben Turner e a International Music Summit promoveram um leilão beneficente. Agradecemos também a Júlia Carneiro, Andrew Fishman, Kate Steiker-Ginzberg e Jonathan Watts pela campanha de arrecadação online. Acima de tudo, agradecemos a todos que colaboraram e contribuíram para esses trabalhos de base. A solidariedade de vocês foi um sólido apoio para a publicação da obra.

Pela ajuda nas buscas por Dom e Bruno, um agradecimento especial aos membros da Univaja, a Orlando Possuelo e outros em Atalaia do Norte. Também a Henrique Cury, amigo de Dom que foi o primeiro a trazê-lo ao Brasil. O comitê editorial agradece de coração às famílias de Bruno e Dom pelo apoio e confiança, em especial Alessandra, Sian e Gareth, irmã e irmão de Dom, e o cunhado Paul.

Por fim, este livro é dedicado a todos os que estão trabalhando para defender a Amazônia e seus povos, e aos que estão noticiando os seus esforços.

A lista de agradecimentos encontrada nos papéis de Dom após o seu assassinato:

Alê
Rebecca Carter
David Davies e Martina
Klett-Davies
Andrew Fishman
Cecília Oliveira
Philip Reeves
Richard Lapper
Margaret Engel
Margaret Stead
Marcos Wesley

João Apiwtxa
Sian, Paul, Gareth
Dean Belcher
João Laet
Daniel Camargos
Tom Phillips
Bibi van der Zee
Martin Hodgson
Alan Evans
Tracy McVeigh

Abaixo, os mais de quinhentos doadores da campanha de arrecadação que ajudaram a possibilitar a existência deste livro:

Adam Bennett
Adam Mekrut
Adrian G. Allan
Adriele Marchesini
Aine Shannon
Ali Hill
Alice Goodman
Alice Mayer
Alison Cox
Alison Tyrell
Alyce Dodge
Ana Ionova
Andie Nesbitt
Andrea Troncoso
Andrew Cowie
Andrew Fletcher
Andrew Naylor
Andrew Revkin
Andrew Richards
Andrew Thomas
Andy Hornby
Angel Figueroa
Angela Frewin
Angela Shaw
Ann Hitchens
Anna Lenk
Anna Pack
Anna Robertson
Anne Louisa Casement

Anne Wooding
Anne Wyatt
Annie Lawler
Antoine Robin Ltd.
Antonia Bovis
April Knowles
Arlene Washburn
Arturo de Frías
Aurea Garibaldi
Ayla Bedri
Barbara Covey
Ben McCabe
Ben Nohr
Ben Pearcy
Ben Sadek
Bernardo Maranhão
Blanche Rowen
Bob Frith
Bob Jamieson
Brazil Matters
Brenda Donovan
Brian Edwards
Brian O'Connor
Brian Webster
Bruce Douglas
Bruno Araújo
Bruno D'Acri Soares
Bruno Travers
Carol Arnold

Carol Turner
Carole Bishop
Caroline Wood
Caroline Yapp
Carrie Sandahl
Catherine Luse
Catherine Schwartzstein
Caz Royds
Ceri Mumford
Chantal Adele Smith
Christian Daniel
Christine Ramp-Wolf
Christopher P. S. Klinger
Ciara Gray-Shannon
Clare Birks
Clare Downs
Clare Handford
Clare Rose
Claudeline Louis
Cláudia Miranda
  Rodrigues
Claudia Quinonez
Clélio Rocha
Constance Malleret
Cora Tudor
Courtney A. Crumpler
D. A. Mendelsohn
D. T. A. Mitchell
Damian Mould
Damian Platt
Daniel Collyns
Daniel Ribble

Daniel Swanson
Darryl Fong
David Biller
David Brock
David Davies
David Garratty
Debora Gouvei
Deborah Hofman
Derek Price
Diane Bell
Dr. Rosemary Jones
Dr. E. Heath
E. Hill
Edward Davey
Eileen Freeman
Elaine Lee
Elizabeth Bell
Elizabeth Heaphy
Elizabeth Milton
Elizabeth Slocum
Ella Sprung
Ellen Punyon
Emma Watts
Erika Berenguer
Evelyn Escatiola
Filomena Di Stasio
Fiona Haslam
Frances O'Rourke
Frances Watt
Francis Mcdonagh
Fred L. Edwards
Gabriel Funari

Gareth Chetwynd

Gareth Morgan

Gareth Phillips

Gary Calton

Gavin Marwick

Gavin Smith

Georg Schäff

George V.

Giles Hayward

Gill Jennison

Gillian Wallington

Giselle Letchworth

Glyn Phillips

Graham Luke

Gregory Gludt

Guy Edwards

Guy Shrubsole

Gwendolyn Knox

Hannah Mullaney

Hannu Toropainen

Hans Kainz

Heidi e Mike Gibbs

Helen Armstrong

Helen Beare

Helen Davies

Helen Fry

Helen Lord

Helen Stevens

Henrik Jonsson

Henrique Terra Lima

Hilary Furlong

Hilary Tyrrell

Ian Buckley

Ian Carney

Ian Vincent Waldron

Ismene Brown

Ivan Nunes

J. da Rocha

J. Harrison

J. Hudson

J. Williamson

Jack Nicas

Jacqueline Power

Jake Wallington

James Andrew Shelton

James Durham

James Haigh

James Milligan

James Savage

James Schumacher

Jan Royle

Jane Macdonald

Jane Thorne

Janet Davies

Janet Sacks

Janet Swan

Janice Stott

Janis Kershaw

Jathan Rayner

Jean Mills

Jeanette Sharp

Jenny Hoy

Jeremy Kynaston

Jessica Smeall

Jill Gregory
Jo Caryl
Jo Jenkins
Jo May
Joanna Powell
Joanna Service
Joanne Rippin
João Telésforo Medeiros
  Filho
John Bacon
John McClean
John Mitchell
John Weyman
Jon e Anne King
José Pedro de Oliveira
Joseph Murphy
Joseph Patel
Joshua Berger
J. P. Connolly
Judith Kaluzny
Judith Wildman
Julia Blunck
Julia Hall
Julian Caldecott
Julie McCann
June Arthur
K. Walsh
Karen Bell
Karen Rawlinson
Karen Yarnell
Katherine McNulty
Kathleen Martin

Kelly Caldwell
Kristy Poulton
Lauran Emerson
Laurel Swift
Laurie Blair
Lawrence Jones
Lee Willocks
Leonor Grave
Liam McAllan
Linda Hodgins
Linda Wilhelm
Lívia Serpa
Liz Baker
Lorraine Wulfe
Lotte Kehlet
Louise Benson
Louise Bonney
Lucy Jordan
Luisa Piette
Luke Davis
Lydia Duddington
Lynn Nikkanen
M. Fátima Carvalho
M. P. Feehily
Mais de quinhentos
  doadores anônimos
Mandy Greenwood
Mandy Knott
Marcela Olavo Leite
Marcia Reverdosa
Marcus Wright
Margaret Hall

Margaret M. Iggulden
Maria de Fátima Costa
Maria Luiza Nery
Marjon van Royen
Mark de Rond
Mark Harris
Mark Leonard
Mark Rennie
Mark Williams
Martin Gugg
Martin Ross
Mary Janah
Mary MacCallum Sullivan
Mary Thompson
Matilda Peterken
Matt Turley
Matthew Collin
Maura Carty
Maurício Rocha
Max Angle
Melanie Gravel
Melissa Eustace
Meryll Clay
Michael Bowen
Michael Crick
Michael Gulston
Michael Harvey
Michael Hughson
Michael Rozdoba
Michel Puech
Michelle Harris
Michelle Tafur

Michelle Weisstuch
Mike Eames
Miriam Wells
Molly Garris
Nadia Sussman
Nanci Oddone
Naomi Ihara
Naomi Slijkhuis
Nathan Highton
Nathanial Matthews
Neil Boyd
Netta Cartwright
Nina Wallerstein
Oliver Davis
Oscar Salgado
Otavio Cury
Pablo Gonzalez
Pat Goodacre
Patrick Alley
Patrick Ashworth
Patrick Driscall
Paul Carlson
Paul Durham
Paul Edwards
Paul Hanson
Paul Manning
Paul Sherwood
Paula Azzopardi
Paulette Constable
Penny Derbyshire
Penny e Mike Derbyshire
Penny Lindner

Peter Casey
Peter Frankopan
Peter Moser
Peter Rigg
Phillip Bleazey
Phillip Elliott
Phoebe Weseley
R. A. Ryan
Rachel Fischoff
Raymond Roker
Rebecca White
Renato Schermann
  Ximenes
Richard Benson
Richard Shapiro
Richard Watkins
Rita Schwarzer
Robert Amerongen
Robert Del Naja
Robert of Etruria
  Cochrane
Robert Williams
Robin Hanbury-Tenison
Robin Roberts
Rosalyn Sparrow
Rose Palmer
Rosemary Collins
Rosie Chandler
Rosie Farr
Ross Anderson
Ruth Dalton
Ruth Morris

Sally Ourieff
Sam Cowie
Sam Stewart
Sandra Staplehurst
Sarah Darwin
Sarah E. Robbins
Sarah Gilbert
Sarah O'Sullivan
Seamus M. Kirkpatrick
Seana De Carne
Sheena D. Rossiter
Shelagh Green
Sian Phillips
Sigrid Houston
Simon La Frenais
Sophie Brown
Sophie Comninos
Stefano Cremonesi
Stephanie Deroo
Stephanie Goodacre
Stephanie Nolen
Stephen Eisenhammer
Stephen Kellett
Steve Gibbons
Steve White
Stuart Grudgings
Sue Gill
Sue Thomas
Sumit Tiwari
Surya Hope
Susan Arisman
Susan Clopton

Susan Lambert
Susan Moreira
Susanna Rustin
S. W. Lam
Sylvain Machefert
Terry Hughes
Timothy Morris
Tom Blickman
Tom Kissock
Tosca Tindall
Tracey Duncombe

Tracy Thompson
Tyler Bridges
Vanessa Buckley
Veronica Higginson
Vio R.
Will Hargreaves
William Castle
William Jordan
William Milliken
William Schombergand

Créditos das imagens

p. 1 (acima): Phillips Family
p. 1 (abaixo): John Mitchell
p. 2 (acima): Alessandra Sampaio
pp. 2 (abaixo) e 5 (abaixo): João Laet
pp. 3 (acima) e 4: Nicoló Lanfranchi
p. 3 (abaixo): Lianne Milton
p. 5 (acima): Fábio Erdos
pp. 6 (acima) e 7: Gary Calton
p. 6 (abaixo): Marcos Corrêa/ PR
p. 8: Pedro Biava

ESTA OBRA FOI COMPOSTA PELO ESTÚDIO O.L.M. / FLAVIO PERALTA EM MINION
E IMPRESSA EM OFSETE PELA GRÁFICA BARTIRA SOBRE PAPEL PÓLEN NATURAL
DA SUZANO S.A. PARA A EDITORA SCHWARCZ EM ABRIL DE 2025

A marca FSC® é a garantia de que a madeira utilizada na fabricação do papel deste livro provém de florestas que foram gerenciadas de maneira ambientalmente correta, socialmente justa e economicamente viável, além de outras fontes de origem controlada.